A CAMP OBERT

A CAMP OBERT

PRÀCTIQUES CULTURALS CONTEMPORÀNIES

A cura de Raül Garrigasait i Josep Ramoneda

Chiara Bottici, Simona Škrabec, Boris Groys,
Perejaume, Katie Mitchell, Roger Bernat, Joan Magrané,
Antònia Folguera, Carles Novellas, Enric Palau,
Albert Serra, Olivier Père, Eva Franch, Carolina Ciuti,
Michele Gazzola, Gemma De les Coves, Arcadi Navarro

ARCÀDIA

institut ramon llull

Primera edició: setembre del 2024

Institut Ramon Llull
Diagonal, 373
08008 – Barcelona
www.llull.cat

Arcàdia
Muntaner, 3 1r 1a
08011 – Barcelona
www.arcadia-editorial.com

Disseny de la coberta: Víctor García Tur,
a partir d'un disseny original d'Astrid Stavro/Atlas
Edició: Blanca Llum Vidal
Revisió lingüística: Rudolf Ortega i Mònica Molera
Composició: LolaBooks
Impressió i enquadernació: Romanyà Valls

ISBN [Arcàdia]: 978-84-127457-7-1
ISBN [Institut Ramon Llull]: 978-84-09-63525-2
DL: B-13.156-2024

PRESENTACIÓ

Ens movem a les palpentes, enmig d'un temps de confusió i collapses, sense cap promesa ni grans relats consistents. És així en tots aquells indrets on la humanitat convulsa s'estremeix sota el jou de les desigualtats i els autoritarismes, en els desastres de la geopolítica i la tirania digital o en les fallides persistents a l'hora de governar les emergències planetàries.

Però quan conflueixen tantes tensions i contradiccions també podem entreveure o intuir que vivim en el *kairós*, en el «moment suprem», que deien els grecs. El temps adequat i oportú en què succeeixen els fets necessaris i les coincidències favorables que desencadenen els canvis a venir. Un conjunt de transformacions a molts nivells que alteren la percepció d'allò que coneixíem i, com l'esclat d'un magma encès, acaben mutant la morfologia d'una realitat accelerada. El rumb i el sentit d'aquest món, però, persisteixen sempre en disputa oberta.

En el mentrestant dels «monstres», els corrents de fons de la cultura són la membrana més sensible on afloren totes aquestes lluites. Allà on la humanitat es confronta amb si mateixa i s'interroga sobre la seva pròpia condició, submergint-nos en les paradoxes i on tot és a la vegada possible i impossible. Allà on el límit i l'infinit s'abracen en l'oportunitat del llenç en blanc per trobar una sortida.[1] Corrents de fons que no es mouen només en l'obscuritat, sinó des d'una voluntat d'emancipació, ressegueixen traces transitables que ens porten a llocs plens de significat i obren espais a les alternatives. És, doncs, en la cultura i la creació, en totes les seves expressions, on afloren els malestars, els desitjos i el *zeitgeist* de cada moment històric.

I ¿per què *A camp obert*? Amb el treball i l'esforç diari de projectar una cultura i una llengua al món –la missió quimèrica de l'Institut Ramon Llull–, i amb la voluntat veritable de servir i comprendre el sentit d'aquest propòsit, ha sorgit la necessitat (o hauria de dir el neguit) d'elaborar una certa cartografia de la cultura en aquest moment de tants trànsits. Una cartografia imprecisa, inestable, sí, inevitablement parcial i segurament efímera, però que ens sostingui uns instants.

En els darrers anys, a més, l'Institut Ramon Llull ha obert un procés de reflexió per definir els seus nous objectius a mitjà i llarg termini. Per fer-ho, era imprescindible qüestionar cap endins i contrastar què és i què representa la cultura catalana avui, i de quina manera una cultura històricament minoritzada i no hegemònica pot interactuar amb la resta de cultures. Voluntat de ser i de ser reconeguts, però també de participar activament i contribuir a la conversa contemporània global. Alhora, també era essencial fer aquesta reflexió cap enfora i explorar quin és el context-món amb el qual ens volem relacionar i, sobretot, identificar quines podrien ser les preguntes a formular en la cultura avui. Especular cap on evolucionen els nous llenguatges i com

1. «Oportunitat» ve del llatí *opportunĭtātis* la qualitat d'estar, al mar davant d'una obertura i albirar un port (*portus*), o de trobar una sortida des del lloc on estem.

es configuren els darrers corrents estètics, o quines són les qüestions que suscita la ciència i les portes que obre la intel·ligència artificial. Dibuixar punts de partida amb la creació i el pensament, des d'on tota cultura, en el sentit més universal, hi pugui dir la seva en diàleg amb la resta.

El llibre que tenim a les mans no és, doncs, una publicació institucional carregada de textos plans i estèrils que s'escriuen sense ànima ni afany. És un recull d'assaigs breus i diversos que ha nascut de l'impuls d'albirar algunes coordenades que ens situïn en algun lloc enmig d'aquest onatge desfermat en què vivim i poder orientar-nos i interpretar alguns dels corrents de fons dels debats de la cultura.

Voldríem fer brotar les paraules de Perejaume quan afirma que «en qualsevol comunitat peuterrosa, la confiança en unes sements eternes que roden i reviuen allibera la cultura dels esforços de memòria massa ostensibles».

I així, alliberant-nos, pensar-ho tot de nou i millor.

Pere Almeda Samaranch,
director de l'Institut Ramon Llull

UN CAMP OBERT

Raül Garrigasait i Josep Ramoneda

La nostra època és heterogènia i contradictòria. Quan mira enrere, veu alhora la marxa triomfal de la modernitat i les ruïnes que ha deixat al seu pas. Al lluny, albira fragments inconnexos dels vells grans relats explicatius, però tampoc no es creu que la història s'hagi acabat i no renuncia a explicar-se amb raons i amb narracions. Els esquemes heretats –l'aspiració de trencar radicalment amb el passat, la fantasia de restaurar-lo, la confiança en un progrés harmoniós– ja no semblen creïbles.

La gran mutació del nostre temps es manifesta de moltes maneres. Enmig d'una incerta reordenació geopolítica, en el camp de la cultura i en l'esfera pública en general s'han difuminat les demarcacions evidents. Cada pocs anys o pocs mesos sembla que s'obri un espai nou. Quan tot són tendències, és més difícil que mai orientar-se.

Si descrivíssim la nostra època unívocament com un final o un inici, o com una simple continuació de pràctiques anteriors, segur que no li faríem justícia. El territori és tan inestable que ni tan sols en podem dibuixar un mapa fidedigne. Si hi volem trobar sentit, potser la cosa més honesta que podem fer és escampar un seguit de pensaments en un camp sense delimitacions clares. Inevitablement, hi haurà buits i acumulacions, que també seran símptomes del nostre temps.

De les noves mitologies a la reflexió sobre la intel·ligència artificial, aquest volum presenta un marc ampli del que es pot entendre per cultura avui. Hi ha filosofia i reflexió literària, teoria de l'art i pràctica artística, teatre i música, cinema, arquitectura, sociolingüística i ciència. Els autors dels textos, originaris de diversos indrets d'Europa, no sols tenen formacions i trajectòries diferents, sinó que escriuen amb actituds sovint oposades. En aquest llibre hi trobareu aportacions que han madurat gràcies a la recerca acadèmica i d'altres que sorgeixen de camins artístics personals o de la implicació en projectes col·lectius. La pluralitat d'estils també forma part de la proposta.

Hi ha, això sí, la preocupació per determinades qüestions recurrents, alguns gestos compartits, certes preguntes que es plantegen aquí i allà i sovint troben respostes discrepants. ¿Com hem de pensar el subjecte humà enfront dels nous subjectes màquina? ¿En quina mesura la tecnologia potencia la creativitat o la banalitza? ¿L'art i la indústria es reforcen mútuament o més aviat es contraresten? ¿Quant d'oblit saludable necessitem per viure en un món tan carregat de textos i imatges com el nostre? Davant la reformulació de les comunitats i les cada vegada més evidents amenaces climàtiques, ¿quin paper han de tenir l'art i l'arquitectura? ¿És possible una internacionalització que no sigui un sinònim d'uniformització lingüística i d'empobriment cultural? ¿Podem imaginar un nou començament estètic, avui, després de l'experiència de la modernitat i les avantguardes, o bé estem definitivament embarrancats en un món de síntesis i reutilitzacions del passat?

El text que tanca aquest volum glossa les característiques de la Quarta Revolució Industrial i observa que requerirà de nosaltres una adaptació profunda i constant. Alhora, però, especula amb la possibilitat que a la llarga alguns aspectes d'aquesta revolució, com la intel·ligència artificial, siguin en realitat més il·lusoris que reals. En major o menor mesura, la reflexió val per a tot el llibre. Si, d'aquí a unes quantes dècades, algú recupera aquest llibre i el llegeix amb curiositat, no sabem si hi trobarà fets centrals del nostre temps o detalls secundaris, i tampoc no sabem si els detalls secundaris, en el fons, no seran més significatius que les grans tendències. L'esforç de captar una cosa tan esmunyedissa i complexa com el present té aquesta mena de riscos.

Per més que anem a les palpentes, cada text fa una aposta. Pot prendre la forma d'una interpretació del passat recent, o afirmar el valor de determinades pràctiques, o bé desplegar un programa d'actuació. Cada aposta il·lumina un tros de món i una part dels camins que hi passen.

Un camp obert és una terra de conreu que no està tancada. No hi ha una frontera clara entre les plantes de dins i les de fora; els animals hi entren i en surten amb llibertat. Potser s'amenacen, potser es reforcen i s'estimulen. Però deixar el camp obert, al capdavall, és fer un acte de confiança en la benignitat del lloc i del moment. Convidem els lectors a fer-lo amb nosaltres.

¿ENS CAL UNA MITOLOGIA FEMINISTA?
Una nova lectura d'una llegenda antiga

Chiara Bottici

La qüestió de si necessitem una nova mitologia feminista o no pot semblar banal, potser fins i tot inapropiada. En una època com la nostra, tant si l'anomenem *modernitat* com *postmodernitat*, argumentar a favor de qualsevol nova mitologia, sigui feminista o no, es pot interpretar com un problema. ¿Que potser no hem superat del tot els mites? ¿Que potser la marxa triomfant occidental des del mite fins a la raó no ha assolit el cim?[1] Des que els pensadors de la Il·lustració van llançar les seves croades contra la foscor de l'època anterior –convenientment anomenada *mitjana*, malgrat el fet que durés més d'un mil·lenni–, sembla que les narratives mítiques hagin caigut en l'àmbit de les polítiques regressives. I, tanmateix, el mite no solament ha persistit a través, i potser fins i tot a causa, de la modernitat, sinó que precisament ha mostrat la seva pitjor cara mitjançant el mite del final de tots els mites: ¿que potser darrere d'una societat completament racional, d'una societat que ha superat la necessitat de qualsevol interacció social i d'expressió simbòlica

1. Referència a l'obra *Vom Mythos zum Logos*, de Wilhelm Nestle.

que no sigui estrictament funcional, no hi ha una mitologia en si mateixa? Podríem argumentar que aquest és justament el mite fundacional de la modernitat.

En aquest assaig, començarem justificant la necessitat d'una nova mitologia i, més endavant, analitzarem per què ha de ser específicament feminista. En la tercera part, ens centrarem en el mite de sant Jordi i el drac per mostrar que una lectura feminista d'aquesta llegenda pot generar una visió emancipatòria adaptada als reptes actuals.

I
EL MITE COM A PROCÉS

El llenguatge comú no contribueix a la comprensió del fenomen del mite, ja que predominantment el descriu com una narrativa purament fictícia, tal com demostren expressions com «el mite del benestar» o «el mite del progrés». Implícitament, aquestes expressions suggereixen que els mites són falsos, i això implica que els hàgim d'examinar des del punt de vista de la seva pretensió de veritat.[2] No obstant això, aquesta actitud tan estesa confon, perquè sorgeix d'una visió positivista del llenguatge que considera que les paraules sempre tenen com a objectiu descriure fets o veritats.

La filosofia del llenguatge dels últims dos segles ha indicat d'una manera força convincent que a través del llenguatge els éssers humans duen a terme un seguit d'accions que no tenen

2. Vegeu, per exemple, l'entrada *myth* a l'*Oxford English Dictionary* (J. A. Simpson i E. S. C. Weiner, *The Oxford English Dictionary*. Oxford: Oxford Clarendon Press, 1989, vol. 10, p. 177).

com a objectiu anticipar cap mena de veritat. Tal com explica clarament Wittgenstein, amb el llenguatge fem un seguit de coses que no són ni *falses* ni *certes*, perquè no estan dirigides a proporcionar teories sobre la constitució del món. Per exemple, ¿estem equivocats quan invoquem una persona estimada absent i en besem una fotografia?[3] Hi ha accions que no es poden definir com a certes ni com a falses: sabem que la persona de la fotografia no hi és ni ens pot sentir, però en pronunciem el nom amb altres intencions. En aquests casos, no ens cenyim a descriure una realitat i prou. Tal com argumentaré, els mites també es poden analitzar més bé si els considerem com una d'aquestes *altres* coses que fem amb el llenguatge.

Tractar els mites com si anticipessin la veritat vol dir transportar-los a un terreny (el de la ciència) que no és el seu. De fet, les pretensions d'oferir la veritat només es poden *falsificar* quan es fan des d'una teoria. Ara bé, els mites no són teories sobre la constitució del món. No pretenen *descriure*'l, sinó més aviat, per dir-ho així, *crear*-ne un de propi.

La naturalesa de les narratives mítiques fa que siguin recalcitrants a qualsevol tractament teòric general o filosòfic. Aleshores, ¿els mites són una cosa bona o dolenta? ¿Com podem discernir quan una història és senzillament una narrativa i quan es converteix en mite? ¿Quina diferència hi ha entre la història d'Odisseu que llegim a la *Divina comèdia*, que vol condemnar-lo a l'Infern, i la d'Homer, que en mostra el retorn triomfant a Ítaca?[4] ¿I què en podem dir, de la brillant versió feminista

3. Ludwig Wittgenstein, *Remarks on Frazer's Golden Bough*, R. Rhees (ed.), Retford: Brynmill Press, 1979, p. 1e.

4. La segona història apareix a l'*Odissea*; la primera n'és la variant que Dant

moderna d'Adriana Cavarero, que se centra en Penèlope i la transforma en la veritable protagonista de la història?[5] En tots aquests casos, ¿podem parlar de mite, o del mateix mite?

L'exemple d'Odisseu ens mostra el que podríem anomenar la naturalesa *particular* del mite, el fet que la mateixa narrativa pot tenir diversos significats segons les circumstàncies particulars en què opera. El mite s'expressa a través de variants: realment, mai no veiem un mite en ple funcionament, sempre en veiem variants. A més, el que per a un grup de persones és un mite, per a d'altres pot no ser-ho, i, fins i tot, per al mateix grup, la mateixa narrativa pot funcionar com a mite en determinades circumstàncies, però no en d'altres.

Si la naturalesa particular del mite ens ajuda a entendre la dificultat de copsar-lo, per mitjà de l'adopció de la perspectiva filosòfica segons la qual els éssers humans representen un seguit de coses amb el llenguatge, podem mirar d'explicar aquesta naturalesa particular tot considerant el mite com un *procés*, més que no pas com un *objecte*. De fet, un mite no consisteix solament en una història que rep una forma definitiva per sempre. Si el concepte de mite no es pot deslligar del fet que n'hi pot haver variants, és perquè, en realitat, un mite consisteix en el *procés* d'elaboració de possibles variants d'una història. Això és el que Hans Blumenberg va mirar de transmetre amb el concepte d'*Arbeit am Mythos*, que literalment vol dir 'treball sobre el mite'.[6]

---

inclou a la *Divina comèdia*. Analitzo aquest mite al capítol sisè del meu llibre *A Philosophy of Political Myth*. Cambridge: Cambridge University Press, 2007, p. 127-128.

5. Adriana Cavarero, *Nonostante Platone. Figure femminili nella filosofia antica* (1990). Roma: Castelvecchi, 2023.

6. Hans Blumenberg, *Arbeit am Mythos*. Frankfurt del Main: Suhrkamp, 1979. Disponible en castellà: *Trabajo sobre el mito*. Barcelona: Paidós, 2003.

Mitjançant l'expressió *treball sobre el mite* em refereixo a un procés d'elaboració d'un nucli narratiu que respon a una necessitat canviant de significança.[7] Aquest és el motiu pel qual el mite necessàriament s'expressa a si mateix a través de variants i ha de ser entès com un procés: en cada context, el patró narratiu és reclamat per cobrir diferents necessitats i exigències. El nucli narratiu produeix una variant que compleix aquesta tasca en el nou context, o deixa de ser un mite i es converteix en una simple narrativa.

¿Què és aquesta «necessitat de significança»? El terme *significança* denota un espai entre el *simple significat* i el que podem anomenar *significat últim*. De fet, les coses poden tenir un significat i ser-nos totalment indiferents, malgrat que, per començar, el que és significant també ha de tenir un significat per tal de ser anomenat. Per tant, la significança és més que mer significat. Hi ha moltes maneres de generar significat (mite, ciència, religió), però allò específic del mite és que també pretén proporcionar significança.

La necessitat de significança no és la simple necessitat d'un món amb sentit, i és que, per exemple, el món que descriu la ciència natural té un significat, però, tal com podem experimentar fàcilment, aquest món de fórmules matemàtiques ens pot resultar del tot indiferent. Alhora, la necessitat de significança tampoc no és la necessitat de religió, perquè una cosa pot ser significant per a un grup sense haver de respondre les últimes preguntes de la vida i de la mort, tal com aspira a fer la

7. Tal com explico a *A Philosophy of Political Myth*, el concepte de *treball sobre el mite* de Blumenberg fa referència, sobretot, als mites literaris i no pas als polítics. (Chiara Bottici, *A Philosophy of Political Myth*, op. cit., p. 8.)

religió.[8] Justament, a causa d'aquest caràcter *últim*, la religió tendeix a produir una història sagrada, i, per tant, cristal·litza en un cànon, sobretot en el cas de les religions monoteistes. Es tracta d'una història que es pot interpretar, però que no es pot canviar. Aquest és el motiu pel qual no hi pot haver variants substancialment diferents d'una història sagrada: per exemple, no hi pot haver una història que digui que Jesús va ressuscitar després de morir i una altra que expliqui el contrari. Qualsevol narrativa que difereixi substancialment d'aquesta mena d'històries de seguida és estigmatitzada com a heretgia, i, com a molt, pot generar una altra fe. Dit altrament, la religió té una actitud diferent respecte de la veritat, amb la qual cosa no permet la coexistència d'una pluralitat d'històries. El concepte de fe implica implícitament que el qui creu en *la* història particular que es considera sagrada justament ho fa pel caràcter de veritat revelada que conté.[9] En canvi, el mite és politeista, perquè en poden coexistir diverses variants, fins i tot en el mateix context. Per tant, no és casualitat que el mite no admeti màrtirs i, en canvi, la religió sí. Els mites que han generat màrtirs són justament els que definim com a *mites religiosos*. Malgrat tot, un mite té alguna cosa per oferir als éssers humans, alguna cosa que és qualitativament diferent del que ofereixen la ciència i la religió.

La necessitat humana de significança deriva en última instància de la posició peculiar dels éssers humans en el món.

8. Per a una definició de la religió com a àmbit de vida i mort, vegeu, per exemple, l'obra d'Ernst Cassirer *The Myth of the State* (1946), on fa referència a Malinowski. Disponible en castellà: *El mito del Estado*. Ciutat de Mèxic: Fondo de Cultura Económica, 1993.

9. Al segon capítol d' *A Philosophy of Political Myth*, em centro d'una manera més extensa en la diferència entre mite i religió.

Recuperant la famosa expressió nietzscheana, Gehlen defineix l'ésser humà com l'«animal mai determinat» (*noch nicht festgestellt*).[10] Tal com indica aquest pensador, els éssers humans, a diferència dels altres animals, no estan adaptats a cap entorn específic i, per tant, mai no estan del tot determinats, és a dir, mai no estan del tot establerts. Mentre que els altres animals tenen una reacció concreta amb el seu entorn, en el sentit que hi estan totalment adaptats (penseu en els peixos i els seus ecosistemes), l'ésser humà canvia l'entorn en què viu. Això fa que tingui una relació molt peculiar amb les seves condicions de vida.

Per començar, aquesta condició genera cultura. Tal com observa Blumenberg, quan la criatura prehumana va haver d'adoptar una postura bípeda i canviar la protecció que li oferien els boscos per la sabana, es va exposar per primer cop als riscos d'un horitzó de percepció ampliat. Això volia dir que la criatura humana havia d'enfrontar-se al poder del desconegut o de «l'absolutisme de la realitat».[11] A través d'aquesta exposició a un entorn sempre potencialment diferent, els éssers humans estan subjectes a un nombre molt superior d'estímuls provinents del món exterior, dels quals ha de buscar un descans, o *Entlastung*.[12] La cultura i el llenguatge són mitjans que permeten obtenir aquest descans.

En segon lloc, el fet que els éssers humans, a diferència d'altres animals, canviïn el seu entorn vol dir que mantenen una relació problemàtica amb les condicions de la seva existència. A més, es tracta d'unes condicions que ells no solament poden canviar, sinó

10. Arnold Gehlen, *Der Mensch, seine Natur und seine Stellung in der Welt*. Berlín: Junker und Dünnhaupt (1940). Disponible en castellà: *El hombre: su naturaleza y su lugar en el mundo*. Salamanca: Ediciones Sígueme, 1987.

11. Hans Blumenberg, op. cit.

12. Arnold Gehlen, op. cit.

que també les poden qüestionar. Com a conseqüència, l'ésser humà no sols necessita significat per dominar el que desconeix, sinó que també li cal significança per tal de viure en un món que no li és indiferent. Blumenberg es refereix a això quan escriu que la significança és una forma de defensa contra la indiferència del món.[13]

El mite combat aquesta indiferència inserint esdeveniments en un argument narratiu. Normalment, el mite pregunta «d'on» més que no pas «per què». Segons Kerényi, la funció del mite no és proporcionar un nom a les coses ni explicar-les, sinó, més concretament, *fundar*-les. Tal com va observar, la llengua alemanya proporciona la paraula exacta per a aquesta funció: *begründen*.[14] Aquest terme, que podem traduir com a 'fundar' o 'substanciar', deriva de l'arrel *Grund*, que en anglès dona lloc al nom abstracte *reason* [raó] i al nom concret *ground* [terreny]. Els mites expliquen històries. Expliquen l'origen de les coses i, per tant, i de manera simultània, cap on van. D'aquesta manera, proporcionen un *terreny*.

En aquest sentit, el concepte de mite conté tres elements centrals: procés, narrativa i significança. Un mite no és una narrativa i prou, perquè hi ha moltes narratives que no són mites. Encara que amb un seguit organitzat d'esdeveniments n'hi ha prou perquè ens hi referim com a narrativa,[15] cal alguna cosa més perquè funcionin com a mite. Un mite és una narrativa que respon a una

13. Hans Blumenberg, op. cit.

14. Károly Kerényi i C. G. Jung, *Einführung in das Wesen der Mythologie* (1940). Citat i traduït de l'edició en anglès: *Essays on a Science of Mythology*. Princeton: Princeton University Press, 1963, p. 6. Disponible en castellà: *Introducción a la esencia de la mitología*. Madrid: Siruela, 2012.

15. A l'entrada «Narrative» de l'*Encyclopedia of Political Theory* em refereixo a aquesta definició. (Mark Bevir [ed.], *Encyclopedia of Political Theory*. Londres: Sage, 2010.)

necessitat de significança que canvia amb el temps. Justament, com que si és un mite ha de proporcionar significança en circumstàncies canviants, se l'entén més bé com a procés, com a «treball sobre el mite», que no pas com a objecte.

Si extraiem algunes conclusions provisionals de la discussió anterior, ja podem deduir la contribució potencial d'aquesta manera de plantejar el mite. En primer lloc, pot ajudar a resoldre dues preguntes: «¿què són els mites?» i «¿per què els necessitem?». Considerar que el mite és un procés permet que en destaquem la naturalesa particular i, alhora, ens ajuda a distingir-lo de les meres teories sobre el món. De fet, l'únic que pot pretendre oferir la veritat és una teoria, i, per tant, pot ser falsificada, cosa que amb un procés no pot passar. Tot plegat no vol dir que els mites sempre siguin bons i beneficiosos. Simplement vol dir que no s'haurien de jutjar a partir dels criteris de veritat i falsedat. El criteri principal per avaluar-los en una societat és observar la tasca que hi duen a terme i copsar si les formes d'interacció social que generen són emancipadores o opressives.

2
EL MITE DE LA FEMINITAT

Aquí sorgeix la pregunta de si ens cal una mitologia específicament feminista per tal d'adreçar-nos a la discriminació de gènere. Tal com Simone de Beauvoir, entre d'altres, sostenia, no naixem dones, sinó que ens hi convertim.[16] A través d'un procés de

16. Simone de Beuvoir, *Le deuxieme sexe*. París: Gallimard, 1949. Disponible en castellà: *El segundo sexo*. Madrid: Cátedra, 2017.

socialització que comença tan bon punt naixem, topem amb una miríada de símbols, històries i icones que ens inculquen el sentit del que vol dir ser una dona. Entre aquests símbols hi ha els arguments narratius proporcionats per mitologies de tota mena: es tracta d'un seguit d'imatges que abunden en la cultura occidental, que descriuen la feminitat com a poc essencial i la dona com a *segon sexe*, i que van des del mite d'Eva fins a la creença segons la qual tenir la menstruació fa que la maionesa es talli. De Beauvoir escriu:

> Així doncs, la dona apareix com a allò inessencial que mai es converteix en essencial, un Altre absolut, desproveït de reciprocitat. Tots els mites de la creació expressen aquesta convicció, tan valuosa per al mascle (per exemple, la llegenda del Gènesi, que, mitjançant el cristianisme, s'ha perpetuat en la civilització occidental). Eva no es va formar al mateix moment que l'home; no estava feta ni modelada de la mateixa substància ni del mateix fang que Adam: va sorgir de la costella del primer mascle. El seu naixement tampoc no va ser autònom; Déu no va decidir crear-la espontàniament com a finalitat en si mateixa ni per tal de ser adorat com a contrapartida: la va destinar a l'home; va ser entregada a Adam per rescatar-lo de la solitud; el seu origen i finalitat és ser-ne l'esposa; ella és el complement de l'home d'una manera inessencial. Això la converteix en una presa privilegiada. És la natura elevada a la transparència de la consciència; és una consciència naturalment submisa. I aquí rau l'esperança meravellosa que l'home sovint ha dipositat en la dona: espera realitzar-se com a ésser mitjançant la possessió carnal d'un ésser la llibertat dòcil del qual confirma la seva. Cap home no consentiria ser una dona, però tots volen que n'hi hagi. «Donem gràcies a Déu per la creació de la dona.» «La natura és bona perquè a l'home li va proporcionar

> la dona.» Mitjançant aquestes frases i d'altres d'anàlogues, l'home reafirma amb una ingenuïtat arrogant que la seva presència al món és un fet inevitable i un dret, i que la dona és un mer accident i prou, tot i que un d'afortunat.[17]

Si és cert que no naixem dones, sinó que ens hi tornem, la pregunta és: ¿en quina mena de dones ens convertim quan creixem en una cultura patriarcal com la que transmet el mite del Gènesi? Doncs en dones que no només han interioritzat la idea de ser el *segon sexe*, sinó també en subjectes dòcils, preparats per renunciar a la llibertat per tal de confirmar i validar la seva feminitat. Els mites de la creació són processos d'elaboració que s'expressen mitjançant variants perquè necessiten respondre a una necessitat constantment canviant de significança. Com a tals, proporcionen patrons imaginatius segons els quals percebem una connexió entre esdeveniments que explica per què som aquí i quin és el nostre propòsit. Són particularment poderosos a causa de la seva capacitat de sintetització, mitjançant la qual una única imatge o icona pot arribar a resumir el treball sobre el mite que hi ha al darrere.

Un exemple de tot això seria el paper influent exercit per la icona cristiana de la Mare de Déu i el mite de feminitat que transmet. Les icones funcionen com a sinècdoques, és a dir, com a imatges que poden simbolitzar i, per tant, recordar el procés narratiu sencer que hi ha darrere seu. En aquest sentit, les icones desdibuixen la distinció entre el mite i la raó i poden aparèixer tant en històries com en l'àmbit de la teologia. La icona de la Mare de Déu assenyala el que ha estat exclòs d'una

17. Ibíd., tercera part, cap. 1.

trinitat que té lloc «en el nom del Pare»: la sagrada trinitat està composta pel Pare, el Fill i l'Esperit Sant: *In nomine patris et filii et spiritus sancti.* Aquí no hi ha lloc per al *segon sexe*; per tant, la Mare de Déu és, sobretot, el resultat d'una exclusió. La Madonna, la Mea-donna, o la *meva-dona* del cristianisme és la mare de Déu, però ha concebut de manera immaculada. Tal com ressalta Simone de Beauvoir, aquesta icona expressa la repugnància del cristianisme pel cos femení, i és que consent condemnar el seu Déu a una mort ignominiosa (la crucifixió) però li estalvia la taca de néixer del cos carnal d'una dona: «El Concili d'Efes de l'Església Ortodoxa i el Concili Laterà a occident afirmen que Crist va néixer d'una verge. Els primers Pares de l'Església –Orígenes, Tertul·lià i Jeroni– creien que Maria havia donat a llum amb sang i brutícia com altres dones; però les opinions de sant Ambrosi i sant Agustí van prevaldre. La matriu de la Verge va romandre tancada». La concepció va ser immaculada, i, per tant, Déu mai no va travessar els genitals d'una dona.[18]

Així doncs, malgrat que els Evangelis no continguin cap indicació en aquest sentit, la reelaboració del mitologema de la Mare de Déu va generar la doble icona d'una concepció i d'un naixement immaculats: per mitjà de la sanció de l'Església, el mite es converteix en dogma. La Mare de Déu va concebre el Déu encarnat, però el seu cos va romandre immaculat. Així doncs, no només queda exclosa de la trinitat parental *pare*, *fill*, *mare*, on és substituïda per l'Esperit Sant, sinó que fins i tot és exclosa del seu propi cos: gràcies a la concepció immaculada i al

18. Ibíd.

naixement immaculat, Déu apareix tan omnipotent que pot néixer del cos d'una dona sense tocar-lo. Aquest mite de la creació, que substitueix el cos matern per una concepció immaculada i la mare-deessa per un esperit sagrat i inefable, conseqüentment també «defineix la maternitat com un *altre lloc* impossible, un *més enllà* sagrat, un vas de divinitat, un lligam espiritual amb la divinitat inefable i un últim suport de la transcendència, necessàriament virginal i compromès a l'assumpció».[19] La representació icònica de la Mare de Déu és el resultat d'aquest «un altre lloc impossible», una maternitat que s'expressa a través de llàgrimes, llet i dolor: la *Mater Dolorosa*, tan habitual en la iconografia cristiana.

Aquesta mare *dolorosa*, plena de dolor, i *lacrimosa*, plena de llàgrimes, és l'altra cara de la trinitat cristiana Pare, Fill i Esperit Sant, en la seva negació conspícua de qualsevol estatus diví del *segon sexe*. L'Esperit Sant és un esperit, en la seva corresponent negació de la divinitat i de la maternitat completes, i, per tant, la icona d'una *segona deessa* que no és res més que la representació mítica del *segon sexe*. Tal com observa Julia Kristeva en un bell intent de reelaborar aquest mite, la llet i les llàgrimes es converteixen en els senyals privilegiats de la *Mater Dolorosa* que va envair l'Occident al principi del segle XI: la llet i les llàgrimes tenen en comú la metàfora de la manca de paraules, una semiòtica que la comunicació lingüística no pot representar.[20] Quan la paraula és interrompuda, el cos parla mitjançant els seus símptomes. I aquests símptomes són la llet, les llàgrimes i la sang. ¿Com és que en tants països catòlics els miracles atribuïts

19. Julia Kristeva, «Motherhood According to Giovanni Bellini», a *The Portable Kristeva*. Nova York: Columbia University Press, 2002, p. 303.

20. Julia Kristeva, «Stabat Mater», ibíd., p. 322.

a la Verge són estàtues de la Mare de Déu que ploren sang? ¿Que potser menstruen pels ulls? ¿Reclamen la capacitat d'una concepció maculada? ¿I quin motiu hi ha darrere de l'associació sistemàtica entre maternitat i patiment? Aquestes són algunes de les preguntes derivades d'una lectura feminista de la mitologia que hem heretat del passat.

Podríem mirar de desprendre'ns d'aquesta mitologia víctima de prejudicis cristians, però no se'n pot negar la influència en les societats europees. Són les mitologies a què ens exposem quan entrem en una església, llegim llibres o senzillament observem festivitats com les de la Immaculada concepció. El motiu pel qual els arguments d'aquestes narratives són tan predominants és que, com ens recorda Adriana Cavarero, som «éssers narrables» no perquè ens involucrem contínuament en el procés actiu d'explicar històries sobre nosaltres mateixos (tot i que alguns ho fem, i aleshores ens convertim en *éssers narrats*), sinó perquè la simple possibilitat de ser al món està intrínsecament lligada a l'impuls narratiu de la memòria involuntària: ens percebem com una persona única amb una única història de vida.[21] I aquesta història sempre és la d'un ésser sexuat, perquè ningú no s'escapa de l'assignació d'un sexe en néixer ni de carregar-lo tota la vida. Hem de portar els documents d'identitat autoritzats per l'Estat i hem de portar les històries que d'altres expliquen sobre nosaltres i que trobem dipositades en la nostra cultura: hem de renegociar constantment les nostres històries a través de la mirada dels altres.

21. Adriana Cavarero, *Tu che mi guardi, tu che mi racconti* (1997). Citat i traduït de l'edició en anglès: *Relating Narratives: Storytelling and Selfhood*. Londres: Routledge, 1997, p. 32–35.

Darrere de cadascun de nosaltres hi ha una història, una història única, que depèn d'una tasca de memòria fràgil, sempre incompleta però també necessària, que reflecteix totes les històries que ens han explicat, i que potencialment poden explicar-nos, sobre nosaltres. Justament som una història única per (i no pas malgrat) aquesta pluralitat que no podem controlar.[22] Altrament, podríem explicar una història sobre nosaltres i després dedicar una vida sencera a complir-la. Podríem estar temptats a fer-ho (i torno a dir que alguns ho fem), però inevitablement fracassaríem perquè sempre estem sospesos en un entramat de reciprocitats i relacionalitats on mai no podem explicar la història sencera tots sols.

També és per això que els mites són tan fonamentals: les vides poden ser viscudes segons una història, però no són models ni arguments narratius. Els mitologemes, aquestes narratives poderosament carregades, que romanen en l'inconscient social, no són només les lents a través de les quals percebem el món i ens hi orientem: també són els models sobre els quals hi actuem. En aquest sentit, els mites són profecies autocomplertes: no esperen que la realitat en demostri la veritat, sinó que en construeixen una de pròpia.

I, tanmateix, el mite és un procés i, per tant, és intrínsecament politeista, justament perquè necessita respondre a la necessitat de significança per tal de continuar viu en l'inconscient social; així, genera variants diverses, cadascuna de les quals respon a les sempre canviants circumstàncies de la vida. ¿Com podem tornar a explicar el mite que hem heretat per tal d'adaptar-lo

22. Ibíd., p. 43.

als reptes dels nostres temps? No hi ha cap dubte que un d'aquests reptes és el d'impulsar nous mites sobre la creació, capaços de nodrir un «domini imaginari»,[23] on tothom pot trobar els recursos simbòlics per individualitzar-se com a ésser sexuat.

3
RECUPERANT LA DONA: LA PRINCESA I SANT JORDI ENFRONTANT-SE AL DRAC

És innegable que vivim una nova onada d'agitacions feministes. Des dels carrers de Buenos Aires fins als de Teheran, som testimonis de reclamacions feministes representades per eslògans com #niunamenys i #womanlifefreedom. A la part final de l'assaig, m'agradaria mostrar com una antiga mitologia patriarcal podria ser reocupada i readaptada als temps feministes actuals. No podem construir mites a partir de zero perquè cada edifici simbòlic ha de ser capaç de parlar en el context cultural a què pertany. El treball sobre el mite està dipositat en l'inconscient social i, per tant, és lent. No podem ignorar del tot l'àmbit imaginari que hem rebut, però ens el podem reapropiar creativament.

Un dels arguments narratius més persistents a què estem exposades des de petites és el de la dona en una situació de perill, que és salvada per un cavaller poderós. Des de la Bella Dorment fins a la Ventafocs, observem aquest mitologema bàsic en la dona indefensa que necessita un home poderós que la salvi d'un perill. La història oficial de sant Jordi i el drac segueix aquest

23. Drucilla Cornell, *The Imaginary Domain*. Londres: Routledge, 1995.

argument narratiu tan comú: una princesa és amenaçada per un drac, un cavaller la'n rescata i li salva la vida. Aquesta és, per exemple, la versió d'aquesta història que podem llegir al web oficial de l'Ajuntament de Barcelona:

> Hi havia una vegada un drac temible que tenia aterrits els habitants d'un poblet de Catalunya anomenat Montblanc. Sembrava el pànic entre la població i devorava els animals que pasturaven als camps.
>
> Així, per calmar la ira del drac, els habitants del poble van decidir que cada dia sacrificarien algú, i s'ho van jugar a sorts per veure qui oferirien com a mostra de la seva bona voluntat.
>
> Fins que va arribar el dia que li va tocar el torn a la filla del rei. Quan el drac estava a punt de devorar-la, va aparèixer un bell cavaller i es va enfrontar a la bèstia. Era sant Jordi. Va clavar la llança al drac i de la sang que la bèstia va vessar en va sorgir un roser.
>
> Va ser un gest valent i generós que va canviar el curs de la història de la població i va originar la nostra llegenda. D'aleshores ençà, a Catalunya hi ha el costum de regalar una rosa a la persona que estimes. Sant Jordi, el patró de Catalunya des del segle XIX, es va convertir en el símbol de les terres catalanes durant la Renaixença, moviment polític i cultural de recuperació dels símbols identitaris catalans.[24]

Aquí podem veure com el sacrifici del drac està connectat amb la creació de la «identitat catalana» i amb la tria de sant Jordi com a patró. En aquesta versió de la història, la princesa no té

24. https://www.barcelona.cat/santjordi/en/legend#:~:text=This%20was%20Sant%20Jordi%20(St,your%20loved%20one%20a%20rose. (Pàgina visitada el 24 de gener del 2024.)

cap mena de poder de decisió: li toca deixar-se sacrificar i només gràcies al «bell cavaller» se salva d'un final terrible, és a dir, ser devorada pel drac. El símbol d'aquest sacrifici (matar el drac per salvar la ciutat) és la rosa que encara s'ofereix, com un ritual, el dia de Sant Jordi. ¿Per què cal oferir una rosa a les persones que estimem, si el mite gira al voltant de la salvació de la ciutat d'un drac que «sembrava el pànic entre la població»?

Per respondre aquesta pregunta, hem de fer un pas enrere i analitzar les diferents variants d'aquest mite. En una de molt més antiga, que es remunta a la *Legenda aurea* de Iacopo da Varazze (la *Llegenda àuria*, de voltants del 1260), el sant no actua sol. Arriba a l'escena en què la princesa està a punt d'enfrontar-se al drac tota sola i hi intervé fent el senyal de la creu i després atacant el drac amb la llança. Però aleshores demana a la noia que llanci el cinturó al voltant del coll del drac i aquest, amansit, arriba a la ciutat conduït per la princesa mateix, que el du com si fos un gos amb una corretja.[25]

Trobem una representació poderosa d'aquesta versió inicial del mite de sant Jordi i la princesa en un quadre de Paolo Uccello, de voltants de 1470, que actualment es troba a la National Gallery de Londres. L'escena retrata un cavaller en un cavall blanc que ataca el drac davant d'una cova, mentre que, a l'esquerra, una dona vestida de manera elegant aguanta el coll del drac lligat a la cintura amb un cinturó. Del coll del drac, que és davant de la cova, en cau sang a terra.

25. Iacopo da Varazze (c. 1228-1298), *Legenda Aurea*. Per a una reinterpretació contemporània d'aquest mite, vegeu el meu llibre *A Feminist Mythology*. (Londres: Bloomsbury, 2012, p. 190-191). Disponible en castellà: *Mitologías feministas*. Malpaso: Barcelona, 2023.

Aquesta representació es pot interpretar de diverses maneres; per exemple, ens podem centrar en la cova, que sembla els genitals d'una dona, amb les diverses capes i llavis, i la sang que cau, que recorda la sang menstrual, sobretot a partir de la connexió amb la panxa de la princesa. Però el que en aquest context ens interessa més és que, en aquesta versió antiga del mite, de la qual Paolo Uccello ens va deixar una icona poderosa, hi ha dos protagonistes igualment importants a l'hora d'amansir el drac i salvar la ciutat: el cavaller, amb la llança, un símbol evident del poder fàl·lic, i la princesa, amb el cinturó al voltant de la panxa, un símbol clar de l'autoritat femenina que pot amansir una bèstia i portar-la amunt i avall com si fos un animal domèstic.

En els rituals actuals d'oferiment d'una rosa a les persones estimades, hi podem veure traces d'aquesta variant antiga del mite, la qual, tanmateix, ha estat reescrita per una interpretació patriarcal de la mitologia que ha reduït la dona (un cop més) al *segon sexe*, tan *secundari* que gairebé sempre queda exclòs i amb prou feines apareix en l'escena. Som nosaltres els qui hem de recuperar la versió antiga, i reanomenar com cal el mite i dirne «sant Jordi i la princesa amb el cinturó». A través de l'actualització del mite, que implica produir-ne un de nou tot recuperant l'antic, podem trobar els recursos simbòlics per salvar la ciutat de la bèstia de la cultura patriarcal, que pretén imposar un imaginari de dominació sexista nefast per a tots dos sexes (homes inclosos). I aquí també sorgeix la resposta a la nostra pregunta inicial: ¿ens cal una mitologia feminista? Sí, perquè altrament ens quedem amb la vigent, imbuïda del tot de valors patriarcals.

Traducció de l'anglès de David Cuscó

LA SUBVERSIÓ DE LA MIRADA

Simona Škrabec

> ... una subversió que no transformarà el món ni la visió que ens n'hem forjat, però que activarà en nosaltres un poder d'anàlisi, d'imaginació i de judici.
>
> JOAN FONTCUBERTA, 2022

Vaig trobar el llibre de Lukas Bärfuss a l'aeroport de Zúric.[1] Ara no passa gaire sovint que per donar una conferència a l'altra punta d'Europa t'enviïn el bitllet d'avió amb parada en algun dels grans hubs del continent. No fa pas gaires anys, a l'inici del segon mil·lenni, Zúric, Múnic o Frankfurt havien estat els meus companys de qualsevol projecte que connectava Barcelona amb el centre o l'est del continent. Ara aquestes visites als nusos de connexió globals són molt esporàdiques. S'ha imposat la lògica de la tarifa barata. El viatge del conferenciant acadèmic ara inclou aeroports amb una única pista curta –que abans sovint era d'ús militar– i edificis que són poc més que una nau industrial perduda enmig d'un camp. L'art de viatjar comprèn també

1. Si no s'indica el contrari, totes les traduccions de títols i citacions són meves.

l'habilitat d'arribar des d'aquests punts d'aterratge improvisats a alguna ciutat propera. Per això han sorgit com bolets les companyies de furgonetes que operen amb l'agilitat de veritables *jeepneys* filipins i que et recullen en qualsevol indret de la geografia accidentada, si cal més enllà de la mitjanit. Arribar a l'aeroport triat implica certament hores de viatge per carreteres revirades, però els inconvenients són oblidats tan bon punt ens enlairem. El terra es desdibuixa i tot es torna llavors relatiu. Des de l'aire, les distàncies no importen, les fronteres són inexistents.

A Zúric, hi ha un dels pocs llocs on el comerç global –articles de luxe que competeixen per semblar inabastables, exclusius i ridículament innecessaris– reserva un mínim espai a la producció literària domèstica. En una de les cafeteries hi ha un quiosc i, en aquest quiosc, un únic prestatge, tanmateix força llarg, que conté alguns clàssics i també les novetats de la literatura suïssa en llengua alemanya. Sempre que faig la connexió en aquest aeroport vaig corrents a buscar «el» prestatge, un lloc inversemblant en aquest món frenètic, que resisteix enmig d'una inundació de producció efímera de llibres que estan pensats per entretenir els passatgers en vols transoceànics, relats clonats que esborren aquella poca consciència que els lectors avesats a no pensar encara puguin tenir.

La resposta sobre el present i el futur de la literatura segurament es troba aquí, en aquesta superproducció editorial, però em fa una mandra immensa haver d'afrontar tanta matèria amorfa, tants clixés, tantes frases ampul·loses, tant de sentimentalisme portat als extrems. Reconec que soc, com la majoria dels estudiosos, incapaç d'analitzar el monstre que amenaça aquella mena de llibres que des de sempre han alimentat la meva curiositat.

Tota aquesta oferta editorial agressiva, les llibreries als llocs de pas, i també els canals establerts a les xarxes, són veritablement un encontre amb l'esfinx: o saps la resposta o seràs engolit, *devine, ou tu seras dévoré.*[2]

Amb aquesta enginyosa referència Isabelle Stengers i Bruno Latour van intentar rescatar les reflexions d'Étienne Souriau (1892-1979) entorn del concepte de l'obra d'art; cavil·lacions d'un filòsof que avui sembla oblidat, tot i la posició indiscutible que va ocupar en l'acadèmia durant la seva vida. Sense entrar en aquesta meravellosa selva de teoria ramificada i densa, els demano prestada aquí només la idea central: cal trobar una resposta. Però, tal com passa amb tots els enigmes, primer hem de desxifrar la pregunta. ¿De què parlem quan parlem del futur de la literatura? ¿De les xifres de vendes? ¿Del nombre de títols editats? ¿De traduccions fetes? ¿De premis rebuts? Els autors acostumen a legitimar la importància de la seva obra amb aquestes dades, i encara més els editors. Les solapes i les contracobertes rara vegada ometen cap informació sobre les distincions rebudes, els exemplars venuts –encara que només si les xifres són dignes d'esment– i també el nombre de llengües en què es pot llegir l'obra.

Hi ha, però, una pregunta prèvia, elemental. ¿Hem de poder respondre què és una obra d'art o, més exactament, què és una obra literària? I aquí el comentari de Stengers i Latour ens presta una ajuda inestimable, perquè aconsegueixen deixar clar que la literatura –com totes les altres arts– no és una art mimètica.

2. Isabelle Stengers i Bruno Latour, «Le sphinx de l'œuvre», a Étienne Souriau, *Les Différents modes d'existence* suivi de *«De l'œuvre à faire»*. París: PUF, 2009, p. 4.

Cap llibre no imita una realitat desapareguda o llunyana, cap llibre no és el mirall posat al llarg del camí que reflecteix una realitat «fidelment». Llegir no significa pas entrar en una realitat que havia existit i que ara ja no hi és. L'art no produeix aquesta mena d'artefactes simples que són meres reproduccions d'alguna cosa llunyana o esvaïda. És molt més fàcil comprendre la necessitat de renunciar a la mimesi si, en lloc de llibres, parlem de fotografia. Joan Fontcuberta s'ha atrevit a qüestionar un dels textos que més han marcat la reflexió teòrica en aquest camp, *La càmera lúcida* (1980), de Roland Barthes. Fontcuberta està convençut que des de la posició actual ja no ens podem permetre cultivar la tendra nostàlgia que està continguda en la fórmula barthesiana de *ça-a-été*; és a dir, que la fotografia és tot allò que ha estat i ja no serà mai més. Barthes ens havia ensenyat que allò que veiem a la fotografia és un moment irrecuperable, però ara Fontcuberta ens alerta que la fotografia no és una imatge que dona accés a un passat perdut, sinó un «text», una mediació extremament complexa sobre el sentit: «La fotografia és un exercici de filosofia, una acció per pensar virtualment».[3] Amb els llibres passa exactament el mateix. Un llibre no és simplement una reconstrucció enginyosa d'un món inaccessible, sinó que ens demana que definim la nostra actitud davant d'aquesta «imatge» creada amb paraules per decidir què ens fa pensar. L'exercici és, no cal dir-ho, extremament complex.

Si tenim present aquesta radical desvinculació de l'obra d'art de l'esforç mimètic, si ens atrevim a pensar que cada obra és una aportació autònoma, autosuficient, acabada i única, llavors

3. Joan Fontcuberta, *Imatges latents. La fotografia en transició*. Barcelona: Arcàdia, 2022, p. 203.

podem elevar-nos per damunt de les contingències i intentar respondre primer aquella pregunta que plantegen les esfinxs, una pregunta que ha de ser resposta o bé s'acaba el joc.

La literatura, desvinculada de les seves servituds concretes, existeix en un espai eteri, que potser és comparable fins i tot amb la sensació que tenim a la panxa d'un avió, quan flotem entre els núvols i l'atzur del cel. Quan ens enlairem, com he dit abans, el terra es desdibuixa, les fronteres desapareixen. Volar és pura rauxa, com si per un breu temps poguéssim quedar desvinculats de les obligacions, de la quotidianitat. Gaudim d'un petit instant en el qual la realitat tangible és una taca indefinida allà sota i no importa gaire. Llegir ens dona la possibilitat d'ignorar volgudament totes les limitacions i barreres. Si la literatura existeix com un espai compartit que permet les trobades més inesperades és perquè la creiem possible. És tan simple com això.

Tinc ben present el que costa aprendre una llengua nova i per descomptat sé l'esforç necessari per traduir un llibre, trobar-li un editor, convèncer un públic nou perquè el llegeixi, el comprengui i potser també l'estimi. També tinc present el pes de l'opressió cultural, les assimilacions forçoses i les censures ideològiques que han anat configurant amb mà de ferro les possibilitats reals d'intercanvis de lectures. ¿Quants llibres no han nascut mai perquè la llengua en què s'havien d'escriure era prohibida o bé encara no prou estandarditzada? La fixació de la paraula oral en l'escriptura és una qüestió política de primer ordre. I quants llibres han estat proscrits no pas en el passat remot, sinó al llarg de tot el segle XX i fins avui. Les pressions contra la llibertat d'expressió persisteixen.

I no podem oblidar el pas del temps, que tot s'ho menja, que tot ho destenyeix com el salnitre que rovella les baranes blanques, tan curosament pintades, dels ports de la costa atlàntica. Poder llegir avui que qualsevol llibre d'un temps remot és el resultat d'una lluita col·lectiva, d'una xarxa immensa que ha anat passant els originals de mà en mà perquè fossin transcrits, comentats, traduïts i, gràcies a aquesta activitat incessant, els tinguem a disposició avui. Per això, el cel blau de la literatura, aquest espai infinit, fa possible hipotèticament qualsevol trobada entre un text i un lector. Si algú ho pot assumir i fer, passarà. La literatura està feta d'aquest esforç per creuar els límits, per crear allò que encara no existia. Bé que també se'ns han conservat inscripcions prehistòriques gravades a la roca amb molta cura –i que no podem desxifrar–. Els que preservem la paraula escrita som els que venim després, els que sabem transmetre la cura, l'interès, les ganes de comprendre un text.

L'esfinx té davant seu no pas un home mortal que ha d'adonar-se del pas del temps –com quan va atrapar Èdip a les portes de Tebes–, sinó de tot un sistema rizomàtic que rebrota i s'expandeix sense concert ni lògica. Només cal que hi hagi algú que sàpiga i vulgui llegir o escriure, comentar o traduir, imprimir en paper o publicar en digital, aprendre una llengua, conèixer una cultura, aventurar-se més enllà d'allò conegut. El futur de la literatura depèn del batec d'aquesta xarxa immensa. I això és el que cal comprendre d'entrada: el present i el futur de la literatura depenen de l'energia de tot el sistema i no dels corrents dominants en cada moment. Reforçar les xarxes d'autopistes o impulsar la centralització dels vols en uns quants hubs no resol els problemes de desplaçament perquè aquestes artèries sempre s'acaben col·lapsant. Cal trobar una altra imatge que pugui descriure, i també fer comprendre, les interdependències del sistema fins a la seva capil·laritat.

EL BAGUL DEL PARE

El llibre de Lukas Bärfuss que vaig trobar a l'aeroport és el resultat d'una conferència a la Facultat de Dret de la Universitat de Zúric, on aquest autor va ser convidat per repensar els «drets de les futures generacions». Tal com diu l'autor, per assegurar el benestar en els temps a venir cal, alhora, repensar el llegat, allò que hem rebut en herència. Bärfuss planteja aquesta reflexió en forma d'un relat sobre el pare en una autoficció convincent. Durant un temps, el pare havia estat un petit empresari relativament exitós, però va acabar acumulant deutes i, com a conseqüència de la mala gestió i d'una certa indiferència envers la societat, va acabar vivint, i morint, abandonat al carrer: «Cada societat té els seus fracassats».[4] ¿Què s'amaga en el bagul del pare que rep el fill entre les factures impagades i altres mostres d'incapacitat i de desencís? ¿Quina mena d'individus són funcionals en l'era del capitalisme madur? ¿Qui està destinat a sobreviure, a imposar-se?

Entre els residus improductius de la societat del segle XXI, a hores d'ara s'hi compten també els llibres. Els llibres s'han tornat obsolets perquè aparentment no han seguit els avenços tecnològics. Les biblioteques públiques potser ja no tenen sentit si tot és accessible a la xarxa. Per no parlar de l'esperit de col·leccionista de Walter Benjamin, contingut en aquella preciosa màxima *habent sua fata libelli*. Som estranyament incapaços de tenir fe en el destí únic de cada exemplar... Però, més enllà de l'obsolescència del llibre en «l'era de la reproductibilitat

4. Lukas Bärfuss, *Vaters Kiste. Eine Geschichte über das Erben*. Hamburg: Rowolt, 2023, p. 58.

tecnològica», el futur de la literatura depèn d'una altra resposta, molt més important. L'esfinx, de nou, també ens planteja en aquest punt una pregunta decisiva, que Bärfuss sap formular amb gran precisió: «...el neguit provenia del fet que vaig començar a tenir dubtes sobre els llibres que abans m'havien convençut a mi i a molts altres, uns llibres el contingut dels quals em semblava ben acceptable». Sense que aquest pensament cristal·litzés del tot, l'autor va començar a qüestionar-se insistentment els llibres ja llegits a causa de petites incongruències, residus mal dissimulats i trucs retòrics. També els llibres més admirats ens poden inquietar i ferir perquè avui els mirem amb uns altres ulls. Diu Bärfuss: «En la manera de parlar, en l'actitud i en les disfresses, en tot allò que els escriptors deien i en tot allò que els escriptors callaven, i per molt que s'emboliquessin sovint en contradiccions, s'hi entreveien els gestos a favor de les relacions de poder existents, d'un món dins del qual van ser escrits aquests llibres i dins del qual uns van florir, i els altres es van extingir».[5]

Cap llibre no té un valor definitiu, vàlid per sempre més. Com un eco, respon Joan Fontcuberta: «Però cal matar el pare per passar a pensar per nosaltres mateixos. [...] Es tracta de passar el tràmit freudià d'alliberar-se dels lligams heretats».[6] Per això, la lectura significa també l'actualització. Cal repensar constantment allò que considerem inspirador, cal assenyalar allò que ens irrita, decep o que trobem directament inacceptable. I avui, en aquest inici del segle XXI, «el bagul del pare» conté molts records trasbalsadors, com també eines de coneixement que s'han

5. Ibíd., p. 36.
6. Joan Fontcuberta, *Imatges latents. La fotografia en transició*, op. cit., p. 229.

tornat inadequades: «La vella aliança entre l'estat i l'estudi de la literatura (nacional) a través del sistema escolar s'ha ensorrat», podem llegir en un dels articles recents de l'influent grup de la teoria dels polisistemes.[7] La idea que les obres literàries eren els maons de la construcció nacional ve de lluny. El 1812, des de la conservadora Viena del canceller Metternich, Friedrich Schlegel va apuntar una de les millors definicions d'aquest projecte que ha marcat sobretot les lletres europees modernes: «El més important per al desenvolupament d'una nació, i fins i tot per a l'existència espiritual, és assegurar que el poble retingui les grans memòries nacionals sobre els seus orígens, que habitualment s'esvaneixen. La primera funció de la poesia és cultivar la memòria i glorificar-la. Tenir aquesta mena de memòria nacional és l'herència més esplèndida que una nació pot posseir i res no la pot substituir».[8]

CAFARNAÜM

A diferència del culte als «sants culturals» dels dos segles que hem deixat enrere,[9] el segle XXI demana per a la literatura un altre espai. Em temo que els pedestals, poc o molt s'han acabat.

7. Itamar Even-Zohar, Elias Torres Feijó i Antonio Monegal, «The End of Literature; or, What Purposes Does It Continue to Serve?», a *Poetics Today* 40:1, 2019, p. 25.

8. Friedrich Schlegel, *Geschichte der alten und neuen Literatur* (1814), a Ernst Behle (ed.). *Kritische Friedrich – Schlegel – Ausgabe*. Vol 6. Padeborn: Schöningh, 1961, p. 15-16.

9. Vegeu Marijan Dović i Jón Karl Helgason, *National Poets, Cultural Saints: Canonization and Commemorative Cults of Writers in Europe*. Leiden: Brill, 2017.

¿Com circulen les obres literàries avui? Parlem de literatura «portuguesa» en relació amb literatura «holandesa», en el sentit de «la literatura com una entitat estable i ben definida».[10] Però, en realitat, les literatures «nacionals» tenen una estructura interna molt complexa. En cada una d'aquestes entitats, hi ha uns estrats que són centrals i uns que són perifèrics i, dins de cada sistema, hi ha una tensió constant, un dinamisme que desplaça totes aquestes opcions contínuament. Això vol dir, per simplificar una mica, que la decisió d'un traductor de traduir un llibre no només introdueix una novetat, sinó que influeix –i molt– en la jerarquia de la producció domèstica perquè cada nova aposta, si és prou influent, modifica les opcions estètiques, a vegades molt profundament. El sistema sencer també pot oscil·lar entre diverses opcions: els autors belgues que escriuen en francès, per exemple, en un punt van decidir «convertir-se en una literatura establerta amb una certa autonomia en lloc de ser simplement assimilats dins de la perifèria, en oposició a la centralitat de la literatura francesa».[11] La literatura catalana –que per sort ha fet l'aposta per una producció literària rica i diversificada en la pròpia llengua– té aquest mateix impuls. Si no es vol ser perifèria d'un centre que té problemes fins i tot per reconèixer-ne l'existència, cal que entre tots ens construïm a Catalunya *un centro di gravità permanente*, com somiava Franco Battiato en una inoblidable cançó del 1981.

10. Lieven D'Hulst, «Translation and its Role in European Literatures: Some Questions and Answers», a Nele Bemong, Mirjam Truwant i Pieter Vermeulen, *Re-Thinking Europe. Literature and (Trans)National Identity*. Amsterdam, Nova York: Rodopi, 2008, p. 82.

11. Ibíd.

Tal com no es cansava de repetir l'enyorada Carme Junyent, cal canviar el món per canviar la llengua i no a l'inrevés.[12] Pensar que podem provocar una onada de canvis desitjables amb una simple instrucció normativa que reguli què és pot dir i què no, és ingenu. Les relacions de poder no canviaran si les disfressem amb paraules boniques. La llengua ossificada, la llengua convertida en un eslògan obligatori, sempre reforça les jerarquies assentades. Per enderrocar les desigualtats que sostenen aquest món ja una mica caduc, més aviat cal canviar «els drets de successió», que són tan avantatjosos per a uns pocs com ho són de discriminatoris per a tots els altres.

En el llibre de Lukas Bärfuss, el pare mor al carrer i, al cap de dues dècades, el fill ni tan sols no pot trobar-ne el nínxol al cementiri perquè fins i tot ha estat desallotjat d'aquest últim espai sense deixar cap rastre. I la mare passa els últims vint anys de la seva vida al Carib: «Amb els ingressos d'una dona gran ja no es podia permetre la vida a Suïssa».[13] De totes maneres, hem d'anar molt en compte amb aquest «jo» que confessa amb tanta versemblança els assumptes familiars. El mateix autor ha escrit un altre conte, també en primera persona, en el qual relata les vicissituds de la mare prostrada en una cadira de rodes.[14] L'autoficció, aquest gènere que ha revifat amb el segle XXI com si mai abans no hagués existit, és com un crit d'alerta que ens diu que ens hem de prendre seriosament allò que està escrit, que la lliure imaginació ens ha dut massa lluny en insensibilitat i

12. Vegeu Carme Junyent (ed.), *Som dones, som lingüistes, som moltes i diem prou*. Vic: Eumo, 2021.

13. Lukas Bärfuss, *Vaters Kiste. Eine Geschichte über das Erben*, op. cit., p. 92.

14. Lukas Bärfuss, «Was ist die Liebe?». *Malinois*. Göttingen: Wallstein, 2019, p. 7-9.

anul·lació del «patiment dels altres», com hauria dit Susan Sontag. Si hi ha un «jo» que parla, escoltem-lo: el que demanen tots aquests escrits no és que comprovem què és cert i què no, què és el que un autor realment ha viscut i el que potser no. L'autoficció exigeix l'atenció que dedicaríem a una persona que tenim al davant i que podem imaginar com un interlocutor present i fràgil. Aquest gènere ens retorna la fe en la comunicació humana, la necessitat de compassió i d'escolta.

La qüestió dels privilegis heretats també es pot il·lustrar molt bé amb el terme jurídic *res nullius*. «Cosa de ningú» són els animals salvatges, però també les terres de les col·lectivitats que no han aconseguit organitzar-se políticament en entitats prou homologables per poder prevenir l'explotació brutal de recursos, ja que no han reeixit a fer jurídicament visible la seva presència: «Mentre l'*smartphone* funciona, no ens preguntem d'on ha vingut el coltan».[15] També són sense amo els residus de la civilització industrial perquè ningú no es vol fer realment responsable de la matèria de rebuig. «La història de la societat de masses industrialitzada es podria narrar a partir dels residus»,[16] però no el volem escoltar gaire, aquest relat de la destrucció, perquè cada cop és més evident que l'herència que deixarem a les generacions futures serà un planeta inhabitable i un cúmul d'estratègies equivocades que han tensat els equilibris fins al límit del col·lapse.[17]

Avui, potser, s'ha imposat en les agendes més polítiques que no pas culturals aquesta distopia que ens fa creure que traslladant

15. Lukas Bärfuss, *Vaters Kiste. Eine Geschichte über das Erben*, op. cit., p. 59.
16. Ibíd., p. 73.
17. Vegeu Isabelle Stengers, «Putting Problematization to the Test of Our Present», *Theory, Culture & Society* 38:2, 2021, p. 71-92.

tot el coneixement de la humanitat en una sola llengua desapareixerien els malentesos i regnaria una pau anhelada gràcies al fet d'haver abolit finalment les distincions de llengües i de pertinences.[18] Però si esborrem les diferències, encara ens tornarem molt més incapaços d'acceptar els que són diferents. Instaurarem un «dins» i un «fora» definitius, sense rèplica possible.

Encara estem molt lluny d'una literatura global immediatament accessible arreu. Per descobrir un autor com Bärfuss, he hagut d'anar directament a una llibreria del seu país d'origen. S'ha editat a Espanya només un dels seus textos dramàtics, i tinc la sensació que no deu haver circulat gaire. Una editorial argentina ha publicat també alguna obra seva en prosa, però tots sabem que aquestes propostes llatinoamericanes no arriben pas automàticament al mercat hispànic europeu. ¿Com és possible que un autor que escriu en una de les grans llengües de cultura, i que és un autor influent i reconegut, no hagi pogut travessar ni la frontera cap a una altra llengua gran i pràcticament veïna? Tal com avisen Stengers i Latour en la seva introducció, sembla mentida que un professor tan ben situat com Souriau hagi pogut desaparèixer dels comentaris erudits en qüestió de pocs anys.

La literatura és una xarxa complexa, no pas un mapa de carreteres principals, d'autopistes de fàcil circulació. En un assaig molt influent, J. B. Harley assenyalava que la cartografia també és una activitat política. El mateix autor apunta que l'*Atles de Carreteres* era una de les publicacions més venudes als Estats

18. Vegeu David Damrosch, «Global Regionalism», a Nele Bemong, Mirjam Truwant, Pieter Vermeulen, *Re-Thinking Europe. Literature and (Trans)National Identity*. Amsterdam, Nova York: Rodopi, 2008, p. 47-58.

Units. L'article data del 1989, abans de l'era de la geografia digital, evidentment. «Aquestes imatges esquemàtiques, ¿tenen conseqüències en la manera com pensem el món?», es preguntava Harley l'any de la caiguda del Mur de Berlín, l'any en el qual –crec– comença l'era de la globalització en què estem ara plenament immersos. El mapa de la xarxa de carreteres esborra tot el que hi ha més enllà de l'asfalt i fa pensar que Amèrica és això, només això: com arribar més ràpidament i en cotxe d'un punt a l'altre.[19]

Encara no sabem representar la diversitat del món, els solapaments de les identitats: «Tothom n'ha de tenir una, i només una. Una persona sense nacionalitat no és només un apàtrida, sinó una aberració contra el dret dels pobles. I una persona amb més d'una nacionalitat també resulta sospitosa perquè només està mig integrada. Ningú no pot servir dos amos alhora, la lleialtat i la fidelitat la devem només a la pàtria», comenta Lukas Bärfuss amb un to que no admet rèplica.[20] Posem al costat d'aquesta frase lapidària la pel·lícula de Nadine Labaki amb el nom bíblic de *Cafarnaüm* (Líban, 2018). El nen protagonista porta el mateix nom, Zain, que l'actor de dotze anys, Zain Al Rafeea, nascut l'octubre del 2004 a Daraa, Síria, i que va haver de deixar el país el 2012 amb tota la seva família. S'ha criat al carrer: qui hagi vist la pel·lícula recordarà l'escena commovedora en la qual es prepara davant el mirall per «fingir» que és un refugiat sirià i convèncer els treballadors humanitaris que té dret a l'ajuda alimentària. La veu li canvia perceptiblement i, per uns instants, és com si la realitat i la ficció se solapessin amb

19. J. B. Harley, «Deconstructing the map», *Cartographica* 26:2, 1989, p. 15.
20. Lukas Bärfuss, *Vaters Kiste. Eine Geschichte über das Erben*, op. cit., p. 60.

una gran intensitat. Tots els actors principals comparteixen aquesta condició de vides precàries, de vides «sense papers»: són alhora el personatge fictici i el reflex d'una vida que ha deixat marques molt profundes sobre la pell. Però no es donen per vençuts; per això, probablement, per aquesta confiança en el futur, aquest relat de l'Orient Pròxim ha tingut tanta acceptació arreu, tant als festivals del primer món com en les societats desestructurades i marcades per exilis i desplaçaments. En els dos bàndols d'aquesta línia pràcticament infranquejable entre els integrats i els exclosos, necessitem creure que la bondat té algun sentit.

Europa havia de ser un continent amb els centres neuràlgics connectats sobretot amb línies aèries, que accentuen l'efecte del mapa d'autopistes, o de la xarxa de trens, perquè volar d'un lloc a un altre realment permet oblidar la realitat circumdant. Havíem de viure en un món hiperurbanitzat i oblidar les províncies inaccessibles. Aquest és el relat amb el qual tots hem crescut i que hem alimentat d'una manera o una altra, confirmant-lo o bé combatent les divisions en dues categories tan oposades. Però ha passat tota una altra cosa: la liberalització dels tràmits fronterers, el desenvolupament tecnològic i l'accés a la formació –un pilot no es pot entrenar en un camp de cols– han capgirat la relació de forces. Els avions volen a destinacions on mai abans podríem imaginar una pista d'aterratge, i Albània, per posar un exemple fàcil, ara és un destí turístic moda. Evidentment, les metròpolis són les que gaudeixen de connexions pràcticament il·limitades; per això també ha crescut desmesuradament el turisme de ciutat, la manera avui més barata de viatjar, que provoca autèntics desastres en els ecosistemes urbans. Però alhora, aquest augment de contactes imprevistos ha teixit la profunditat de la xarxa fins al punt que podem pensar que el segle XXI ha aconseguit abolir les perifèries: ja no hi ha cap lloc inaccessible.

El preu mediambiental de tots aquests desplaçament és altíssim, però si hem de construir un planeta més amable, hi ha una característica de l'antropocè que resulta innegociable, i que cal saber preservar per sempre més: la capacitat de fer contactes, el desig de conèixer allò desconegut. Com que convindrà treballar a favor del decreixement i caldrà saber renunciar a les relacions efímeres, la literatura tornarà a ser un espai a considerar. Carme Junyent mai va visitar cap país d'Àfrica, deia que li podria agradar massa i llavors no sabria tornar a casa. És impossible resumir com ens ha enriquit aquesta pensadora, molt més enllà de la cultura catalana, amb el seu profund coneixement del continent més negligit. Compta molt més allò que saps que no pas on has estat fent el badoc.

Vivim entremig de les «ruïnes del capitalisme»,[21] en un món que ha «normalitzat l'expropiació i la incapacitat de la gent de pensar amb el seu propi cap»;[22] per això no ens podem permetre de creure cap faula d'un possible retorn a una edat d'or, a un ordre primitiu i perfecte, sinó que hem de mirar de regenerar el que ha estat sistemàticament destruït. Això significa sobretot la capacitat de repensar com formulem el pensament abstracte: darrere la realitat no hi ha cap veritat que poguéssim destapar i així obtenir totes les respostes, sinó que cal transformar les relacions entre tot allò que és visible i ben conegut. Hem de preservar la capacitat de deixar-nos influir pels altres perquè el

21. Isabelle Stengers, «Putting Problematization to the Test of Our Present», op. cit., p. 82.

22. Ibíd., p. 83.

contacte amb la diferència ens transforma, és la manera com podem descobrir el que encara no sabíem. El teixit cultural està sotmès a un procés doble, igual com la llengua. La pressió d'estandarditzar i d'homogeneïtzar, de centralitzar o d'assimilar, troba sempre el contrapès en els processos espontanis que fomenten la diversitat i permeten la creació de formes híbrides.[23] De tot això podem treure la conclusió que la literatura serà rellevant en el futur si ens sap acompanyar com un «instrument per analitzar la realitat».[24] I això no depèn només dels autors que escriuen llibres, sinó de tota la xarxa dins de la qual les obres literàries cobren vida, des de les apostes polítiques i institucionals per decidir què celebrar i què finançar (no és aquesta una qüestió sense importància), fins a la iniciativa més individual de voler subvertir les sensibilitats. Amb la implicació en el debat sobre els relats que ens guien ens hi juguem el futur, així que bé val la pena intentar-ho.

23. John Neubauer, «The Idea of Europe-Trending on Native Ground?», *Comparative Literature* 58:4, 2006, p. 360-375.

24. Itamar Even-Zohar, Elias Torres Feijó i Antonio Monegal, «The End of Literature; or, What Purposes Does It Continue to Serve?», op. cit., p. 26.

EL MUSEU EN L'ERA POSTINTERNET

Boris Groys

Des que l'art es col·lecciona i s'exposa, tant els museus com les col·leccions privades han estat sotmesos a una crítica similar: se'ls ha acusat de ser massa selectius i d'imposar al públic els gustos personals dels comissaris d'exposicions, un retret que ha comportat una lluita per la democratització de l'art, per un enfocament més inclusiu. Ara bé, fa l'efecte que aquest esforç compensatori ha arribat al seu punt final i ha perdut la rellevància d'antany. El motiu d'aquest canvi té a veure amb la nova tecnologia d'exhibició d'imatges: el sorgiment d'internet. Internet no té comissaris. Gairebé qualsevol de nosaltres pot fer servir una càmera de fotografiar o una videocàmera per produir imatges; un programa processador de textos per afegir-hi comentaris, i la xarxa per distribuir els resultats a escala global, tot plegat evitant qualsevol mena de censura o de procés de selecció. Així doncs, a primer cop d'ull, sembla que internet ha posat punt final al criteri de selecció.

Tanmateix, a la pràctica, internet no condueix al sorgiment d'un espai públic universal, sinó a la tribalització del públic. La xarxa és un mitjà extremament narcisista; un mirall dels nostres interessos i desitjos. Funciona reaccionant als nostres clics. Si cliquem un determinat lloc web, apareix; si no, es manté ocult.

Internet ens mostra el que volem veure i no ens mostra el que no volem veure. En el context d'internet, només ens comuniquem amb els qui comparteixen els nostres interessos i actituds, tant si són polítics com estètics. Per tant, el caràcter no selectiu de la xarxa és una il·lusió. El funcionament d'internet es basa en les normes de selecció no explícites mitjançant les quals els usuaris només trien el que ja coneixen o allò amb què estan familiaritzats. Per descomptat, alguns cercadors són capaços de pentinar la xarxa sencera, però estan controlats per grans empreses i no pas per usuaris individuals. Podríem dir que, per a aquests últims, internet és el contrari d'un espai urbà, en el qual constantment hem de veure el que no necessàriament volem veure. En molts casos, intentem ignorar aquestes imatges i impressions no desitjades, mentre que, de vegades, atrauen el nostre interès; però sempre amplien el nostre camp d'experiències.

El mateix es pot dir de les exposicions en museus o en altres espais d'art. Les tries dels comissaris ens permeten veure coses que no necessàriament hauríem triat veure, coses que fins i tot pot ser que desconeguem. Com a institució pública, el museu, si funciona com cal, té l'objectiu de transcendir la fragmentació de l'espai públic i crear un espai universal de representació que internet és incapaç de crear. Les exposicions d'art són interessants i rellevants quan els seus continguts provenen de diverses parts del món o d'internet i de les xarxes socials. Passa el mateix amb els museus i les col·leccions privades. El fet de col·leccionar i exposar –unes pràctiques que transporten coses des dels seus contextos originals fins a l'espai artificial d'una col·lecció– sovint ha estat criticat per soscavar l'originalitat i, per tant, el significat d'aquests objectes; un significat que suposadament només es pot manifestar en els contextos on van ser creats. A continuació, considerarem alguns exemples destacats d'aquesta mena de crítica.

En el seu assaig *L'obra d'art a l'època de la seva reproductibilitat tècnica* (1939), Walter Benjamin defineix el «valor d'exposició» de l'obra d'art com un efecte de la reproductibilitat de l'art. Tant la reproducció com l'exposició són operacions que treuen l'obra d'art del seu emplaçament històric –del seu «aquí i ara»– i la fan circular globalment. Benjamin creu que aquestes operacions deixen l'obra d'art sense el seu «valor de culte», sense el seu lloc en el ritual i la tradició, i, per tant, sense la seva aura, que, en aquest sentit, s'ha d'entendre com la inscripció de l'obra d'art en el seu context històric original. Quan se l'aïlla del seu entorn original, l'obra d'art continua sent «materialment» idèntica a si mateixa, però perd el seu lloc històric i, per tant, la seva veritat.

D'una manera semblant, Martin Heidegger escriu a *Der Ursprung des Kunstwerkes* [L'origen de l'obra d'art] (1935-1936): «Quan una obra s'afegeix a una col·lecció o se situa en una exposició, diem que s'hi *instal·la*. Però aquesta instal·lació difereix essencialment del sentit que atribuïm a aquest terme quan construïm un edifici, erigim una estàtua o representem una tragèdia en un festival sagrat».[1] Dit d'una altra manera, Heidegger diferencia entre una obra d'art inscrita en un determinat espai i temps històrics d'una altra que simplement s'«exposa» en una ubicació concreta, però que es pot traslladar en qualsevol moment i que, per tant, es troba fora de context i no pot comunicar res.

1. Citat de l'edició en anglès: Martin Heidegger, «The Origin of the Work of Art», a *Basic Writings*. San Francisco: Harper Collins, 2008, p. 169.

Ara bé, ¿per què l'aura d'una obra d'art només s'hauria de manifestar quan l'obra en qüestió es troba en el seu context immediat i local, en el seu específic «aquí i ara»? ¿Per què és impossible determinar-ne el lloc en un món global? Segons Heidegger, la producció d'«imatges del món» o de «visions del món» (*Weltanschauungen*), com les anomena, es basa en una fal·làcia ontològica: els humans es conceben a si mateixos com a subjectes als quals el món se'ls presenta com un objecte, com una imatge.[2] Ara bé, aquesta il·lusió no és accidental: està basada en un «posicionament» (*Stellung*) específic de la persona en el món modern, un posicionament definit per la tecnologia moderna. La tecnologia moderna crea el marc o l'«aparell» (*Gestell*) que ens permet posicionar-nos com a subjectes respecte al món.[3] No obstant això, com diu Heidegger, aquest «aparell» no ens és revelat, justament perquè obre el món a la nostra mirada.

Aquesta és la nostra posició respecte a internet: a les pantalles dels ordinadors en veiem la superfície, però l'aparell roman ocult als usuaris. No podem seguir el subministrament d'electricitat, que és el mitjà d'internet. La majoria de nosaltres no té prou coneixements tècnics per entendre el funcionament del maquinari i el programari d'internet, i, sobretot, no estem preparats per captar el funcionament dels algoritmes que fan que una determinada informació ens atragui i que, en canvi, ens costi més arribar a una altra. Dit d'una altra manera, fins i tot

2. Martin Heidegger, «Die Zeit der Weltbilder», a *Holzwege*. Frankfurt del Main: Klostermann, 1977, p. 87-88.

3. Citat de l'edició en anglès: Martin Heidegger, «The Question Concerning Technology», a *Basic Writings*, op. cit., p. 307 i següents.

assumint, amb raó, que el mecanisme d'internet és selectiu i manipulador, no som capaços d'entendre'n l'aparell o el funcionament. Per això la nostra època es caracteritza per l'auge de les teories de la conspiració.

En canvi, l'exposició d'art fa alguna cosa més que presentar imatges davant la nostra mirada: també deixa veure l'«aparell» interior tal com es presenten, és a dir, en la manera com la nostra mirada està determinada, orientada i manipulada. L'exposició no és selectiva i prou: exposa el seu propi criteri de selecció. L'exposició s'exposa a si mateixa abans d'exposar qualsevol altra cosa. Aquesta és la diferència principal entre l'exposició i internet. Internet amaga l'aparell de presentació d'imatges que, en canvi, l'exposició revela. En efecte, quan visitem una exposició, no només mirem les imatges i els objectes que conté, sinó que també reflexionem sobre les relacions espacials i temporals que s'estableixen entre aquestes imatges o objectes, les seves jerarquies, les tries dels comissaris i les estratègies que han acabat produint aquesta exposició. La «visió del món» és una il·lusió creada tecnològicament, però l'exposició mostra justament la manera com aquesta il·lusió es produeix i presenta. Així, l'«exposició» (*Aus-stellung*) és capaç de revelar la *Ge-stell* que defineix el nostre posicionament al món.

En una exposició, els objectes individuals són extrets dels seus contextos originals i se situen en un context artificial que reuneix imatges i objectes que en la «vida real» no s'haurien trobat mai «històricament». En el context d'una exposició d'aquesta mena, podríem trobar, per exemple, déus egipcis al costat de déus inques o mexicans, una combinació que encaixa amb els somnis utòpics de l'avantguardisme, però que mai no tenen lloc en la «vida real». Aquests trasllats dels contextos originals i la col·locació en contextos nous impliquen l'aplicació de violència, l'econòmica i la militar incloses, per tal que les col·leccions i exposicions d'art demostrin els ordres, les lleis i les pràctiques comercials que regulen el món, així com les ruptures a què aquests ordres estan subjectes: guerres, revolucions i crims. Es tracta d'uns ordres que no es poden *veure*, però que hi són i es manifesten en l'organització de l'exposició, en la manera com l'art s'*emmarca*.

Com a visitants, som dins i fora d'aquest marc. Per mitjà de l'exposició, ens exposem a nosaltres mateixos i als altres. Per aquest motiu una exposició no és un objecte, sinó un esdeveniment. Dit d'una altra manera, l'aura d'una obra d'art no només es perd quan l'obra és traslladada del seu context original i local. Tota obra d'art es recontextualitza i obté un nou «aquí i ara» en l'esdeveniment que implica una exposició i, per tant, en la història general de les exposicions. Com a esdeveniment, una exposició no es pot reproduir –l'únic que es pot reproduir és una imatge o un objecte que se situï davant d'un «subjecte»–, però es pot reconstruir i tornar a muntar. En aquest sentit, l'exposició s'assembla molt a la posada en escena teatral, però amb una diferència important: els espectadors no es queden davant de l'escenari, sinó que hi pugen per tal de convertir-se en participants de l'esdeveniment-exposició. Aquesta característica fonamental de l'exposició també és rellevant en l'era d'internet, en la qual els usuaris s'estan davant dels ordinadors.

De fet, a primer cop d'ull, és com si res no hagués canviat: seiem davant d'una pantalla de la mateixa manera com abans sèiem davant d'un llibre o ens estàvem drets davant d'una pintura. Ara bé, en el context de la xarxa, avui dia els artistes i els escriptors han perdut el seu tradicional paper de «modeladors de formes» i, fent servir els mitjans de producció i de distribució prescrits per internet per disseminar informació, s'han convertit en proveïdors de continguts. És clar que un artista o escriptor segurament cobreix el mateix contingut que els mitjans de comunicació convencionals, però ho fa d'una manera més o menys «subjectiva» i personalitzada, des d'una perspectiva que els mitjans tradicionals no acostumen a adoptar: escollirà un contingut que sigui excessivament estrany o, al contrari, massa trivial per al periodisme convencional. Es pot tractar d'una documentació d'esdeveniments històrics oblidats o públicament suprimits, però també pot ser una situació produïda pels artistes mateixos: accions, representacions i processos iniciats en el marc de pràctiques artístiques particulars i, posteriorment, documentades pels seus creadors. Fins i tot pot ser completament *fictícia*. Aquí, el procés de crear ficció es converteix en part del que està documentat. L'efecte acumulatiu d'aquestes estratègies no s'allunya gaire de les convencions del realisme del segle XIX, a partir de les quals els artistes combinaven mitjans convencionals de representació amb l'elecció personal del contingut i les seves pròpies interpretacions *subjectives*.

Els artistes avantguardistes rebutjaven aquestes convencions perquè creien que eren totalment arbitràries i estaven determinades culturalment. Però a internet una revolta d'aquesta mena no té sentit perquè les convencions s'inscriuen en la tecnologia de la informació, o, més aviat, en l'aparell de presentació d'imatges. De fet, a la xarxa tots els missatges tenen la mateixa forma per tal que el contingut estigui immunitzat contra l'absorció per part de la forma. A internet, un escriptor o un artista no comencen mai amb un full o un llenç en blanc. L'espai digital on operen sempre està preformatat, i l'anomenat *acte creatiu* sempre arriba massa tard. Un mai no comença de zero i, per això, el sorgiment d'internet es va viure (i encara es viu) com el final de l'avantguardisme. De fet, el que empenyia l'avantguardisme era el desig de començar de zero, és a dir, de fer creu i ratlla. I justament el punt zero està exclòs de la tecnologia d'internet.

Ara bé, l'exposició d'art contemporani pot instal·lar-se en un cub blanc. Per descomptat, aquest cub blanc sempre té una configuració determinada, però encara genera una sensació de nou inici, de començar de zero. Al cap i a la fi, un full o un llenç en blanc també tenen una forma determinada. D'aquesta manera, el comissari d'exposicions –a diferència de l'usuari d'internet– reté el privilegi de donar forma, sense ser un mer proveïdor de contingut. De fet, al llarg de les últimes dècades, el comissari contemporani ha gaudit d'un privilegi afegit: en el context de l'exposició, no solament ha pogut treballar amb obres tradicionals, sinó també amb la documentació de representacions artístiques, intervencions i projectes a llarg termini, cosa que inclou documentació sobre art disponible a internet.

Les obres d'art es presenten immediatament a si mateixes com a art, per ser admirades, experimentades emocionalment, analitzades, etc., però la documentació sobre art no és art: simplement es refereix a un esdeveniment artístic, a una exposició, a una instal·lació o a un projecte que assumim que realment han tingut lloc. La documentació sobre art es refereix a l'art, però no és art, i, per tant, es pot reformatar, reescriure, ampliar, comprimir, etc.; és a dir, es pot sotmetre a un seguit d'operacions que serien il·legítimes si les apliquéssim a una obra d'art perquè en canviarien la forma. La forma d'una obra d'art està assegurada institucionalment perquè és el que en garanteix la reproductibilitat i la identitat. En canvi, la documentació es pot modificar tant com es vulgui perquè la seva identitat i reproductibilitat se sostenen pel seu referent *real* i extern més que no pas per la forma. Per això els comissaris gaudeixen de molta més llibertat quan han d'emmotllar la documentació que presenten que no pas quan han de relacionar-se amb les formes d'art tradicionals. També són més lliures a l'hora de combinar i juxtaposar la documentació de diversos llocs d'internet.

Les exposicions d'art contemporani fan servir la documentació que circula per la xarxa de la mateixa manera com solien fer servir l'art produït localment. Obtenen els documents dels llocs web originaris i els combinen d'unes maneres que contradiuen la topologia habitual d'internet. Aquí cal reiterar que l'extracció d'un document del lloc web originari revela el mecanisme ocult d'internet. L'exposició fa visible la seva pròpia estructura i, d'aquesta manera, també fa visible la topologia d'internet. Però aquesta selecció també és –o, si més no, hauria de ser– una antiselecció. Hauria de ser transgressora i, sobretot, hauria d'estar explícitament dirigida contra la selecció implícita en què es basa el funcionament habitual d'internet. La selecció dels comissaris és rellevant justament quan travessa fronteres locals, tant si són geogràfiques o de grups específics d'internet com de sales de xats. Aquí topem amb un fenomen aparentment paradoxal de la selecció universalista, que no té a veure amb el fet que sigui del tot integral. La selecció es converteix en universalista quan revela la pràctica universal de l'emmarcament, del

Gestell universal, l'aparell ocult que defineix i dirigeix la nostra mirada. I l'única manera de revelar aquest *Gestell* és traslladar i reubicar les imatges i els objectes del nostre món, és a dir: fer una exposició.

És evident que les exposicions que utilitzen documentació sobre art provinent d'internet fan que el sistema de l'art afronti nous reptes: la documentació de la xarxa no es reubica i prou, sinó que es reformata. Exposar documentació sobre art fora d'internet és donar-li una nova forma i demostra que aquesta documentació és completament material. La producció i distribució d'obres d'art a internet també és un procés material, un procés que fa servir l'electricitat com a mitjà i el maquinari d'internet com a eina material. D'alguna manera, la materialitat de la documentació d'internet queda enfosquida pel fet que la seva forma material està dictada pels protocols de la xarxa, amb la qual cosa l'usuari passa de llarg d'aquesta forma i se centra en el contingut. Ara bé, la materialitat de les imatges d'internet comença a ser evident quan s'exposen en l'espai de fora de la xarxa. Qualsevol document que circuli per internet es pot instal·lar en l'espai d'exposició en forma de pel·lícula, vídeo o instal·lació de so. No obstant això, mentre que l'obra d'art individual es pot reproduir, la instal·lació només es pot documentar. Encara que una instal·lació es reinstal·li posteriorment en un lloc diferent, la seva forma queda modificada pel fet que s'ha d'adaptar a un altre espai. Com a exposició, una instal·lació té el caràcter d'un esdeveniment. Un document d'aquest esdeveniment es pot publicar a la xarxa i hi pot començar a circular. Com a conseqüència, l'intercanvi entre museu i internet adopta la condició d'un intercanvi entre la documentació provinent de la xarxa i l'exposició d'art: el que en un espai d'exposició d'art era una instal·lació, a internet es converteix en documentació, i viceversa.

Avui dia, els museus s'han convertit principalment en escenaris d'exposicions temporals, i mentre que el paper de la col·lecció permanent sembla que hi té menys rellevància, el museu, a banda de ser un lloc on fer-hi exposicions, també s'ha convertit en un arxiu. La paraula *arxiu* s'associa sovint a la noció de passat històric, que és el motiu principal pel qual molts artistes destacats de les avantguardes i escriptors clamaven amb tanta vehemència contra la institució del museu, a la qual acusaven de ser un mausoleu del passat i d'haver suprimit l'energia vital de les noves generacions d'artistes. I, tanmateix, el museu –justament perquè conserva l'art del passat– no és una institució arcaica, sinó que n'és una de característicament moderna i fins i tot futurista. El sentit del museu consisteix en la promesa que tant la producció actual com la documentació de les nostres vides hi estaran conservades per al futur, i aquí és important entendre que, en el context de la nostra civilització, l'únic que pot fer una promesa d'aquesta mena és el museu d'art. Vivim sota les condicions del progrés tecnològic; les eines tecnològiques d'avui demà seran obsoletes. I com que el món es defineix per les eines que utilitzem durant les nostres vides, desapareix a cada nou pas de progrés tecnològic, que és un procés de la destrucció permanent dels mons i de les formes de vida de les generacions prèvies en el nom de les noves possibilitats tecnològiques. Tal com va escriure Malèvitx: «Tot el que fem, ho fem per al crematori».

D'internet també en podem dir que està subjecte al canvi permanent, i que, en l'espai virtual, la desaparició del passat i del present no deixa ni cendres. Però si tot el que fem està destinat a la destrucció, esperar que la gent faci alguna cosa que contribueixi al procés que erradica els seus mons de vida no és gaire realista.

Ara bé, l'única tecnologia que conserva les coses en comptes de destruir-les és la tecnologia de l'art. Tendim a mantenir intactes les coses que creiem que són boniques, tant si es tracta d'obres d'art als museus com d'espais urbans i entorns naturals. La consciència ecològica tan de moda avui dia es basa en la mateixa estetització de la natura que va començar a l'època del romanticisme i que actualment encara prospera. I això vol dir que l'art té una funció universal, que consisteix a resistir el progrés tecnològic, i que el lloc on aquesta funció universal es pot manifestar és el museu d'art.

En el passat, el museu universalista rebia suport institucional per part de l'Estat nació, que pretenia unir el poble, i de l'Estat imperialista, que anhelava integrar cultures no occidentals. Avui dia, per crear un museu universal caldria el patrocini d'un Estat universal, però com que aquesta estructura global no existeix, podem dir que el sistema d'art actual substitueix simbòlicament aquest Estat utòpic. La nostra època es caracteritza per una manca d'equilibri entre els poders polítics i els econòmics, entre les institucions públiques i les pràctiques comercials. La nostra economia opera en l'àmbit global, mentre que els nostres polítics ho fan en el terreny local. Justament en aquesta conjuntura les col·leccions d'art i el comissariat d'exposicions tenen un paper polític crucial a l'hora de compensar, si més no en part, la manca d'un espai públic i d'una política globals.

Traducció de l'anglès de David Cuscó

LA VIDA DE LES OBRES

Perejaume

L'art pot morir.
JOAN MIRÓ

Res no hi ha de més infantil, de més mortalitat infantil... que escriure per a la posteritat.
BLAI BONET

EXPOSAR ARXIVAR

Des de temps ben remots, la voluntat dels imatgers de donar expressió de vida a les imatges sembla projectar-se sobre l'ofici amb què artistes, científics o artesans procuren de donar vida a les seves obres. L'atribució de vida a les obres és un fet. La majoria neixen amb aquesta expectativa.

Un cop creades, les obres tenen tant d'interès en la supervivència com puguem tenir-ne els humans. Per tal de sobreviure, les obres han d'aconseguir la nostra atenció i procurar de ser rellevants, i tan significatives com atractives per no perdre-la. La sensació que les obres constaten la vida al seu voltant i que això les enforteix és ben real. Costa poc de percebre a l'aire la gana de les obres que viuen del cas que els fem. Per mica que ens hi lliurem, el seu «jo» desitjós de reconeixement, d'admiració, de zel, no para d'increpar-nos.

Certament, la vida de les obres és una vida parasitària de la nostra. En l'actualitat, la feina de conservació i reanimació del passat ha contribuït a multiplicar extraordinàriament el nombre d'obres amb què pretenem conviure. Obres actuals i obres antigues competeixen juntes per la cura que els puguem oferir. D'altra banda, el fet que s'hagin malmès considerablement les cultures locals fa que les obres rivalitzin cada vegada més, arreu, totes amb totes, o gairebé. No cal insistir en com aquesta sobrepoblació d'obres genera un excedent d'obres extraordinari, més aviat abassegador, per a la nostra capacitat d'atenció.

L'objectiu de la museografia ha estat mantenir les obres curosament guardades i accessibles a l'estudi i, en un nombre més reduït, a la contemplació. Com més va més, en tota mena d'espais i institucions de tria, classificació, emmagatzematge i mostra, l'esforç col·lectiu per la cabuda i la perdurabilitat és ingent. Comptant amb els nous espais d'emmagatzematge que ha permès la tecnologia digital, la xifra de materials conservats i reproduïts en aquestes menes d'acumulacions patrimonials tendeix a l'infinit.

El conjunt d'obres artístiques i literàries que col·lectivament pretenem fer viure és aclaparador, i el seu reclam d'atenció, inabordable. Potser perquè en la circulació actual de les obres hi ha vies atapeïdes i grans retencions, sovint se'm presenta el planeta sencer com una conurbació densament atapeïda d'obres i més obres.

No sé en quina mesura la sobreabundància d'obres banalitza el valor de cadascuna, però davant la constatació de no abastar-les resulta si més no estranya la reacció de procurar retenir-ne cada vegada més. També sobta, en aquest context, la pervivència d'allò que és perfectament oblidable. Semblaria que, amb tanta oferta de repertori, hauríem de ser prou exigents en la tria. En canvi, no és ben bé així. Se selecciona més aviat poc o, encara més estrany, la selecció es decanta sovint precisament pels materials més adotzenats, pels més publicitats. Hi ha certament poc esforç de triar: poca resistència a l'oferta immediata, per trivial que sigui. És sorprenent. Tanmateix, el fet segueix demostrant fins a quin punt les obres procuren de seduir de la manera que sigui. Adotzenades o no, les obres prenen vida, no fan altra cosa que prendre vida. Què han de ser passives, les obres, fetes com són de vida nostra! Sense nosaltres les obres no són res.

Els homes fem memòria com el Pirineu fa bedolls. És possible que la natura hagi creat la memòria amb la voluntat de protegir-nos de l'exasperació d'un present permanent. En la cultura acadèmica, cada vegada hi ha més coses que són perquè han estat. El món va omplint-se de memòria i la memòria de món. Ara bé, per més memòria que els humans arribem a fer, tots els records són mortals.

Efectivament, per més voluntat de perdurar que tinguin, tots els records travessen l'oblit fins que s'hi fonen. El destí s'oposa a l'eternitat. Les coses no duren més enllà d'un temps. Molt probablement l'eternitat tampoc. Ni tan sols l'eternitat cosmològica no és una evidència. Els records ens abandonen silenciosament. Només la infantesa és eterna, durant algun temps. També els déus han semblat eterns, durant algun temps.

Com a estris de memòria, els inventaris, les col·leccions, els registres, les indexacions pertanyen a la nostra més profunda naturalesa. La selecció que fa Noè «d'un mascle i una femella de cada espècie que viu i respira sobre la terra» per resguardar-los del diluvi bíblic constitueix un dels primers recomptes de què tenim notícia escrita. Un recompte, per altra banda, inclòs en un llibre que, en tant que llibre de llibres, no deixa de ser-ne un altre.

Col·lectivament i individualment, sempre estem en procés d'inventariar la vida. Els esforços d'ordenació, de fixació, han estat permanents. Tota la cultura, de cap a cap, pot ser entesa com un recompte laboriós, sempre incomplet i tan fascinant com esgotador.

En la cultura il·lustrada hi ha una fe posada en l'ordre dels inventaris i en un arxivament pretesament capaç de resistir la força destructora del temps. La museografia i l'arxivística comparteixen aquesta doble funció d'ordenar i preservar. La vida és mortal, no s'hi pot fer res. Les obres són mortals, tampoc no s'hi pot fer res. Els arxius, tanmateix, semblen no pertànyer a la història: fan com si n'estiguessin al marge. Per això les obres fan cua davant els arxius: una cua sovint alfabètica, per mirar d'entrar en un espai on figura que no existeix la mort, o no del tot.

Tant en l'àmbit religiós com en el cultural, la visió gloriosa actua com una reacció d'empara davant la transitorietat de les coses. En aquest sentit, la pretensió de conservar les obres per a l'eternitat, de salvar-les i glorificar-les, obeeix, en bona mesura, a un model netament teològic. En la cultura secularitzada seguim procurant de fabular per deixar de ser corruptibles, ara no pas amb la glòria celeste dels nostres cossos, sinó amb la glòria mundana de les seves creacions. Hi hauria, des d'aquesta perspectiva, una prolongació dels cossos en les obres i en la perennitat que comporta l'elecció i la canonització d'algunes d'elles, sovint denominades, precisament, obres eternes.

En l'afer de promocionar un cànon d'obres salvades per a la història, els poders estatals il·lustrats són, efectivament, tan venedors d'eternitat com els poders religiosos. Hi ha una glòria profana que consisteix a perdurar un temps més o menys llarg en la memòria dels homes, i, d'una manera instintiva, creadors i creacions fan el que han de fer per ser mereixedors d'aquesta memòria. De fet, el desig de reconeixement de qualsevol autor obeeix, en major o menor mesura, a una promesa de vida de les seves obres més enllà de la mort.

El qualificatiu d'eternes o d'immortals atribuït a les obres denominades clàssiques, mestres o canòniques és una pura il·lusió. I ho és siguin quins siguin els criteris estètics o de rellevància històrica que les fan dignes de ser conservades. No hi ha res intemporal. Tota posteritat és finita. Com qualsevol cos, les obres es descomponen sense remei. Costa de saber, en aquesta permanència figurada, en aquesta figuració de permanència, quan diem «per sempre més», de quina durada estem parlant, però aquest «sempre més» té un final sembrat.

Això no vol dir que la considerable perennitat de certes obres no sigui un miracle. Tanmateix, el miracle reforça encara més l'excepcionalitat del que perdura. Al capdavall, perquè hi hagi unes obres considerades clàssiques en calen milers de milers obligades a desaparèixer. En relació amb l'excepcionalitat, i per posar un cas, és prou extraordinari que faci siscents anys de la mort de Ramon Llull i, a algunes paraules, Llull encara els segueixi donant vida tal com els la dona. Tampoc Arnaut Daniel no és ben bé mort, ni Guillaume de Machaut. Ni els déus, vull dir els déus que ens han deixat o que sembla que ens han deixat. ¿Fins a quin punt són morts Ixtar o Baal o Dionís?

La supervivència de la memòria és una forma de culte a allò desaparegut i, alhora, una manera de fer la mort menys mortal. Així les coses, el consol de les obres que persisteixen és un fet. En realitat, tot un aspecte de la cultura es funda sobre la memòria de la mort. La qualitat elegíaca de les formes de cultura és prou evident. Com un nen que escolta un vell que recorda, tot procurant de no perdre el fil, elegia i continuïtat van juntes. Si hi ha res de sostingut i perdurable és, precisament, aquest entreteiximent d'història, d'històries, en què la mort és abans i després que la vida i la vida abans i després que la mort.

La pèrdua és expressiva. Ho demostra prou el fet que el perfum de les flors sigui la putrefacció dels pètals. El vell Antonio Gamoneda té un llibre de poemes titulat *Arden las pérdidas*. El desè poema del llibre arrenca així: «La memoria es mortal». I és per això, perquè és mortal, que la memòria crema i fulgura. En l'escriptura, l'expressivitat de la pèrdua és constitutiva del seu mateix gest de fixació. A l'hora d'escriure, el dubte de si és preferible l'experiència d'un instant que mor o bé la fixació de l'instant en lletra morta, només el dirimeix la possible expressivitat de la pèrdua. Aquesta expressivitat contrariada forma part de la paraula. Imaginem-nos que tenim davant un floc de neu. Així d'entrada, transformar en paraules un floc de neu permet que el floc perduri. En la mutació escrita, però, hi ha una pèrdua notable de la qualitat fonedissa del floc. Però, alhora, si les paraules són capaces de dir, amb una certa veritat, el floc de neu és per la certesa que tenen que elles també s'han de fondre o malmetre un dia o altre.

En aquest aspecte, la paraula poètica constitueix una trobada particularment venturosa entre la pèrdua i l'expressió. L'escriptura que escriu com si hagués de salvar la vida del que escriu fracassa sempre. Allò que l'escriptura ha de salvar és la pròpia, de vida, aquella que l'experiència poètica li ofereix. ¿Podem començar a parlar del guany de la pèrdua? L'aire és sec. A una banda puc veure perfectament el desig de permanència, a l'altra la fascinació per les flames o el cant que desapareixen instantàniament.

«La immortalitat no és res més que una mort que no acaba mai.» L'escriptura d'aquestes paraules roda sense inici ni fi. Pertanyen a un llibre d'Anna Blandiana titulat *La por de la literatura*. Des del principi del món, probablement ningú no ha sabut mai de què està feta la vida. Ni si els rocs, ni que sigui una mica, són vius; ni si l'efecte que la memòria ressuscita les coses és del tot real. Entretant, unes obres envelleixen mentre que d'altres rejoveneixen. Això és ben cert.

També és cert que, gràcies als records, algunes muntanyes s'eleven en nosaltres i hi creixen arbres, poblacions, tempestes. El mateix passa amb els arxius que es despleguen i s'ufanen gràcies als documents que guarden. Per això, de cara a propiciar-ne el possible expandiment, un bon arxiu comprimeix, densifica els continguts com més millor. La memòria és certament operativa. Això a banda, l'ordenació de qualsevol inventari refà i articula inevitablement allò que registra.

Tampoc la creació i el manteniment no són processos separats. És prou evident que la conservació transforma. Amb tot plegat, la imatge d'un artista que, en lloc de dur paleta i pinzell, se'l representa amb un arxivador als braços, cada vegada és més freqüent. Crear i arxivar són verbs que no sempre es disposen en aquest ordre, també és possible l'ordre invers d'arxivar i crear o d'exposar arxivar.

Arribats aquí, per situar l'artista arxiver i celebrar la possibilitat de germinació que determinats arxius ofereixen, ho faig amb uns versos en què Vicent Andrés Estellés estableix una rima fervorosa entre primavera i calaixera. Els versos pertanyen a un poema força llarg anomenat «Ègloga mallorquina», publicat l'any 1966 a *L'inventari clement de Gandia*. El poema entaula un diàleg imaginari entre Odisseu –que és identificable amb el poeta–, Galatea i Hipòlit. En un moment donat, Odisseu diu:

> Mireu la Primavera de Sandro Botticelli,
> mireu la calaixera de Mossèn Alcover
> –En Francesc de B. Moll us deixarà mirar-la
> i fins i tot tocar-la amb la punta dels dits–,
> i ja em direu, més tard, què us impressiona més.

GUARDAR A FORA

Tornant a la vida de les obres, fa molt d'efecte constatar com és de compartida amb la nostra. Commou d'observar-ho. Són tantes les obres que ens habiten com obres vives hi ha. La població d'obres evoluciona constantment. N'hi ha moltes d'instal·lades en ple culte, satisfetes de rebre una atenció continuada –cofoies, unes quantes, d'altres mig fatigades i tot de rebre tants afalacs–. I alhora n'hi ha tantes o més que emmagreixen i els flaquegen les forces perquè ja fa massa estona que ningú no els fa cas.

¿Les obres saben que existeixen? Em fa l'efecte que sí que ho saben. És d'aquí que deu venir la seva força.

En la mesura que a les obres se'ls encomana la vida nostra, en la mesura que obtenen el seu vigor tant de l'ús que en fem com de l'amatença que els tenim, un cop creades, les obres obeeixen el seu instint de conservació increpant-nos perquè els donem presència.

Disposades a voler agradar o a saber que són importants o simplement útils per a algú, les obres es fan trobadisses i honoren l'existència rebuda amb un comportament gairebé humà.

Ara mateix faig una repassada al meu voltant: tantes obres desateses fan patir! Tot i que la vida és, de fet, allò que donem, la meva capacitat d'atenció està ben lluny de satisfer-les totes com elles voldrien. També hi ha, és clar, una vida que rebem d'elles. I això per tal com la transmissió de vida entre creadors, obres i receptors és absolutament recíproca.

Amb relació a l'emmagatzematge o a l'arxivament, els estocs d'obres en repòs que s'hi acumulen fan com si guardessin la seva vida per a quan l'haguem de menester. Hi ha un goig propi de les obres de tenir-nos una estona a la seva mercè. Aquest goig en els protocols de registre queda demorat, suspès. Guardades a les reserves, les obres subsisteixen amb vistes a una determinada promesa de goig i vegeten (amb un oblit retingut) obscurament, pacientment, a l'espera.

En aquest context i amb relació a l'escriptura o la pintura, l'arxivística actua com un sistema més de perdurabilitat. Hi ha, en l'arxivística, una vocació escultòrica de paràlisi. Talment el marbre o el bronze de l'escultura clàssica, l'arxiu neix amb la intenció de fixar el temps. Un cop arxivat, per acumulació i per condensació, el volum de temps recollit aspira a una abolició del temps cronològic a través d'un control exhaustiu del temps climàtic. Per tal d'aturar, en la mesura del possible, qualsevol procés biològic, la pràctica arxivística desplega els protocols de conservació que comporten unes determinades condicions de quietud, d'humitat, de temperatura o de llum. Es genera, així, la plena foscor: la nit immòbil dels fitxers. Però, ¿què ho fa, que un món, amb tants de document reunits com si pretenguéssim d'aturar-ne la vida, de retenir-ne la durada, es mogui i mudi més neguitós que mai?

Davant l'aire reclòs, la manca d'activitat solar i la immobilitat fúnebre dels arxius, no sé si no podríem trobar un paral·lelisme entre la sobreproducció cultural nostra i el bigarrament de certes tombes reials antigues amb tota la memòria d'objectes i criatures per afrontar la mort.

A diferència de la cultura acadèmica urbana, les petites comunitats de cultura agrària solen mostrar una confiança biològica en la perdurabilitat. L'experiència natural les ha fet sàvies en això. En general, a pagès, davant la constatació que només el que es repeteix perdura, la idea d'immortalitat no és percebuda com una presència contínua, sinó com una successió més o menys cíclica de repeticions i represes. Tot es repeteix, però no hi ha res estable, perquè les repeticions es renoven lleugerament diferents cada vegada, més o menys suggestives, més o menys il·lusionants. Es tracta d'unes repeticions perseverants i vives que es conjuminen i es concerten les unes amb les altres. Lucreci, en el seu poema *De rerum natura*, s'hi refereix i ho precisa quan parla de les «sements eternes»:

> La natura dissol cada cosa en els seus elements però no en destrueix cap fins al no-res. Perquè si existís quelcom que fos mortal en totes les seves parts, qualsevol cosa podria ser rapida de sobte dels nostres ulls i perir. Cap força, doncs, no caldria per poder produir la disgregació de les seves parts i deslligar-ne els nexes. Però, de fet, com que les coses consten de sements eternes, mentre no sobrevingui una força capaç de separar-les amb el seu xoc o de penetrar-les per llurs buits i dissoldre-les, la natura no ens permet de veure'n la destrucció de cap.

Concebudes així, les coses poden morir però no desaparèixer totalment. Insisteix Lucreci:

> Res no torna al no-res [...] No, no s'anorrea, doncs, completament tot allò que sembla morir, per tal com la natura refà uns éssers mitjançant els altres, i no consent que cap cosa sigui engendrada sense l'ajut d'una altra mort.

En qualsevol comunitat peuterrosa, la confiança en unes sements eternes que roden i reviuen allibera la cultura dels esforços de memòria massa ostensibles. Naturalment, aquesta confiança no li estalvia pas completament l'haver de salvar, retenir i custodiar, però l'esforç és incomparablement menor. Deu ser això que fa que la lleugeresa de cultures força més mentals, com la cultura pagesa tradicional o la dels pobles anomenats primitius, sigui tan marcada respecte de la cultura material nostra.

En l'univers agrari, el guany de la pèrdua s'expressa en el femer. Cap més residu que la vida: això és el que el femer proclama enmig de qualsevol unitat de conreu tradicional. Per contra, enfront de la renovació i l'aprofitament, la nostra civilització genera una quantitat ingent de deixalles. També en termes de cultura, el món d'ara mateix constitueix un veritable abocador. La producció, l'acumulació i el malbaratament ens confronten a una revolta o catàstrofe dels objectes, de les coses. Assistim a un brogit eixordador de trastos, d'obres, de materials. Potser és que ens maleeixen per tal com ni els fem el cas que els vam prometre ni els procurem un femer on corrompre's per poder canviar de naturalesa.

Les obres dels artistes, dels literats, no deixen de ser secrecions humanes. El món les deu veure així: secrecions bucals, manuals, visuals. Per altra banda, l'art del segle XX ha estat un art que operava per descomposició. Hi ha tot un aspecte de l'avantguarda artística que ha quedat connotat per la manifestació d'un món cada vegada més destruït per la desenfrenada ambició de canviar-lo. Tanmateix, tot i practicar la negació com a creació i fins i tot la destrucció com a creació, les obres dites d'avantguarda resulten més aviat de mal podrir. D'una banda, perquè la majoria de materials de què estan fetes s'hi resisteixen i, de l'altra, per l'esforç posat en la conservació si més no d'aquelles que han estat considerades canòniques. Una obra prou eloqüent, gairebé caricaturesca, d'aquesta situació és la *Merda d'artista*, de Piero Manzoni. Noranta llaunes cilíndriques de zenc amb l'etiqueta «Merda d'artista. Contingut net: 30 grams. Conservada al natural. Produïda i envasada al maig del 1961». ¿Guardar la putrescència? ¿Guardar destruir? És ben estrany.

Pel que fa a la relació que mantenim amb la majoria d'obres del passat, l'expressió *fer memòria* ha esdevingut literal. Per autentificar una obra, es restaura. Els esforços dedicats a la custòdia, protecció i restauració de les obres per preservar-ne la identitat, això és, l'aparent immutabilitat de la seva forma, solen ser persistents. De fet, amb una mirada posada lluny a través de les transparències històriques, la ficció d'un passat restaurat és pictòrica de mena. Més encara, així com en els arxius passa que sovint el mateix registre produeix el document, en la museografia la identitat d'algunes obres s'ha acabat creant per mitjà de la conservació.

Vist així, en l'afany de mantenir tanta vetlla patrimonial hi ha una certa violència. Hauríem de deixar dormir allò que vol dormir. Potser comença de ser hora d'intentar-ho.

Els arxius envelleixen, el món, no. Allò que perdura ignora la durada. Per contra, l'eternitat és fruit de l'angoixa del temps, de la mateixa manera que l'infinit ho és de l'obsessió del límit. El planeta creix sense edat, no fa recompte de la vida verda, mai, enlloc. Les obres participen de la nostra continuïtat tràgica, els arbres, no: ells tenen una proximitat amb el món, amb la pertinença al món, que els deslliura del sentiment de pèrdua. Com el cel que cada dia és més vell, però tant o més lleuger de passa, els arbres escriuen l'oblit i obliden el que escriuen. Sembla que va així.

Metamorfosi i permanència. En l'experiència pagesa de conreu, hi ha una punta de verdor que s'articula entre el progressiu envelliment del cos que hi feineja i la joventut refosa d'una terra que continua fent mata com sempre. No gaire lluny d'això, en el llinatge forestal d'un bosc, tot i el canvi d'individus, la boscositat resta pràcticament igual a si mateixa. Aquestes mostres de supervivència ens duen a percebre la mateixa naturalesa com una forma viva d'arxiu. El poeta José Ángel Valente titula un dels seus llibres *Material memoria*. En una lectura que va fer al Círculo de Bellas Artes de Madrid l'any 1999, Valente arriba a parlar de «la memòria de la matèria», de «la memòria del món». I certament, tan actius com la memòria dels congèneres, molt més profunds i extensos, de ben segur que hi ha uns registres planetaris de memòria que perviuen de fa mils de milers d'anys.

¿De quina perduda actualitat són fetes les coses que veiem formar-se, que veiem aparèixer? De vegades en el flanc de determinades figures o en el gest d'una expressió hi palpita tota la cultura antiga. En cada gest animal, atmosfèric, botànic s'hi reclouen segles i més segles de gestos. Els cels segueixen els cels.

El món gira imperceptiblement. És difícil de dir com és que passa, però l'efecte que tot es repeteix i res no torna és ben real. Sento un regust de terra a la boca quan ho escric. En aquesta obscura narració sota de tantes formacions seguides que a penes han brillat ja es tornen a apagar, la vida consisteix en el continu recanvi bioquímic. Considerat així, el relleu generacional que compartim amb els animals i les plantes ens ajuda a identificar, a la llum del sol dels vius, la permanència i la seva desaparició com una mateixa substància.

«És la successiva desaparició del que ens envolta el que dona la il·lusió de vida», escriu Josep Pla (*Les hores*). Antonio Gamoneda insisteix: «Creo en la desaparición» (*Arden las pérdidas*). La naturalesa guarda i oblida a parts iguals. En el mar plegant-se onada sobre onada, o en les cadenes de naixements i morts en què cada espècie domina l'individu, hi ha un traç d'arxivament persistent sobre un altre de memòria feta, desfeta i tornada a fer. En aquesta recomposició incessant, oblit i memòria es comporten com dues meitats d'una mateixa cosa, i ho fan amb un procés de regeneració constant en què, cada vegada de cada vegada, la pèrdua és el guany. Fet i fet, la vida només té lloc on ja n'hi ha hagut: viu sencera de la que ja hi ha hagut. Per això pressentir i recordar s'empaiten i s'assemblen. I per això, també, imaginar i fer memòria intercanvien sovint la seva significació.

Presagis, records. En la natura del temps, a través del rejoveniment periòdic, a través de les contínues regeneracions, a través dels grans esdeveniments estacionals, hi ha una innocència que es preserva, que reverdeix. Al medi rural, i en relació amb aquesta innocència, la vida promesa dels femers celebra, d'una manera reiterada i tenaç, l'actuació de l'oblit com a viver. A través de la negror confitada dels fems, a través del pas de l'esplet a la putrefacció i de la putrefacció a la tendresa, l'oblit podríem dir que se sobreviu.

Els meus records constitueixen un arxiu de contorns inestables. La memòria és capriciosa, oblida el que vol, ho allibera de cop o de mica en mica, segons li convé. No sé fins a quin punt l'oblit s'acumula fins a generar un subsol, fins a fer-se consistent, però la vivacitat dels records sembla prendre força de la mateixa massa d'oblit que els entrecolga. De vegades he procurat de fer perceptible la regió tan fèrtil com incerta dels meus oblits. Ho he fet parant atenció als fons ombrius rere l'efecte de lluerna que produeixen alguns records tocats encara pel sol.

D'aquestes observacions només m'ha quedat mínimament clar que els records estan condicionats a una determinada densitat d'oblit que els sosté, que els aviva. En tot això, no em puc abstreure d'una concepció netament agrària. Una concepció que presenta el camp renovat de la retentiva humana com un camp en saó constant, en què memòria i oblit constitueixen un mateix flux indivisible de vida: un camp convenient i profitós on tant rejoveneix la memòria, de l'oblit, com l'oblit, de la memòria.

Els processos de regeneració són intensos i persistents. A banda de retenir el passat, la memòria el rememora. El propòsit de tornar a la vida allò que n'ha quedat colgat em du a pensar en el gest d'Orfeu que davalla a l'Hades per fer reviure la seva estimada: per despertar-la de l'oblit. La figura mítica d'Orfeu com a representant dels dos regnes encarna la lluita de la memòria contra la mort. «He somiat amb Orfeu a la porta oberta de l'Ombra», així és com arrenca la més llarga de les *Elegies de Bierville* de Carles Riba, la número deu, en què l'autor simbolitza, en un somni d'aparença òrfica, tant el misteri de la creació poètica com el de la possible immortalitat de l'ànima. Riba mateix cita, en el pròleg del llibre, el cèlebre vers de Novalis: «Torno a la meva ànima com a una pàtria antiga».

> ¿No sents la fressa dels primers rasclets?
> De nou la feina del pagès. Comença
> bon punt la primavera esquinça els freds
> de l'hivern que se'n va. Amb quina intensa
> sabor de vida apunta aquest segur
> retorn!

Així, amb el designi de desmentir la mort, s'obre un dels *Sonets d'Orfeu* de Rainer Maria Rilke. Concretament el número XXV del segon llibre. En el cicle de la naturalesa, els canvis i les represes se succeeixen com si fossin realitats dominades per una memòria transformadora, però memòria al cap i a la fi. A través d'un inabastable ajust de compassos, reiteracions, ritmes i pauses, el gest d'avançar retornant transcendeix la temporalitat i desplega un regne on futur i passat es confabulen i roden. La vida és una resurrecció constant. Per més que en varien les manifestacions, en el pur anhel d'existir, el cicle vida-mort-vida hi batega de llarg i seguit. El secret de la seva vitalitat descansa precisament en això. I hi descansa de llarg, ara i suara, en la mesura que la direcció que prenen la vida i la mort és la mateixa: venen juntes del mateix lloc i van cap al mateix lloc juntes.

Així les coses, amb una consciència plenament terrenal, fins i tot podríem dir que feliçment terrenal, en l'oblit hi ha un desfici de vida que en vol sorgir. L'oblit, el verd clar de l'oblit, va reviscolant com si la resurrecció del temps que es dona a través de la memòria es correspongués amb una resurrecció de la vida a través de l'oblit.

Amb relació a la idea d'un oblit actiu, això és, d'un oblit que lleva, que brosta, que sorgeix i cria, he citat l'inici del sonet XXV del segon llibre de *Sonets d'Orfeu* i ara ho reblo citant el primer vers de l'estança XXV del segon llibre de les *Estances* de Carles Riba: «Les coses de l'oblit no són pas mortes». Parlem habitualment de la memòria viva i ben poc d'un oblit viu; tanmateix, com a substrat que és de la memòria constantment renovada, l'oblit no només manté la memòria a lloc, sinó que se'n nodreix i la nodreix en absoluta convivència.

En la naturalesa es produeix una acceptació oberta i confiada de l'economia de l'oblit: sigui quan sigui, les coses posades en oblit ressorgeixen. En una cultura com la nostra, una cultura tan enfollida a malmetre com esporuguida a guardar, potser ens pertoca d'enfortir la confiança en la força dinàmica i reparadora de l'oblit i admetre que, simplement, recordar és guardar a dintre i oblidar és guardar a fora.

L'any 2020, vaig anomenar *Guardar a fora* una exposició d'obres escampades per diversos indrets i municipis, moltes d'elles situades a la intempèrie. Blai Bonet ho diu així: «Jo també soc fora de mi». Etel Adnan, la poeta i pintora libanoamericana, hi insisteix: «La teva identitat és la teva presó».

En bona mesura la museografia actual sembla que tendeixi a guardar a fora. El *ready-made* va esborrar ja fa més d'un segle els llindars entre realitat i representació i això fa que les col·leccions museístiques no tinguin a hores d'ara uns límits gaire establerts. Aquest estat d'obra –real, possible o transitori– de qualsevol cosa estableix que no hi hagi cap realitat completament extramuseística. De fet, vist així, la buidor dels cubs contemporanis d'exposició, ascètics, blanquíssims, sembla proclamar que les obres són fora: que són a fora, o millor encara, que el fora és la reserva on el museu les guarda. Ben mirat, costa cada vegada més de destriar fins a quin punt la museografia contemporània *guarda a fora* o bé si ja és el fora que comença de pertànyer sencer a la col·lecció.

La integració del fora-obra com a obra, a través de les apropiacions constants que ha practicat la creació contemporània, ha generat una sospita indiscriminada d'obra arreu i, certament, no és gens fàcil de determinar allò que de dissolució museogràfica o de consolidació museogràfica comporta una sospita d'obra així. Malgrat aquest doble resultat d'acumulació i de confusió que l'expressió *guardar a fora* pot suscitar, permeteu-me de reprendre el seu sentit més net de confiança, de pervivència.

¿Guardar? ¿Perdre? En la percepció humana, la memòria sembla més aviat interior i el temps exterior, però ¿és ben bé així? La natura és un regal permanent de coses tornades a posar en vigor. «¿Què pot recordar una flama?», es pregunta el poeta Iorgos Seferis. «Si recorda un poc menys del que cal, s'apaga. Si recorda un poc més del que cal, s'apaga. Tant de bo pogués ensenyar-nos, mentre encara és encesa, a recordar correctament!» (*Quaderns d'exercicis*). En el poema «Cambra de la tardor», Gabriel Ferrater ho diu així: «Sense enyor / se'ns va morint la llum».

¿Fins a quin punt s'extingeixen les coses? ¿Es pot guardar sense voluntat de retenir? La conservació per oblit, tal com es dona amb determinats elements que perduren accidentalment o per descuit, fa suposar que hi pot haver una conservació per oblit prou més general i fonda. Certament, l'expressió *guardar a fora* planteja un acte de confiança en tantes realitats inadvertides com n'hi ha que subsisteixen discretament.

Hi ha, doncs, un oblit realment saludable i profitós. La producció contínua exigeix un oblit continu. Què seria del món sense l'oblit! Enmig de determinats senyals de fatiga, de productivitat sobresaturada, d'obrament tediós, exhaust, part del que cal fer per tirar endavant és oblidar.

Saludo aquesta font de fertilitat i aquesta forma de repòs que és l'oblit. No tenir de massa és una benedicció. Potser, a banda de fer obres per a la memòria, hauríem d'aprendre a ferne per a l'oblit. ¿És possible treballar conscientment en obres que ja no necessiten l'endemà perquè el germinen?

BLOC DE NOTES

Paraula i oblit són còmplices. ¿Ho sap l'escriptura, això?

Com els arbres, com les fogueres o les imatges de culte, també les paraules es repeteixen d'una manera diferent. Sempre diferent.

Paraula sobre paraula, tot s'amaga, es desamaga i perviu a través de la supervivència de la paraula.

Davant la resemantització constant, davant la memòria tornadissa de les coses i la seva successiva reintegració en l'oblit, davant tantes de coses que s'apareixen, es retiren i revenen, és dolç de confiar en una restitució poc o molt continuada: una restitució certament accidentada, traumàtica, però restitució al cap i a la fi.

D'alguna manera, els registres, els cedularis, els inventaris, els grans dipòsits de documents, les col·leccions i els recomptes fan joc amb l'oblit de cos sencer. D'alguna manera.

Amb relació a les tècniques documentals de sedimentació, d'estratificació, tot està atapeït de paraules. Les paraules que escrivim n'amaguen d'altres. Però, així i tot, ¿de quanta i quanta escriptura no en queda res?

Així, doncs, les nostres creacions, temporalment, proven de descriure o d'exaltar el món, després s'hi confonen.

De fet, com les tombes que acrediten el que ha desaparegut, les obres antigues conservades són un vestigi de conjunts molt i molt més nombrosos.

La memòria històrica que ens hem donat també és una contalla, una pura il·lusió de tanta vida com hi ha hagut, aclaparadora, inabordable.

La vida alimenta i devora. No obstant això, o potser en reacció a això, cada arxiver posa una grandiosa quantitat de fe en la paraula salvaguardar.

Exposar, protegir, crear, col·leccionar, perpetuar, conservar, rememorar, tots aquests verbs han adoptat, a dia d'avui, una qualitat expandida, atmosfèrica. El fet comporta que, en el món que habitem, entrades en una situació d'arxiu, de catàleg, les coses més diverses facin, sovint, com si ja no poguessin viure del tot, però tampoc desaparèixer.

Costa, per altra banda, de relacionar que una civilització que dedica tants esforços a conservar el passat sigui al mateix temps tan i tan destructora del medi natural que l'acull.

Potser és que hi ha una estranya pressió en els humans per agafar allò que més estimen i fer-ho malbé. La destrucció de joguines en la infància n'és un bon símptoma.

De fet, d'una manera inexorable, qualsevol destrucció construeix. Crear, decrear, recrear: en l'esforç per tirar endavant no hi ha mai una progressió lineal. Així i tot, en la successió d'elements que s'apareixen, es retiren i revenen, cada moviment, per minúscul que sigui, sembla venir dictat per l'anterior.

Hi ha, en efecte, una narrativitat general amorfa i mordaç. Fins i tot la nostra espontaneïtat forma part del seu ordre. La presència constant de la metamorfosi és més forta que cap altra cosa del meu entorn, jo mateix inclòs.

Potser la funció de les obres és la seva mateixa renovació. Potser com a imatges de culte d'unes cap a les altres, les obres conformen un seguici en què cada obra comença des d'on una altra ha acabat.

Potser les grans col·leccions, particularment amb la disposició arrenglerada, cinematogràfica, que adopta la museografia al segle XX, proven de representar la infinitud d'obres que foren, són i seran en aquest viure sempre seguit. Tindríem aleshores una imatge de successió, de transitorietat en un context en què, amb el confort de les sales, amb l'estabilitat climàtica i monumental dels espais d'exhibició, les obres eviten precisament la consciència de la seva existència efímera.

Segons com, guardar és una manera de mentir. La pintura mateix, en les representacions tradicionals, té per ofici fingir i figurar tan enganyosament com pot, tot just per això: per fer que guarda una imatge.

L'oblit dorm en totes les coses. Que determinades obres perdurin al llarg de tants de segles frega l'impossible.

Desaparèixer un arxiu: aquesta paradoxa es dona. I es dona sovint.

D'entre les obres que van tirant i fent camí segles a través, n'hi ha moltes d'accidentades i malmeses que posseeixen, així i tot, una serenitat jovial i benèvola que les fa especialment atractives.

Així com la poeta Etel Adnan diu que «la poesia arriba a allò no dit i ho deixa sense dir», així com el poeta Juan Gelman diu que «la poesia parla del que sempre no parla», també l'art torna a aprendre de ser-ne en cada nova obra, d'això que anomenem obres d'art.

Com les paraules negres que es tornen verdes cada tant, de vegades algunes obres es revifen totes soles, no se sap gaire per què.

Com el del verder que fa verd, com el del lilà que fa lila, el repetir sempre és nou.

En relació amb el guany de la pèrdua i amb la natura com a arxiu: el bosc es comporta com una mena d'arqueologia tendra i constant.

La vida de les obres. Totes les paraules amb què aquest mateix text avança estan al servei del sentit i de la seducció, només que per aferrar-se a la vida.

Quin verd més clar!

Veniu paraules, veniu.

L'escriptura se'm trenca, tanmateix ja deu ser això: en arribar a les notes, qualsevol text es torna fragmentari.

En un punt molt interior de l'oblit, l'aurora furga com un talp.

L'ÚLTIM PAM

Katie Mitchell

Tinc un somni recurrent. Soc en una casa al camp. És un edifici gran i m'hi acabo de traslladar. Els racons de les habitacions són plens fins dalt de caixes de cartró. Tot de làmines de plàstic pengen davant de les finestres obertes i, amb l'aire de fora, repiquen mandrosament. El sostre és molt alt i les parets estan cobertes de fusta fosca de caoba. Quan surto a fora m'hi trobo un jardí de gespa, i a esquerra i dreta hi ha cases enormes que recorden els edificis del segle XIX que voregen el llac Alster a Hamburg i que pertanyen a milionaris. A la part del darrere de la casa hi ha una construcció per a les abelles. Són uns insectes enormes, de la mida d'un gos labrador. Tenen un abdomen amb forma de cúpula que puja i baixa mentre es mouen lentament per l'estança.

Sé que s'acosta una tempesta i que no hauríem d'haver vingut a aquesta casa. Em dirigeixo al meu company i li demano que tornem a la ciutat, on estarem segurs, però ha d'arreglar una frontissa trencada d'una de les finestres. «No t'amoïnis, ens n'anem d'aquí uns minuts», em diu mentre fa anar el tornavís per collar el cargol que aguanta la frontissa de la finestra. Miro a través dels vidres de l'hivernacle i veig que ara el vent bufa més fort. Les branques dels pins es belluguen com algú que sacsegés frenèticament el cap a banda i banda expressant un «no» silenciós. Les abelles es posen en fila i surten de l'hivernacle a través d'un forat gros que hi ha en una banda de la paret. «Saben que s'acosta alguna cosa terrible», dic al meu company. «Gairebé ho tinc», respon mentre continua collant les frontisses. Les abelles gegants comencen a sortir de pressa fins que desapareixen al jardí.

De cop i volta, crido el meu company i li dic que ens n'hem d'anar immediatament. La pluja comença a caure amb força i forma unes línies rectes perfectes. Sortim pitant de l'habitació i anem cap a la porta principal, però ens movem a càmera lenta. Sentim el so eixordador de la tempesta que cau damunt la casa i finalment obrim la porta principal. A fora, veiem que l'aigua arriba fins als mànecs de les portes del cotxe. La gent camina amb l'aigua fins a la cintura. Comença a nevar mentre continua plovent. El meu company es dirigeix al cotxe i jo m'espero al llindar de la porta. A l'exterior l'aigua ha pujat dos metres, però no entra dins la casa. Queda suspesa, com si fos gel, al llindar. Em desperto sobresaltada.

■

Quan penso en el futur del teatre, penso sobretot en el canvi climàtic. El canvi climàtic posa el teatre en perspectiva; de fet, ho posa tot en perspectiva. I encara que estiguem vivint l'auge del feixisme i dues guerres tràgiques a Ucraïna i a l'Orient Mitjà, i que no fa gaire el general Sir Patrick Sanders ha descrit els habitants actuals de la Gran Bretanya com la «generació preguerra», insinuant un futur reclutament, encara crec que les nostres energies s'haurien de concentrar del tot a mitigar el canvi climàtic i a adaptar-nos-hi.

Una de les principals funcions de la cultura és dirigir-se als aspectes existencials i emocionals de l'experiència humana. Podríem dir que l'art proporciona els serveis existencials que altres sistemes, com l'educació o la sanitat, no poden oferir. La pressió d'abordar el canvi climàtic esclafa el sector cultural. ¿De quina manera en poden parlar, els artistes? ¿Quines històries expliquem i per què? ¿Les històries de qui, expliquem? ¿Qui hauria d'explicar-les? I, encara que trobem les històries que cal explicar, ¿queda cap esperança mentre ens precipitem a una possible anihilació planetària?

Quan reflexiono sobre una dècada en què m'he dedicat a treballar en la intersecció entre el canvi climàtic i el teatre, observo, sobretot, un fracàs. No hi ha cap altre àmbit en què dediqui un 100 % d'esforç per acabar obtenint un retorn artístic d'un 5 %. Però és l'única cosa que faig que em permet sentir-me millor en relació amb el món i em permet mirar-me al mirall cada matí, i pensar: «Si més no, faig alguna cosa».

Quan tenia divuit anys, vaig llegir *El primer cercle*, de Soljenitsin. El meu fragment preferit de la novel·la era una conversa entre un científic i un artista que discutien sobre la naturalesa de l'acte creatiu. En aquest passatge, tots dos comparen l'acte creatiu amb un viatge feixuc de tres-cents quilòmetres, i es posen d'acord en el fet que l'artista sempre ha de recórrer aquesta distància, però que l'únic tram del viatge que compta és l'últim pam. L'últim pam marca la diferència entre la mediocritat i la perfecció. El científic i l'artista de la novel·la identifiquen tres menes de persones: els qui no coneixen l'existència de l'últim pam; els qui en són conscients i es passen la vida mirant de travessar-lo, i els pocs que sempre aconsegueixen travessar-lo. Des que em dedico a tractar el canvi climàtic en les meves obres, trobo que, a causa de l'enormitat del tema i del fet que es tracta d'una problemàtica molt difícil de representar teatralment, l'últim pam sempre està fora del meu abast. És un objecte de treball que m'enfronta als límits de la meva imaginació i a la meva incapacitat per concebre'l i representar-lo.

■

L'any 2011, el director artístic del National Theatre de Londres em va convidar a participar en un programa on un grup de científics col·laboraven amb una colla d'artistes. Allà em van presentar Stephen Emmot, que en aquell moment era professor de ciència computacional a la Universitat de Cambridge. Era un home esquerp del nord, sempre estava una mica suat i tenia poques habilitats socials. Vam quedar per sopar en un bistrot vora el National Theatre i de seguida em vaig adonar que l'Stephen no hi estava a gust. Per a ell, seure en una taula amb una directora de teatre era com visitar un zoo per observar un animal estrany i exòtic. Ens havien encarregat que ideéssim un projecte conjuntament i per això li vaig preguntar què creia que podíem fer. «Res», va dir, «no soc cap artista». «D'acord», li vaig respondre, «com a científic, ¿quines són les coses que t'importen i que creus que jo puc abordar?». Va fer una pausa i em va mirar. «Només podem parlar d'una cosa», va respondre una mica irritat. «¿De quina?», vaig preguntar. «L'emergència planetària sense precedents a què ens enfrontem avui dia», va respondre. Vaig callar. Era el 2011 i fins aleshores encara no havia sentit l'expressió «emergència planetària». «¿I això què és?», vaig preguntar, amb ignorància genuïna. Aquella pregunta va ser com obrir les comportes d'una presa. Vaig començar a rebre l'impacte d'un seguit d'onades d'informació inconcebible, que aquell home anava deixant anar amb una veu irada i impacient. La gent del restaurant es tombava per mirar-nos. L'Stephen parlava del futur col·lapse del subministrament de menjar i aigua, de pandèmies imminents, d'extincions en massa del *món més que humà* que ja havien començat i de la insostenibilitat del creixement de la població humana.[1] Va descriure un futur de patrons climàtics inestables, una acceleració de l'escalfament global i de les migracions en massa a una escala que en aquell moment era inconcebible. «¿Què vols dir amb "migracions en massa"?», li vaig preguntar. «Vull dir –va dir amb un to que mostrava que la meva ignorància l'irritava– que veuràs moviments de gent a una escala que no et pots imaginar. Veuràs gent en embarcacions petites travessant el canal per arribar a Anglaterra.» «Fas broma», vaig dir i vaig riure. «Això no és cap puta broma, Katie», va respondre, i, bruscament, va demanar un altre got de vi. «Estic descrivint el futur de la teva filla», va sentenciar amb aspror.

Pocs mesos després, a principis del 2012, l'Stephen i jo érem a Aldeburgh, un poblet costaner de l'est d'Anglaterra enfilat damunt d'una platja de còdols al límit del mar del Nord. Era el mes de febrer i jo aguantava unes tovalloles mentre dos homes nedaven en un mar grisós i fosc. L'Stephen era al meu costat i mirava el mar, circumspecte. Havíem llogat una casa i hi havíem convidat científics del laboratori de l'Stephen, professionals del món del teatre i un arquitecte. Després d'una nit de beure molt

1. «Món més que humà» és un terme creat per l'ecòleg i filòsof nord-americà David Abram, i es refereix a la part natural del món que es desenvolupa més enllà de l'existència humana. L'expressió remet al fet que l'ésser humà només és una altra espècie enmig d'un conjunt de formes de vida que tenen un valor intrínsec. (N. del T.)

i de parlar sobre l'emergència planetària, algú havia proposat una nedada matinal. Tothom havia quedat molt angoixat amb la informació que l'Stephen i els seus col·legues ens havien comunicat la nit anterior, com jo després del nostre primer dinar. «Ets com Cassandra», li vaig dir. «Pot ser», va respondre mentre els dos homes ens saludaven des d'un fons d'onades grises.

Al vespre tots vam seure al voltant d'una gran taula a la cuina d'alumini i de parets blanques asèptiques de l'enorme casa que havíem llogat. Els científics parlaven sobre com mesuren el creixement del nivell del mar i l'augment de CO_2 a l'atmosfera. L'ambient era trist, i, de fet, semblava la fi del món. L'Stephen cada cop estava més borratxo. «¿Què passarà?», li vaig preguntar. «No res. Els científics continuaran explicant a la gent el que passarà, i els polítics no hi faran res. La història ho deixa ben clar. No ho arreglarem.» Ens va parlar de l'època en què havia estat assessor del govern britànic i com als polítics no els interessava fer res davant la incontrovertible evidència científica. «¿Sabeu qui són els qui gairebé sempre assisteixen a les conferències sobre canvi climàtic? No és el govern, és l'exèrcit. Perquè seran ells els qui s'hauran d'encarregar dels futurs efectes de la inacció del govern.» La seva desesperació era palpable. «Tal com ho veig, estem fotuts. Fotuts del tot», va dir gairebé cridant. A la taula hi regnava el silenci, i jo em vaig esmunyir per la porta de la cuina fins al jardí per fumar una cigarreta. Feia molt de fred; la lluna era gairebé plena i al cel tot de núvols grisos es movien de pressa, empesos pel vent. Vaig pensar en la meva filla, que en aquell moment dormia ben còmoda al seu llit de casa, i en el seu futur.

M'havia imaginat que el laboratori de l'Stephen a Cambridge estaria ple de gent amb bates blanques, microscopis i pipetes. Estava situat en un edifici enorme construït als anys vuitanta, ple d'anònims passadissos emmoquetats i d'oficines de totxana, tot de color beix. Però ningú no hi portava cap bata blanca. El despatx de l'Stephen estava desordenat, hi tenia algunes plantes marcides i mandarines fetes malbé. Hi havia sales amb uns ordinadors molt grossos que vomitaven llargues pàgines de paper blanc amb números impresos. Els científics introduïen les dades dels seus treballs de camp en aquests ordinadors i els ordinadors les processaven i generaven prediccions. L'Stephen ens va explicar que les conclusions eren negatives i que això desanimava molt els membres del laboratori. «Ens dediquem a processar les dades, un cop i un altre, però el resultat continua sent espantós», va explicar. «¿Com suporteu estar exposats a imatges d'un futur tan fosc?», vaig preguntar. «No gaire bé», va dir. «Un dels científics més joves del laboratori ha estat pare fa poc. Li vaig preguntar què seria el primer que ensenyaria al seu fill. Em va respondre: "A fer servir una pistola".» Vam recórrer la catifa beix fins al despatx de l'Stephen. Es va quedar dret, mirant per la finestra. «¿Què puc fer?», li vaig preguntar. «Ajudar la gent a entendre la ciència.»

El 2011, el Grup Intergovernamental sobre el Canvi Climàtic, o GICC, havia publicat quatre informes i cap no havia relacionat de manera categòrica el canvi climàtic amb l'activitat humana. No ho va fer fins al 2019. El 2012, la principal preocupació de l'Stephen era com convèncer la gent que el canvi climàtic era real i estava passant. Li feia l'efecte que els científics i els governs no se n'encarregaven amb efectivitat.

Quan vaig tornar de Cambridge, em vaig embarcar en un procés de sis mesos de recerca i desenvolupament al National Theatre. Vaig treballar amb actors i autors, com Caryl Churchill, i fins i tot vam rebre el suport del govern en una visita d'Ed Miliband, en aquell moment el ministre a l'ombra de medi ambient del Partit laborista. Al projecte hi havíem incorporat dissenyadors de so, compositors, especialistes en vídeo, però no érem capaços de trobar la manera de convertir el tema del canvi climàtic en una representació viable. El que fèiem era sobretot escriure un seguit de guions teatrals que haurien encaixat perfectament en una pel·lícula de desastres nord-americana de sèrie B. En una escena, per exemple, una mare i el seu fill de tendències dretanes seuen en una barqueta de rems i vigilen la costa est del Regne Unit per tal de controlar que no hi arribin migrants pel mar. Per molt que ens hi esforçàvem, no érem capaços de trobar cap manera de condensar l'abast del que l'Stephen ens havia dit que passaria. De fet, ens adonàvem de fins a quin punt –tal com escriu la professora universitària Catherine Love– «el tema del canvi climàtic resisteix qualsevol mena de representació, i és que la dimensió del problema és massa vasta, i el conjunt de factors implicats és massa intricat per dur-ho tot a l'escenari».

Uns anys després, vaig llegir l'obra de Timothy Morton, un professor de literatura que explora la intersecció entre el pensament orientat als objectes i els estudis ecològics. Morton descriu el canvi climàtic com un «hiperobjecte», un fenomen «massivament distribuït en el temps i l'espai relatiu als humans» i, per tant, difícil de copsar i de representar teatralment. Així doncs, el 2011, en les nostres trobades ens barallàvem amb aquest «hiperobjecte». Insistíem a incorporar temes mediambientals complexos en un drama interpersonal perquè aquella era la forma teatral a què estàvem acostumats. Però un cop i un altre ens adonàvem que aquest enfocament corria el risc de reforçar l'antropocentrisme que justament havia conduït els éssers humans a l'embolic climàtic a què volíem fer referència.

L'Stephen ens visitava sovint per observar què fèiem. La seva perplexitat davant del que passava era palpable. Les seves visites cada cop eren més incòmodes, i em va començar a fer por com acabaria valorant el que fèiem. El rellotge planetari anava avançant i érem incapaços de produir res amb cara i ulls. ¿Què hi podíem fer? Aleshores, un matí, mentre l'Stephen i jo sèiem en una sala enorme de l'espai industrial de Waterloo on fèiem les trobades, em vaig adonar que la resposta a la pregunta era davant meu: l'Stephen. ¿I si feia pujar el científic a l'escenari? ¿I si trobàvem una manera de comunicar el seu coneixement per tal de fer accessible la ciència climàtica? Vaig mirar l'Stephen, que aquell moment repicava impacientment amb el dit índex el got de paper del cafè, i em vaig preguntar si s'hi prestaria. «Stephen», vaig dir, vacil·lant, «¿et puc fer una proposta deshonesta?». «És clar», va respondre. «¿T'avindries a pujar a l'escenari?»

Ten Billion [Deu mil milions] es va representar al Royal Court Theatre de Londres, en un petit auditori de la part de dalt. En aquell moment, la població del planeta era de set mil milions i es preveia que al final del segle seria de deu mil milions. L'Stephen va treballar amb la dramaturga Lyndsey Turner per tal d'abocar el seu coneixement científic en un ordre dramatúrgic que un públic profà en el tema fos capaç d'entendre. La Lyndsey va repassar cada frase amb una pinta ben fina per assegurar-se que l'Stephen feia servir un llenguatge senzill, concret i no científic. Per il·lustrar les afirmacions que es feien a l'obra, hi projectàvem gràfiques i vam incorporar-hi música i sons. L'escenari per a la producció era una reconstrucció del despatx de l'Stephen a Cambridge, plantes marcides i mandarines fetes malbé incloses. En la representació, l'Stephen llegia la pantalla del seu ordinador, que amb prou feines s'aguantava damunt una pila de llibres, i les gràfiques de suport es projectaven en una paret buida del despatx, a l'esquerra. Al final de l'obra, l'Stephen afegia dues reflexions personals: explicava la història del jove científic que volia ensenyar el seu fill a fer servir una pistola i expressava la consideració que segons ell «estem fotuts».

Les entrades per a la producció es van esgotar i el diari *The Guardian* la va nomenar «Millor producció del 2012». Hi van assistir membres del govern, i un funcionari governamental fins i tot va preguntar si hi havia cap gravació de l'obra per *ajudar* l'aleshores primer ministre britànic David Cameron a fer-se una idea de la rellevància del tema. Ara bé, la resposta del públic va ser variada: va oscil·lar de l'acceptació de la informació a la negació més entossudida, de la gent que es va comprometre a canviar d'estil de vida als que es negaven a creure el que l'Stephen els havia explicat. Ell va continuar endavant: va escriure un llibre per a Penguin i el 2015 va realitzar un documental per a Oxford Films, amb la qual cosa s'assegurava que la informació arribava a un públic més ampli. La resta ens vam dedicar a remenar entre la runa de les respostes del públic per veure què podíem fer servir en futures produccions.

Ens vam adonar que presentar els fets del canvi climàtic tal com havíem fet va espantar el públic, i la por empeny la gent a la negació i no pas a l'acció. La por és una eina ineficaç per motivar un compromís personal genuí. A més, tal com Catherine Love va escriure posteriorment, la visió expressada per l'Stephen al final –que tots «estem fotuts», és a dir, condemnats– «no deixa espai per a l'acció mitigadora, i suggereix al públic que no cal que hi faci res». Per acabar-ho d'adobar, la producció no era ecològica: hi fèiem servir un muntatge complex, dos ordinadors portàtils, un servidor multimèdia, un projector i un seguit incomptable de pertinences personals. «Al final, l'obra corria el risc d'insinuar que, pel que fa al comportament humà, no hi ha res a fer contra el canvi climàtic, i mentrestant consumia alguns dels escassos recursos que Stephen Emmot ressaltava en el seu discurs.»

El juliol del 2012, l'Stephen i jo vam fer l'últim viatge junts: vam anar fins a Avinyó amb l'Eurostar. *Ten Billion* era una coproducció amb el festival d'aquella ciutat, i ens hi havíem desplaçat perquè la nostra representació obria aquella edició. L'Stephen s'havia fet mal a l'esquena i anava amb crosses; que pogués arribar a la tauleta de l'esmorzar que t'ofereixen a primera classe havia estat una petita odissea. Alleugerida perquè al final l'home havia pogut seure, vaig mirar per la finestra com el sol del matí s'escampava pels camps. Ell tenia la mirada clavada al tovalló. «¿Per què no mires per la finestra?», li vaig preguntar. «Tot això és agricultura industrialitzada, Katie. Hi hauria d'haver arbres i ara només hi ha camps. No puc mirar-ho.» Vaig apartar la mirada dels camps i em vaig concentrar en el menú, avergonyida. «Tot prové de la terra, de la natura», va dir, «el metall del sostre del vagó, els mànecs de plàstic, els llums. Tot prové de la terra». Vaig mirar al meu voltant i em vaig adonar que el que per a mi era un vagó de tren i prou, per a ell representava un exemple de devastació, extracció i desesperació.

■

Les lliçons que vaig aprendre de *Ten Billion* em van portar a emprendre un camí diferent en les meves produccions següents sobre canvi climàtic. El 2013 vaig posar en escena *Lungs* [Pulmons], a la Schaubühne de Berlín. És una obra sobre una jove parella cis que no sap si tenir un fill en el context de la crisi mediambiental. En aquesta producció volia que el contingut, la forma de la representació i els mitjans per fer-la fossin coherents, i, sobretot, reduir-ne la petjada de carboni.

Lungs es va representar autònomament i l'electricitat per a la il·luminació i el so es generava en directe, com a part de la representació. Els dos actors pedalejaven damunt de dues bicicletes estàtiques per tal d'alimentar els llums que els il·luminaven les cares i els petits micròfons que havíem muntat als manillars de les bicicletes. Un operador de so barrejava en directe els sons de les bicicletes per crear la banda sonora de la representació. Quatre ciclistes extres alimentaven un petit projector de vídeo que mostrava un algoritme del nombre de nadons nascuts durant els setanta-tres minuts que durava l'obra. L'escenari i la cortina estaven fets de material reciclat. El públic era testimoni d'aquest calvari físic dels actors damunt les bicicletes –amb la suor, la respiració forçada, el dolor muscular, etc.– mentre escoltaven com la parella discutia sobre si havien de tenir un fill o no. El text tenia un final positiu: la parella decideix tenir el fill. Ara bé, un cop neix el nen, el text ens trasllada al futur i veiem el fill catapultat al mig de la catàstrofe mediambiental. Per a aquesta representació, els actors van haver d'entrenar-se com atletes, amb escalfaments i estiraments, seguir un horari estricte de treball i una dieta meticulosa. Va ser un repte físic tan gran que fins a l'últim assaig no vam saber si els actors podien fer anar la bicicleta i actuar els setanta-tres minuts.

Després de *Lungs*, el 2014 vaig treballar amb el científic i professor Chris Rapley en una altra representació d'una dissertació al Royal Court de Londres. Rapley va treballar amb el director Duncan Macmillan de la mateixa manera que Stephen Emmot ho havia fet amb la dramaturga Lyndsey Turner. Com que érem conscients dels perills d'espantar la gent amb els fets crus del canvi climàtic, en aquesta nova producció tothom es va esforçar per ordenar i comunicar el discurs científic d'una manera que fos més atractiva, amb la qual cosa facilitàvem que la gent pogués actuar. En Chris i en Duncan van crear un text, titulat *2017*, que analitzava la manera com els científics mesuren el canvi climàtic, com ara l'augment del nivell del mar o la rapidesa i l'abast del desgel. Descrivien aquests processos, explicaven com té lloc l'escalfament global i identificaven accions que la gent podia fer en la seva vida quotidiana, com a ciutadans, per lluitar contra l'augment de dos graus de la temperatura del planeta. Aquí no vaig fer servir un escenari naturalista com a *Ten Billion*: en lloc del científic assegut en una cadira, amb un seguit de projeccions mínimes darrere seu per il·lustrar el que anava dient, caminava. Vam adaptar el to i el contingut de l'obra perquè érem conscients que el públic es pot tancar en banda quan se l'enfronta amb aquest tema. El resultat va ser una resposta més constructiva, i els espectadors es van mostrar més agraïts per la manera com mostràvem la informació i pels consells sobre quines accions podien dur a terme.

El 2015 vaig tornar al cànon teatral amb la direcció de l'obra de Samuel Beckett *Happy Days* [Dies feliços], tot i que enfocada des del prisma del canvi climàtic. *Happy Days* és una obra sobre una dona (Winnie) en un paisatge postapocalíptic. El personatge està enterrat sota terra fins a la cintura, però es comporta com si no passés res. En la segona part, la terra li arriba fins al coll i continua fent com si tot fos normal. En comptes de situar l'obra en un terreny, vaig decidir de fer-ho en una cuina inundada per remarcar el fet que tenim el canvi climàtic al damunt, però continuem fent com si res. L'obra original se centrava en l'angoixa d'una anihilació nuclear, tan comuna després de la Segona Guerra Mundial, però en la nostra producció vam substituir aquell patiment per la por mediambiental actual de ser subsumits –literalment i existencialment– pel nostre entorn. Fent que el personatge fos literalment empassat per la força sobrehumana de la natura –per l'aigua–, pretenia que el públic sentís les realitats invasives del canvi climàtic. La producció pretenia apel·lar a les emocions en comptes de l'intel·lecte i donar rellevància al medi ambient en si mateix.

▪

El gener del 2020 treballava a Múnic en una desconstrucció feminista de l'òpera *El castell de Barbablava*, situada en un hotel estrany amb esglaons molt costeruts i espesses catifes vermelles. El 27 de gener es va detectar el primer grup de casos de covid a Alemanya, tot just als afores d'aquesta ciutat, i quan, una setmana més tard, tornava cap a casa, vaig veure gent amb mascaretes a l'Eurostar. Al març, com la resta del món, em vaig confinar a casa; en el meu cas, amb el meu company, la meva filla adolescent i un gat negre.

Durant aquell temps vaig tornar al canvi climàtic, però aquesta vegada analitzant el tema en relació amb el canvi de sistema i la interseccionalitat. Abans del confinament havia mantingut converses amb el Théâtre Vidy de Lausana sobre un projecte d'activisme climàtic, però, com que el covid havia aturat el món de sobte hi havia més temps per pensar. Em vaig adonar que no solament ens calien obres sobre el canvi climàtic, sinó que havíem de reimaginar la nostra pràctica de treball, i en especial com havíem de gestionar la qüestió del carboni en les nostres gires. Vaig proposar que penséssim com organitzar una gira internacional amb una producció per a la qual no calgués traslladar gent ni material entre els diferents llocs. Vam convidar el coreògraf Jérôme Bel i científics climàtics de la Universitat de Lausana a donar forma, amb nosaltres, a aquesta nova manera de treballar.

Durant el 2020, ens vam reunir unes trenta vegades per Zoom i al final vam haver construït un model viable de gira teatral, que es faria en deu recintes extraordinaris i amb dos textos diferents que acabaríem dirigint ell i jo. La idea enlluernava de tan simple com era: jo dirigiria una producció a Lausana a través de Zoom i, després, un nou director local dirigiria una producció totalment nova del mateix text, però aquesta vegada amb un actor local pertanyent a una comunitat marginalitzada. Aquest nou director hauria de treballar cenyint-se a uns determinats paràmetres descrits en un correu electrònic enviat des del teatre de partida (per exemple, només podien fer servir cent cinquanta watts a l'hora de portar l'obra a l'escenari i l'alimentació de l'electricitat havia d'estar integrada en la representació). Als recintes de la gira també els oferíem un taller de tres mesos per ajudar-los a dur a terme una pràctica més sostenible en tots els seus departaments. El model es va repetir amb la producció d'en Jérôme. Aquesta manera de treballar requeria que tant ell com jo renunciéssim a cap mena de control sobre la nostra obra, ja que cada director podia començar de zero des del punt de vista artístic. El procés em va permetre mantenir un seguit de converses extraordinàries amb deu directors increïbles, i em va proporcionar una visió única sobre la situació política de cada país pel que fa a les comunitats marginalitzades i al canvi climàtic.

Arran d'aquest projecte, vaig treballar amb el director britànic no binari Chris Bush en una nova obra ecofeminista per a la Schaubühne de Berlín, on ens plantejàvem la idea de l'*hiperobjecte*. L'obra se centra en una entrevista de feina entre dues dones –una científica climàtica establerta i una jove investigadora– i es desenvolupava en variacions curtes de la mateixa trobada. Vaig assajar aquesta producció a través de Zoom, i es va estrenar el maig del 2021, amb l'electricitat generada per la força de dues dones pedalant damunt de bicicletes estàtiques situades en una banda de l'escenari.

Immediatament després d'aquesta producció vaig començar a treballar amb la compositora Laura Bowler en un nou concert sobre ecopsicologia per a la London Sinfonietta. Vam demanar a la dramaturga Cordelia Lynn que ens n'escrigués el text a partir de l'exploració de la manera com el canvi climàtic ens impacta psicològicament: començant per la negació, passant per la ràbia i la desesperació, fins a arribar a l'acció. Va ser escrita per a soprano i música en directe barrejada amb música electrònica. La partitura incloïa gravacions de material enregistrat en què diversos ciutadans londinencs expressaven els seus sentiments sobre el canvi climàtic. La producció es va representar al Royal Festival Hall de Londres l'estiu del 2022, i l'energia per al sistema d'il·luminació i de so provenia de dinou ciclistes que eren a l'escenari al costat dels músics. Va ser el primer concert de música clàssica alimentat energèticament per mitjà de bicicletes i la primera vegada que una cantant clàssica havia aconseguit cantar i fer anar una bicicleta alhora en un escenari. Just al començament del concert, tots els llums de l'auditori es van apagar i, enmig de la foscor sobtada, el públic va poder sentir l'incessant brogit de les rodes de les bicicletes que giraven. Van passar dos minuts fins que el generador es va encendre i aleshores els llums dels faristols dels músics va començar a parpellejar, com algú que es desperta després d'un son profund.

La peça es deia *Houses Slide* [Esllavissades de cases] i feia referència al moment del llibret en què l'autora descriu com les cases de la costa est d'Anglaterra s'esfondren i acaben al mar. Per exemple, a Hemsby, Norfolk, és habitual que la gent sigui evacuada de casa seva i veure que els edificis s'enfonsen al mar per l'erosió dels penya-segats. De fet, la costa de Norfolk i de Suffolk estan experimentant una erosió costanera extrema, i la línia de la costa és una mostra evident dels efectes del canvi climàtic, amb edificis mig ensorrats balancejant-se al límit dels penya-segats o carreteres d'asfalt que de sobte acaben amb filats i senyals triangulars que diuen PERILL: EROSIÓ DE PENYA-SEGATS. Tenia tot el sentit del món que *Houses Slide* fos una coproducció amb el cèlebre Festival d'Aldeburgh de Suffolk, fundat als anys cinquanta.

Tornar a la platja de còdols d'Aldeburgh i recordar quan hi havia estat deu anys abans amb el científic Stephen Emmott va ser una experiència inquietant. Aquella primera vegada era un matí fred de febrer i el cel estava tapat. Ara hi brillava el sol, el cel era blau i tot de barquetes es bressolaven a l'oceà. La platja estava plena de famílies que menjaven gelats o *fish and chips* embolicats en paperines blanques. No feia pas gaire que tots els qui en aquell moment eren a la platja havien sortit de casa seva enlluernats pel sol després de mesos d'estar encarcerats a casa. Ara, mentre era a la platja mirant el mar del Nord, sabia que, més enllà de la línia de la costa, segurament hi havia gent desesperada en fràgils embarcacions mirant d'aconseguir refugi i consol al Regne Unit. Semblava inconcebible que tot el que l'Stephen m'havia descrit feia només deu anys hagués passat tan de pressa: patrons climàtics inestables, una pandèmia, l'escalfament global, extincions en massa i grans migracions. Vaig tremolar i, de cop i volta, vaig tenir por.

Aquell mateix dia, al vespre, vaig assistir a la representació de *Houses Slide* i em vaig fixar en una família jove que hi havia entre el públic. A l'inici de l'obra, el nen va assenyalar les bicicletes amb el dit i xiuxiuejava de manera excitada a l'orella del seu pare; després la nena va agafar la mà de la seva mare quan els actors van començar a cantar. Més endavant, el pare va abraçar els dos nens i la seva companya i, de sobte, em va semblar que no havien de patir per res, tot i que, alhora, eren espantosament vulnerables. I vaig pensar en el poder de la representació per unir la gent, encara que sigui breument, fins i tot en un món que s'enfonsa al nostre voltant.

▪

La tardor del 2023, vaig tornar a Hamburg i vaig viure en un pis d'una de les cases enormes que hi ha a la vora del llac Alster. Hi dirigia *El jardí dels cirerers*, de Txékhov, des del punt de vista dels arbres. La producció era un intent de tornar a posar al centre el món més que humà. Els actors representaven l'obra dins d'un cubicle insonoritzat, però el volum només s'apujava quan un d'ells parlava dels arbres. Durant la resta del temps, es veia com movien la boca i pronunciaven les paraules, però no se'ls sentia. Damunt seu hi havia una gran pantalla on es podien veure imatges del món natural durant les quatre estacions: els arbres, els ocells, els insectes, les abelles. Sota la pantalla hi havia un quartet de corda que acompanyava amb música les filmacions del món natural. Quan arribava el moment de tallar els arbres, la producció de cop i volta tirava enrere a velocitat doble. Els actors es movien enrere i parlaven enrere. Els músics tocaven enrere. Les imatges de la pantalla també anaven enrere: els ocells volaven enrere i els arbres que havien estat tallats tornaven a tenir vida. La producció havia començat amb les paraules SI CONTINUEM ABUSANT-NE, LA NATURALESA NO AGUANTARÀ MÉS I DESAPAREIXEREM AMB ELLA extretes d'un article de diari recent i projectades a la pantalla. Al final de la representació, el públic veia com aquesta frase corria enrere, paraula per paraula, fins que arribava al final amb la primera: SI.

La nit de l'estrena, el públic es va queixar i va aplaudir a parts iguals, dividits per segments generacionals. Els membres de més edat del públic ens van esbroncar amb la intenció de mostrar el seu descontentament pel fet que haguéssim desmuntat l'obra, i els més joves deixaven anar tot de «bravos» per donar suport al concepte de centrar-nos en el món més que humà. Mentre la batalla a l'auditori entre les dues generacions continuava, la rellevància de la producció es va anar esvaint. Els crits dels més joves ja no tenien res a veure amb l'obra. Cridaven de ràbia com a reacció al fracàs de la generació anterior a l'hora d'ocupar-se del canvi climàtic, i les esbroncades de la generació més gran eren els últims crits defensius d'un ordre en decadència. De sobte, em vaig adonar que no calia que recorregués *l'últim pam*: era l'espai que quedava un cop la representació es va haver acabat; l'espai en què el públic responia i actuava. Fer una obra sobre la catàstrofe mediambiental ja no tenia a veure amb l'èxit o el fracàs, només es tractava d'intentar-ho.

Traducció de l'anglès de David Cuscó

ESTARJUNTISME[1]

Roger Bernat

El teatre és el lloc on compartir l'amistat en l'època de la desaparició de l'amistat. La força mai del tot exhaurida que ens empeny a agitar-nos per anar a trobar els altres és la promesa més antiga del teatre i també la més urgent. Aquesta dansa que prova de conjurar la dissolució del sentiment comunitari és la que ens porta, quan més feixuc és trobar-se amb els altres, a tornar a anar, practicar i veure teatre. Parlo aquí del teatre com a constel·lació d'experiències que van del *training* a l'escena, de l'amateurisme a la vocació i de la paròdia més sagnant a la tragèdia més joiosa. Perquè allò més compartit dels testimonis del món modern, allò que ens ha estat entregat indefectiblement a cadascun de nosaltres, és la certesa de la desaparició de la comunitat i la impossibilitat del comunisme. El teatre és, en aquest sentit, el placebo, l'engany pactat que reemplaça els «horitzons insuperables del nostre temps» amb la promesa –que no la realització– d'una comunitat retrobada en què les divisions socials,

1. L'*estarjuntisme* és l'únic moviment teatral de les primeres dècades d'aquest segle. Tot i que Roger Bernat n'és l'únic membre numerari, teatres, companyies i festivals d'arreu en formen part de manera inconscient, i el motiu d'aquest article és facilitar-los el despertar.

la «dominació tecnopolítica» i, per dir-ho curt, l'individu siguin dissolts en l'experiència.[2]

L'individu o, en la seva forma liberaldemòcrata, el ciutadà són dos motlles de la mateixa finitud: les restes del naufragi que ens va portar al món. Abans de l'existència no hi ha consciència d'individualitat. És aixecant barreres interpersonals com es construeix aquesta consciència que ens allunya del no-res i ens fa persones. És posant límits com es construeix l'individu fins que és capaç de dir «jo». Però, com que el pes del farcell de la pròpia mort que carreguem solitàriament i miserablement és l'única experiència individual que ens ha estat donada, la nostàlgia del nostre estat anterior ens tenalla. La presència dels altres trenca les barreres i eixampla els límits de l'individu. El sentiment comunitari fa tolerable l'ofensa de la mort, però paradoxalment ens l'acosta. L'individu neix assedegat de comunitat, i el teatre apaivaga aquesta set.

No hi ha teatre sense la sensació d'abandó *en* la comunitat d'aquells que diuen «nosaltres». Un exemple paradigmàtic d'aquest embriagament és l'espetegar de l'aplaudiment quan el públic es fa comunitat sacrificant la pròpia veu. L'aplaudiment és un abandó en el cor informe d'aquells que, picant de mans, s'afirmen com a massa. L'ovació és una lloança i alhora una advertència dissimulada. El clam eixordador recorda que tota collectivitat és potencialment una massa homicida. Només la separa de l'acció la consciència del fet que, en obrir-se les portes de la sala, s'esvaeix.

2. Atenció, aquest pamflet pot contenir traces d'Elias Canetti, Émile Benveniste, Samuel Beckett, Roland Barthes, Frantz Fanon, Jean-Luc Nancy, Maurice Blanchot, Roberto Esposito, Mark Fisher o Roberto Fratini.

La comunitat retrobada que el teatre promet es construeix sobre el mite d'una comunitat primigènia i fictícia. La comunitat no és un paisatge pastoral de bellesa i vida senzilles. La societat no s'aixeca sobre les cendres de cap comunitat oblidada. D'aquí la pertinència que sigui precisament el teatre que es faci càrrec d'una «comunió comunitària» que doni resposta a la necessitat del mite. Un mite que es construeix sobre la certitud de la impossibilitat d'un mite vertader. Els mites del «nacional esteticisme» i del lletgisme socialista eren tòxics precisament perquè van oblidar de ser teatrals i postissos. Els *Thingspiele* nazis, els *slet* balcànics o els tímids exponents de teatre feixista eren cerimònies politicoreligioses multitudinàries, no pas teatre.

Si la religió és un moviment que només s'entén en la propagació i, per tant, en els grans nombres, la comunitat que el teatre imita es troba en els nombres petits i fa pensar en la comunitat primitiva dels apòstols, en les germandats, en les sectes en els sanatoris, i en la molt teatral forma de la *troupe*. Pobres tots ells, errants o separats de la societat, es desprenen d'allò que és seu, obliden la seva atomitzada individualitat per formar part d'una comunitat que, des del no-res, promet aconseguir-ho tot. ¿Qui no ha volgut, després d'un espectacle de teatre o circ, anar-se'n a viure i instal·lar-se definitivament en aquella *veritat*?

Resulta obscena la publicitat dels teatres implorant la presència de l'espectador perquè interpel·la una necessitat vergonyosa del nostre «jo». Assenyala una veritat tan íntima que és impúdic verbalitzar-la. El teatre no serà mai una crida a comparèixer, sinó que és la necessitat de comparèixer la que fa, cada vegada, el teatre. La necessitat del teatre neix del buit d'allò comú que s'hereta de la modernitat i que no fa més que eixamplar-se. L'escenari o el forat que queda al mig d'una rotllana d'espectadors és l'espai que es reserva a aquesta absència, allò que es preserva amb la compareixença. El teatre és allò que fa que un grup de persones es reuneixi al voltant d'un buit.

El teatre és l'invent que permet vèncer «la por de ser tocats», trencar l'aïllament i trobar-se en sales, classes, parcs i *escape rooms*. Tot respon al mateix moviment. El teatre suspèn la natural malfiança que ens posa en alerta davant de l'altre per deixar pas al secret d'una confiança innombrable, «eternament provisional i de la qual sempre s'ha desertat». L'actual triomf de l'*estarjuntisme*, únic pilar sobre el qual se sosté el teatre d'avui, corre el risc –però– de convertir-se en un *trigger* que faci aixecar tant els defensors de la llibertat com els oficiants de l'ecumenisme. Parlar avui de comunitat provoca malentesos. En sentir la paraula *comunitat*, els defensors de la llibertat aprofiten per treure a passejar l'espantall del totalitarisme, i, no gaire lluny, un no menys nombrós grup de teatraires de iurta i espardenya es descalcen per fer una sessió de *teatrefòrum*. La nostàlgia del comunisme fa saltar la molla dels que, davant de qualsevol expressió d'efervescència col·lectiva, branden el rol de defensors de la individualitat i del món lliure i, en la riba oposada, mobilitzen els practicants del teatre comunitari, que mai no troben el moment de renegar de la fe en la comunitat. Uns i altres confonen teatre i pràctica religiosa tot i tenir temporalitats i geografies molt diferents. El temps acotat del teatre nega l'eternitat de la promesa del totalitarisme, de la mateixa manera que l'*atòpia* a la qual apunta la ficció contradiu la utopia de la fe.

La temptativa sempre renovada de l'assaig és la temporalitat pròpia del teatre que es contraposa a l'eternitat que anhela la religió. L'assaig és un fracàs repetit que troba la seva raó de ser en l'esperança de fer-ho millor la propera vegada. Aquesta és una de les característiques que fan del teatre una forma eminentment moderna. Una forma que comparteixen intèrprets i públic, ambdós afermats en l'«elaboració col·lectiva d'una hipòtesi de treball que només es produeix en la consciència de no haver-ho fet prou bé», i en la intuïció que els que vindran aconseguiran fer-ho molt millor. És la promesa de la modernitat: «Try again. Fail again. Fail better» [Torna-ho a intentar. Torna a fallar. Falla millor]. Etc.

D'altra banda, l'*atòpia* és el terreny del teatre, un espai molt més proper que les utopies a les quals apel·len algunes polítiques i totes les religions. El teatre no apunta a una unió en el més enllà, sinó que és una promesa amb data de caducitat. A diferència de la utopia, l'*atòpia* no fa referència a un lloc imaginari. Tot i tenir una fesomia sempre canviant i no forçosament desitjable, l'*atòpia* es desenvolupa *aquí*. Per això l'assaig, el veritable distintiu del teatre, podria definir-se com un entrenament sense il·luminació. El lloc on ens convoca el teatre defuig marxes, desfilades i processons, l'emblema de les quals seria el feix d'individus arrenglerats i lligats a una teologia comunitària tendencialment feixista. La fusió en el més enllà és un afer religiós que, tot i beure del mateix desig de comunitat, es diferencia del teatre quan assenyala la unió com a ideal. «L'exigència comunitària» neix d'un anhel de dissolució de l'individu i d'una necessitat de dissolució de les identitats col·lectives. L'*atòpia* del teatre defuig qualsevol tracte amb la identitat i, en lloc d'imaginar una comunitat uniforme i unida, adopta la màscara com a símbol del seu gust pel transvestiment i l'engany, fent de la promiscuïtat i el contagi l'emblema de la seva errança.

Cada nova companyia de teatre inaugura una comunitat i és alhora una promesa de futura institucionalitat. Cada nou espectacle parteix del «desig de modificar les relacions que hi ha entre un home i els seus semblants». Però, en acceptar les arbitràries regles de la circumstancial i fràgil comunitat del teatre, s'aixeca un mur que separa els participants d'allò que en queda fora. A diferència de la fusió comunitària a què aspira la religió, en lloc de voler propagar el seu moviment la comunitat teatral aspira a una falsa fusió i a un fals moviment. El teatre és la imitació de la llei i, per tant, n'és també el frau i la refutació. En erigir-se com a veritat *alternativa*, denuncia que la veritat potser no ho és del tot. I, tanmateix, aquesta comunitat fictícia que el teatre ens permet *recordar* té efectes sobre els participants.

Si la llei és allò que precedeix l'individu, si la llei no és escrita per l'individu sinó que dona forma a cadascun dels subjectes, la llei del teatre també sotmet, divideix i conforma. «No és el jugador que fa les regles, són les regles que fan el jugador.» I la primera de les regles del teatre exigeix l'*habeas corpus* del participant. Fer teatre és una forma de comparèixer davant de la comunitat cada cop més nombrosa «d'aquells que no tenen comunitat». Una comunitat ja no constituïda de *perfils* sinó de cossos. Una comunitat despullada de tot atribut, que no promou fusions emotives ni reconeixements morals sinó que obliga l'espectador a *exposar-se*. El teatre respondria llavors al mite més antic i seria alhora el pensament radicalment modern de «l'exigència comunitària», que, d'una banda, exposa cadascun dels individus al judici dels altres i, de l'altra, els allibera d'aquest mateix judici en dissoldre'ls en la comunitat.

La segona llei a què sotmet la mediació del teatre és la separació. La sala fosca, el teló, la butaca, la sala d'assaig o la residència de creació són tecnologies de l'aïllament. Per crear el miratge d'una comunitat, primer cal aïllar-se. El participant se sacrifica a la desconnexió per fondre's en una experiència que el nega, que el deixa en *stand by*. El teatre sempre va ser qüestió de sacrificis d'allò únic. Al teatre no se sacrifiquen ramats, només una sola víctima, un sol moltó que ens representa en tant que individus *donats* a la comunitat.

La tercera de les lleis que s'anticipen al participant i li donen forma és la urgència. Tota comunitat està sotmesa a l'alerta de l'apocalipsi. D'aquí que el teatre sempre sigui urgent, sempre a punt de desaparèixer, en un estat de precarietat que ha esdevingut universal ara que la nostra civilització bàrbara ha exposat el món a la seva pròpia finitud. En aquesta crida contínua i desesperada a la compareixença, s'endevina l'estrès d'una cultura que ha acabat convertint l'experiència humana en matèria primera. Arruïnat el planeta, l'última tendència del capitalisme comparteix amb el teatre la seva vocació caníbal: éssers humans que consumeixen éssers humans. És l'apoteosi del teatre com a experiència. Però la urgència d'una comunitat enfrontada a la seva pròpia desaparició és també la seva única possibilitat de transcendència. Una comunitat mai no està del tot unida –sempre falta algú– fins que no és definitivament anihilada.

■

Lluny de ser un privilegi, el teatre és un càstig. Aquell que no té el privilegi de tenir qui el representi en els fòrums de la vida pública –parlaments, mitjans, acadèmia, etc.– reclama el seu lloc en els marges. Participar, fer-se present, és un gest urgent d'afirmació i de ruptura. Per això el teatre ha estat històricament refugi de tot tipus de dissidències de gènere, sexuals i polítiques, i antigament els actors i actrius, marcats per la infàmia, eren enterrats extramurs. Canviar de disfressa, fer el que l'interlocutor espera, mentir descaradament, dissimular l'origen, exagerar la necessitat o la malaltia són estratègies teatrals de supervivència reservades als pobres. *Fer* teatre –no pas *veure* teatre– és un art reservat a la xusma que, molt abans de pujar als escenaris, representa, no sense malícia, el rol que se li imposa. En aquest sentit, el teatre és la pàtria de la dissidència. El lloc on es representa allò que no es representa enlloc. Representar és legitimar. O, més ben dit, representar-*se* és legitimar-*se*. Perquè representar és un acte d'afirmació de la pertinença a un grup, que sempre és un *altre* grup.

En canvi, la prerrogativa d'aquells que ostenten el poder és observar. L'adagi segons el qual «tot espectador és un covard o un traïdor» cal acompanyar-lo d'una segona acusació: «no hi ha mans pures, no hi ha innocents, no hi ha espectadors». Ser espectador, doncs, és una traïdoria de la mateixa manera que participar envileix. Veure o fer teatre és una forma de degradació. Ningú no és innocent, en un teatre. El desig de comunitat no prové de la voluntat de ser alguna cosa *més* o de l'orgull de compartir una identitat. En el desig d'allò comú s'hi amaga la condemna de qui contrau un deute. «Compartir la sort del servent, no la del senyor» és acceptar una càrrega i patir l'experiència de la indignitat.

Ja ben entrada la segona dècada d'aquest segle, la urgència del teatre rau en la seva capacitat de seguir construint allò que és públic en contraposició amb allò que és privat. Expropiant l'individu de la seva subjectivitat i obligant-lo a sortir de si mateix i exposar-se als altres. Participar és, al cap i a la fi, la predisposició a fer-se miques i abandonar-se en mans dels altres. En l'acte de participar hi ha implícit un abandó, una dissolució en la comunitat que és consubstancial a la veritat de la mimesi. Només s'aprèn en comunitat perquè la primera de les tècniques de l'aprenentatge és la imitació. I imitar és participar d'allò que ens ve de fora. L'acceptació de l'altre es dona en la imitació, incorporant a la nostra manera de fer part de la seva.

Cal, però, refusar la temptació de tirar enrere i, seguint el fil de totes les imitacions, trobar l'ésser primigeni. De la mateixa manera que la nostàlgia d'allò comú no prové d'una comunitat primera robada a la família humana, la nostàlgia d'identitat no neix d'un pinyol d'humanitat perdut. La condició del joc dramàtic és l'acceptació de la inexistència d'allò que anomenem identitat. Si és molt més fàcil disfressar-se de dona, monstre o mascota que fer-ho d'home blanc, és precisament perquè la disfressa ha estat tradicionalment allò que s'afegeix a l'*original*. Sent l'home blanc el titella sobre el qual s'enganxen tots els vestits i atributs que fan *altres* identitats. Però, a diferència del carnaval, en el teatre tots els personatges són postissos. No existeix un cos *original* d'on *penjar* el personatge. Cada identitat es construeix a partir de la diferència. Els personatges són *en relació* amb altres personatges. En lloc d'imaginar un món que comparteix el privilegi de l'home blanc que diu «no soc conscient de la meva etnicitat i el meu gènere», el teatre ens convida a fer de la identitat un gest conscient de transvestiment i engany. A acceptar la identitat com una disfressa que, pel fet de no tenir un maniquí on aferrar-se, està oberta a la promiscuïtat i al contagi.

El teatre és un lloc buit de propietat. En el teatre allò que es diu no ho pensa aquell qui ho diu, i allò que es veu només és la representació d'allò que és, i els que hi som no hi som del tot. Res d'allò que és en el teatre es fonamenta sobre una veritat que no sigui la veritat d'una absència. El fracàs és probablement la més compartida de les experiències que ens deixa el teatre perquè, més enllà d'aspiracions poètiques i emancipadores, allò que s'hi assaja és l'experiència de la comunitat. Participar, representar i mirar són oportunitats per deixar de ser *un* i convertir-se en *molts*. Deixar de ser amo per esdevenir captiu. Desclassar-se és l'exigència del teatre. Acceptar que, en un món en descomposició, l'única sortida és deixar de sentir-se vulnerat per tornar-se vulnerable.

La resposta que sales, festivals i companyies d'arreu donen al símptoma del nostre temps ha pres les proporcions d'un moviment que anomenarem *estarjuntisme*.

UNA CODA, UNA SÍNTESI

La composició musical en el segle XXI: eclecticisme, extremisme, academicisme. A la recerca d'un nou alliberament

Joan Magrané

Ara fa de mal dir, però durant força temps la direcció del principal corrent estètic de la música clàssica (la música de concert, la música seriosa, artística...) semblava que havia canviat de cop. La Segona Escola de Viena havia provocat un sotrac en el món de la composició, almenys per a les oïdes menys entrenades, amb l'abandonament i la denigració del sistema tonal tot adoptant el dodecatònic, el serialisme. Tot i amb això, les velles estructures i formes encara resistien. Arnold Schönberg, Alban Berg i Anton Webern (amb un pes especial per la seva influència futura) passarien a ser els fars que il·luminarien les recerques de les següents generacions de creadors, unes personalitats que, per la seva força creativa i rellevància institucional, s'erigirien com a continuadors i hereus del seu llegat amb la intenció d'anar fent passar tothom pel seu sedàs i de mantenir encesa i en moviment la torxa de la nova tradició, un espai deslliurat de tots els mals causats pel «món d'ahir». I així va ser. Així va ser per als qui van seguir aquest camí, és clar. Les figures admirades i temudes de Pierre Boulez, Karlheinz Stockhausen, Luciano Berio, Luigi Nono, tot passant, també, per latituds americanes (un camí obert pel pioner Edgard Varèse) amb personatges que encara abraçarien un camp d'influència cultural molt més gran: John Cage primer i els minimalistes després.

D'aquesta aparent i coherent direccionalitat de l'esdevenir artístic i estètic dels volts de la primera meitat del segle passat, van sorgir aquells noms que seran els models, ara sí, dels creadors del tombant de mil·lenni (i alguns d'ells encara plenament actius en el moment del canvi). Uns creadors que, en la seva diversitat estilística i en la seva solidesa conceptual, seran els punts de referència de veritables escoles (o maneres) de composició (cosa que ja gairebé s'havia extingit des de feia anys). La seva energia comunicativa és tan gran, que d'ells surten compositors personalíssims, i també, com si fos l'altra cara de la moneda, una nombrosa munió d'epígons i adlàters que, a la vegada, cosa important, fan girar i girar la roda d'intèrprets afins, d'estretes relacions amb segons quins festivals i d'institucions, cursos i concursos *ad hoc* per tal que tots ballin al seu so i al seu toc.

Ja en parlarem més endavant, però l'eclecticisme imperant en els nostres dies no es pot acabar d'entendre sense el fet que les generacions més joves han passat per les mans no només d'un, sinó de diversos d'aquests compositors que ara ens proposem d'anar enumerant, detallant i analitzant. Compositors que, per altra banda, ja ho havíem dit de passada, en general segueixen actius o ho han estat fins no fa gaire, i que segueixen sent, anant encara una mica més lluny, protagonistes de l'escena de la nova música clàssica (o de concert, o seriosa, o artística… ja ens hem entès) actual.

Helmut Lachenmann (1935) fou deixeble de Luigi Nono, de qui prengué la consciència de la necessitat, artística i social, de produir una música allunyada de tota comoditat, contestatària, que mai no busqués satisfer i sentir-se satisfeta amb l'ús i abús de timbres i tècniques heretats. El que hem acabat anomenant «música concreta instrumental» (ja que, tot i ser una música escrita per a instruments acústics, beu de tot aquell món de sonoritats extramusicals que va ser la música concreta i dels enregistraments de sons i sorolls quotidians) i «tècniques esteses d'interpretació» (tècniques i usos instrumentals que van més enllà dels habituals, d'aquelles tècniques amb una motxilla de tradició) és el resultat d'una experimentació sonora d'impuls revolucionari que, malgrat tot, i com ja passava amb Schönberg, formalment encara evidencia una forta continuïtat amb els supòsits postromàntics i expressionistes (tot i tenir una aparença de contundent abstracció i una mirada analítica dels gestos sonors més bàsics). Algunes de les seves primeres obres, convertides amb el pas dels anys en autèntics manifestos d'una nova i radical manera de pensar la manera d'escriure música, són *Pression* per a violoncel, *Gran Torso* per a quartet de corda i *Kontrakadenz* per a orquestra. Una música cisellada i abrupta, sense concessions, molt de la seva època, que amb el temps s'ha anat poetitzant i ironitzant. En aquests dos sentits, cal destacar la fascinant *Mouvement (-vor der Erstarrung)* per a ensemble i, més anecdòticament, però carregada de significat i veritat lachenmanniana, la *Marche fatale*, que en l'estrena de la versió per a orquestra va provocar l'estupefacció ja no del públic melòman, tòpicament envellit i complaent amb la música simfònica (que fins al moment havien estat les seves «víctimes» habituals), sinó dels seguidors més acèrrims del compositor.

Salvatore Sciarrino (1947) sempre explica que ell és un autodidacte, cosa que la seva condició d'illenc (va néixer a Palerm) no fa més que confirmar. Ja des de l'inici de la seva carrera, molt precoç, la seva música personalíssima i única ha anat avançant en paral·lel a les tendències més majoritàries (majoritàries dins del món de la música contemporània, és clar). Sciarrino sempre s'ha centrat en la recerca potser no explícita, com en el cas de Lachenmann, però sí contínua i profunda, de noves tècniques i sonoritats instrumentals i dels seus límits. La seva prospecció en els confins més ínfims del silenci ja és llegendària. El temps cronològic tampoc no ha tingut mai cap pes en la producció de l'italià: allò més atàvicament arcaic (com ara la monodia) i allò més trencador i modern (els multifònics dels instruments de corda fregada) conviuen sense miraments ni jerarquies, dissolts, en les seves obres. Una mena de sincretisme sonor, de calidoscopi de tradicions. Són importantíssimes, per la influència que han tingut en les generacions posteriors, les seves troballes pel que fa a la tècnica de la flauta travessera (en són testimoni els múltiples volums de l'*Opera per flauto*) i també dels instruments de corda (començant pels *Sei quartetti brevi* i els *Sei capricci* per a violí). Pel que fa a la forma, és un compositor que viu lluny de tot camp preestablert (ell mateix s'ha definit alguna vegada com a jardiner, com a creador d'espais més que d'estructures d'intenció direccional). Les seves partitures són gairebé un mapa, un esbós d'orografia. La monumental *Morte di Borromini*, per a narrador i orquestra, o el genial recull de miniatures *Quaderno di strada*, per a baríton i grup instrumental, en són dos extrems definitoris.

Brian Ferneyhough (1943) és una personalitat genial, polièdrica i descontroladament (a primer cop d'ull) excessiva, i així mateix ho és també la seva música. Una música tremendament bigarrada, punta de llança de l'anomenada New Complexity (que tanta cua ha portat i porta encara), que s'apuntala de manera ferma en les matemàtiques i en tot allò algorítmic per aprofundir en les possibilitats polirítmiques més extremades i impracticables i arribar, a la fi, a uns resultats densíssims, però paradoxalment bastant convencionals (moltes vegades la simple visió de la partitura, com qui mira un quadro per sobre, impacta molt més que la seva realització sonora). És tan gran el grau de detallisme i d'abarrocament intel·lectual, que humanament només en podem percebre, en una escolta de concert, la superfície, les anades i vingudes de mil i una textures d'intricada polifonia. De fet, tota la seva música és una utopia, i això és el que té més valor artístic. Aventures com la simfònica *La terre est un homme*, els seus quartets de corda, les obres impossibles per a instruments sols (d'*Unity capsule* per a flauta a *Time and Motion Study II* per a violoncel), el cicle d'inspiració piranesiana *Carceri d'invenzione* i tantes d'altres han estat a la vegada reptes i malsons dels intèrprets més capaços.

Gérard Grisey (1946-1998) va morir massa d'hora, però la seva petja segueix ben forta i clara. Junt amb d'altres companys francesos va formar part de l'espectralisme, un corrent estètic i ideològic basat sobretot en l'anàlisi de caire científic del so per tal d'extreure'n tot allò que després pogués passar a tenir un pes artístic per bastir una obra. Això no només influeix en un determinat ús de l'harmonia (o, per ser més precisos, del color harmònic), sinó que també apunta a un pensament nou de la temporalitat i a la convicció que tots els elements musicals (ritme, harmonia, melodia...) en realitat convergeixen en un de sol: el timbre. Tot plegat sembla confirmar el tòpic (bastant cert, siguem honestos) que el color té una importància capital en la música francesa (tot i que l'espurna primera vingués d'un excèntric creador sonor italià: Giacinto Scelsi). Encara que sembli que la capitalitat artística de París, indiscutible en les primeres dècades del segle passat, s'hagi mogut cap a d'altres latituds (això és, Nova York, Berlín...), sembla evident que, potser amb un corrent de fons més lent i que sobreviu a tota moda passatgera, aquesta capitalitat va continuar i continua. Del catàleg de Grisey sobresurten *Les Espaces Acoustiques* (per a diverses configuracions instrumentals, i que conté la ja mítica *Partiels*) i *Vortex temporum*, per a ensemble.

A causa de la seva geografia extensa i extensiva, potser han estat els americans els qui, agafant en certa mesura el relleu romàntic del simfonisme de Bruckner (que a la vegada ve del darrer Schubert), han eixamplat el camp de visió temporal de l'escolta musical. De Philip Glass, la música del qual flirteja amb el pop, a John Adams, més tradicional i «homologable» al cànon romàntic europeu, i, en una interessant posició intermèdia, personalíssima, Steve Reich. Tot i això, és la música de Morton Feldman (1926-1987) la que ha tingut un major impacte en el món de la composició actual. Entre Cage i Mompou, com un Rothko sonor, el pensament musical de Feldman és una infinita superfície on tot es mou lentament (temps, color...), gairebé imperceptiblement, però amb una precisió quirúrgica que porta al límit tant la resistència física de l'intèrpret com la paciència de l'oient, brindant-los una experiència artística potser només igualada pels grans tríptics (deserts o mars) d'insondable poesia de Joan Miró. De tot això podem destacar l'instrumental *Coptic Light*, el monodrama *Neither*, el segon quartet de corda o la pianística *For Bunita Marcus*.

Arribats a aquest punt, si ho mirem fredament, en retrospectiva, i simplificant, podem notar com cadascun d'aquests noms que hem destacat s'han dedicat a fer avançar sobretot un sol element musical, i aquest és potser el secret de la potència i solidesa de la seva influència. Pel mateix ordre d'aparició: el so, l'espai, el ritme, l'harmonia i el temps.

Seguim. Si hi ha un concepte que pot englobar gran part de la producció compositiva dels nostres dies, aquest és el de l'eclecticisme. Un calaix de sastre per poder agrupar una varietat i pluralitat definitòria dels temps que vivim, però que ni de bon tros representa res de nou. Per destacar-ne només dos, i de molt clars, cal parlar aquí de dos precedents immediats que van fer de l'eclecticisme, més o menys conscientment, la seva divisa: el català Joan Guinjoan (1931-2019) i la tàtara Sofia Gubaidúlina (1931), encara en plena activitat. Per situar-nos, els seus antecedents immediats, pel que fa a la varietat i la pluralitat i la falta de prejudicis estètics, serien Ígor Stravinski, primer, i György Ligeti, després. Les seves músiques i les seves personalitats, les seves arrels i les seves influències, no poden ser més diferents, és ben cert, però, curiosament, fins i tot les seves partitures s'assemblen. Guinjoan posa dins d'un lluminós i mediterrani calidoscopi les tonades populars del seu poble, Riudoms, una mica de Ravel, el toc lúdic del *free jazz* i la contundència rítmica i expressiva del flamenc. Gubaidúlina combina l'espiritualitat profundíssima (literalment i figurada) dels cants de la litúrgia ortodoxa, les sonoritats rituals i cisellades de la música japonesa i la isorítmia medieval per tal d'arribar a una mena de cubisme sonor, a una experiència mística que tendeix, també, a fondre's en la llum, en columnes i onades d'harmònics naturals i ressonàncies cristal·lines. Com un trencadís gaudinià, per a Guinjoan, com uns vitralls, per a Gubaidúlina. No és en va que dues de les seves darreres obres orquestrals siguin, respectivament, *Fiat lux* i *The Light of the End*. També és remarcable l'ús en abundància, per part de tots dos, de formes i estructures obertes *alla* Lutosławski. I encara podríem anar més enllà... Des de la diferència més absoluta, arribem a trobar mil i una semblances.

Si, com hem exposat, l'eclecticisme és una marca clara del nostre temps, també ho és l'extremisme. Per exemplificar-ho, podem anar a petar a dos noms i a dos mons, a dues figures totalment oposades que han fet de l'anar a l'extrem el seu ideal: l'alemany Wolfgang Rihm (1952) i l'estonià Arvo Pärt (1935), el compositor viu més interpretat a les sales de concerts. Rihm, tot i haver estat encasellat de fa anys com el més important dels compositors de la New Simplicity (en oposició al corrent capitanejat per Ferneyhough), és un artista essencialment excessiu, la música li raja, el cap sembla que li vagi a mil per hora, quasi sempre obligant els instruments a interpretar amb la dinàmica més forta. Com Beethoven, el seu propòsit sembla voler rebentar les costures de la forma, eixamplant-la, fent-la vessar per totes bandes, com passa en la monumental *Jadgen und Formen*, per exemple. En el pol oposat, trobem la música blanca i pura, innocent i encoixinada, de Pärt. En la seva obra tota forma és simple i clara, tot gest és amable i transparent, tota sonoritat és etèria, flotant. Un espai còmode i diàfan, amb la llum justa, sense tenebres, sense misteri, per al gaudi de tots els públics. Un moment de repòs, de consol, per netejar l'ànima i les oïdes. Rihm i Pärt no poden fer una música més diferent, però no es pot negar que cadascun d'ells la porta fins a les últimes conseqüències.

Seguint aquests fils de vides paral·leles, semblances i diferències que hem començat a teixir, també cal parlar de dos compositors que s'han fet presents enmig de l'escena internacional a través d'un gènere que va ser bastament problematitzat durant el segle XX i que en el XXI sembla haver-se erigit, lliure de tot encotillament intel·lectualoide, en l'àmbit idoni per a la trobada entre aquells creadors que busquen per sobre de tot la comunicació i el públic, que, sense haver d'anar massa lluny, busca alguna cosa més que la museística repetició del repertori de sempre: l'òpera.

La finlandesa Kaija Saariaho (1952-2023), malauradament desapareguda en el zenit de la seva carrera, va trobar un filó, la veta daurada que la portaria a ser una compositora referencial, prolífica i exitosa, en la música per a l'escena. El seu és un univers sonor vibrant i harmònicament ric i suggeridor, tímbricament orgànic, en perpètua metamorfosi –cosa que ve, sens dubte, del seu pas per l'Institut de recherche et coordination acoustique/musique (IRCAM) parisenc– i de base espectralista. En l'òpera, en un teatre de la insinuació i l'ambigüitat, sembla nedar-hi a plaer. De *L'amour de loin* a la darrera, que decididament apuntava cap a un nou estil més directe i descarnat, més purament teatral, *Innocence*. L'equip que va formar amb l'escriptor Amin Maalouf i el director d'escena Peter Sellars passarà als annals de la història, sense exagerar, al costat dels tàndems Mozart/Da Ponte i Strauss/Hofmannsthal.

El cas del britànic George Benjamin (1960) és molt similar, encara que el seu estil s'hagi mantingut sempre per la banda de la cruesa i la transparència absolutes. Infant prodigi, de molt jove va viatjar a París per estudiar amb Olivier Messiaen, i les seves primeres obres (que ha anat escrivint, des de llavors, amb comptagotes), sempre virtuoses i brillants, clarividents, estan influïdes plenament per la música del seu mestre. També va passar per l'IRCAM, encara que es fa més difícil que amb Saariaho de saber què en va treure. La seva concepció estètica sembla, més aviat, que s'hagi mantingut impertorbable des de la primerenca *Sonata per a piano* fins a les darreres obres que ens ha ofert. La seva arribada al món de l'òpera va ser més tardana que en el cas de Saariaho, però igualment exitosa. Allò de fer una entrada de cavall sicilià li escau com anell al dit. Amb Benjamin també cal parlar del tàndem triomfant que ha fet i continua fent amb l'interessantíssim dramaturg Martin Crimp. Poques vegades s'ha vist una compenetració millor entre text i música que en les seves creacions conjuntes. De *Written on Skin* a la compacta *Picture a Day like This*, la darrera, passant pel conte *Into the Little Hill* i la tremebunda *Lessons in Love and Violence*. Ens trobem davant d'indiscutibles obres mestres de la música per a l'escena: concentrades, sense fissures, directíssimes, sense farciment de cap tipus. La música i el text semblen avançar-hi estrictes i en espiral, tot interconnectat, finament relligat.

Saariaho i Benjamin han sabut trobar el gran públic, com dèiem, sense fer concessions, sense facilitats, proposant un repte rere l'altre, removent emoció i consciència amb obres que tenen valor per si mateixes, però no solament, sinó també obertes de bat a bat a tota predisposició i interpretació. Amb partitures minucioses, exactes i precises com rellotges suïssos, però amb prou espai, al mateix temps, perquè els intèrprets hi puguin créixer i no es vegin tenallats per la maquinària compositiva. En definitiva, dos exemples de superació, per mitjà de la comunió entre l'encís i l'excel·lència, d'aquella rasa insalvable, aquella relació perduda durant massa temps, entre els espectadors i les noves propostes musicals.

A aquestes idees i tendències que fins ara hem exposat les acompanyen, també, les obres de tot un seguit de creadors que són, per la seva producció artística, però també pel vessant pedagògic, models i referents per a les noves generacions.

L'austríac Georg Friedrich Haas (1953) és l'alternativa germànica, sempre més reflexiva i contundent, de l'espectralisme i l'exploració microtonal (totes aquelles divisions entre notes que van més enllà dels tons i mitjos tons del sistema temperat). És autor d'una vasta obra entre musical i experiencial que fa uns anys va fer força fortuna fins i tot en els escenaris més canònics: *in vain*. El suís (i austríac d'adopció) Beat Furrer (1954) també usa la microtonalitat, però de manera més subtil. La seva és una exploració on conviuen els imperis sonors de Lachenmann i de Sciarrino tot passant pel sedàs particularíssin (sobretot pel que fa a l'estructura) del seu mestre Roman Haubenstock-Ramati. El resultat és una música de xiuxiuejos increïblement dinàmica on les tècniques instrumentals més avançades apareixen de manera natural. Molt similar a Furrer, però molt més directa i a la moda, és l'obra de l'alemany Enno Poppe (1969), que, també com Furrer, és un reputat director especialitzat en música contemporània. La també austríaca Olga Neuwirth (1968) sembla conjugar sobre la seva taula de treball tot el que hem dit dels compositors d'abans i una imaginació eclèctica i sense prejudicis. Cinema, cabaret, filosofia, alta literatura, identitats de gènere... tot s'aplega lliurement i viva entre els seus pentagrames. Si ens allunyem una mica de les terres germàniques, cal anomenar la britànica Rebecca Saunders (1967), auscultadora del fet sonor en els seus més recòndits llindars, i la israeliana Chaya Czernowin (1957), creadora de contrastos, tal vegada un reflex fidel de l'actualitat, de violència i silenci.

Un camí que sembla apartat de tot el devessall de noms i etiquetes anterior és el de l'hongarès György Kurtág (1926), provinent d'una nació de profunda i fecunda tradició musical. És un compositor estimat i valorat per intèrprets i públic més enllà de les especialitzacions, autor d'una música que dialoga íntimament amb la tradició i que fa de l'expressió el centre de tot. El seu és el terreny de la literatura més essencialista, del teatre beckettià, de la poesia, de la miniatura però també dels monuments, dels homenatges, com *Stele*, sens dubte una de les millors aportacions al gènere simfònic dels darrers anys.

I fins aquí. Sembla clar que en el segle que encetem encara sobreviuen algunes escoles estètiques, o els seus miratges o ombres, en alguns conservatoris, cursos i festivals guardians de les essències. També són uns anys en què sembla que les motivacions avantguardistes, de trencament, de *tabula rasa*, han quedat definitivament engolides pel sistema. Si les revolucions socials de la segona meitat del segle XX van ser assimilades ràpidament pels estats, el mateix sembla haver passat amb els «ismes», dissolts en el mercat, un forat negre que tendeix a convertir en moda, tan llampant com efímera, tota innovació. Només el fet de parlar d'experiències artístiques humanes, com hem fet aquí, també sembla que hagi quedat enrere. Des de mitjans del segle passat, la importància de l'experimentació electroacústica en el desenvolupament de la música instrumental ha estat enorme. Havíem anomenat ja Varèse, però en aquest sentit també cal esmentar Robert Gerhard (pioner a l'hora d'amalgamar sons enregistrats amb l'orquestra). A poc a poc, però en acceleració, cal anar afegint a la llista les transformacions tímbriques pròpies del Max MSP o les progressions característiques de l'OpenMusic (per anomenar dues eines digitals que han tingut un impacte més gran en l'imaginari sonor de molts compositors i en la seva estandardització), la música assistida per IA o, fins i tot, encara que ens pugui semblar banal, el fet que molts intèrprets hagin començat a substituir les partitures en paper per *tablets*, una realitat que ja està portant els creadors a imaginar fins al paroxisme una música sense solució de continuïtat (i potser menys interessant, més pobra, formalment), un cop eliminat de l'equació el fet físic de passar pàgina amb la mà havent de deixar de tocar.

Sembla clar que, pel que fa a la nova creació musical, encara vivim del que va aparèixer durant el darrer segle, com si ens moguéssim d'aquí cap allà amb la inèrcia de les últimes fuetades de la seva cua. Encara és hora que aparegui la nostra música pròpia, que arribin les nostres avantguardes, el nostre alliberament. Sembla que som en una coda, encara. O potser no i el futur segueix sent una síntesi.

UN RECORREGUT CRÍTIC I HISTÒRIC PER LA MÚSICA I LA CULTURA ELECTRÒNICA A BARCELONA, CATALUNYA I EL MÓN, DES DE L'ESCENA LOCAL I UNDERGROUND AL RECONEIXEMENT GLOBAL

Antònia Folguera, Carles Novellas i Enric Palau

Hem escrit aquest text en equip: en Carles Novellas, periodista, molts anys vinculat al Sónar i director del programa *Paralelo3* de Radio 3; l'Antònia Folguera, comissària d'art, peça clau del Sónar+D i una de les persones que conec que més entén les noves tecnologies i el seu impacte en la societat i en la creació artística; i jo mateix, Enric Palau, inicialment músic i després cofundador i codirector del Sónar a Barcelona. A tots tres ens uneix la passió i la curiositat constant per la música. També el fet que ens hem conegut treballant junts al festival, un esdeveniment dedicat a la música electrònica i a l'aplicació de la tecnologia en la creativitat. Per tant, tots tres hem viscut sovint les evolucions sonores i estètiques que s'han produït al nostre voltant i en el mateix marc del festival. Així doncs, us demanem que ens perdoneu si fem alguna menció al Sónar en algun moment del nostre escrit. I també que ens sapigueu disculpar per aquells artistes o col·lectius que no apareguin a les pàgines següents, que, a estones, poden agafar forma d'inventari –tot i que és impossible explicar realment què és per a nosaltres la música electrònica avui en dia.

En d'altres disciplines i estils musicals potser no resulta tan evident, però si parlem de música electrònica se'ns fa indispensable mencionar la importància de la tecnologia com a element clau. De fet, la tecnologia és l'eina bàsica de l'artista electrònic, i no és gens estrany que entre els creadors apareguin certes militàncies o una identificació personal amb ella. Els Kraftwerk van substituir-se a si mateixos per robots a l'escenari, i Aphex Twin –un altre artista fonamental en aquest univers– defuig la presència de la seva persona en l'àmbit públic per mostrar-se com una mutació de si mateix a través de processos tecnològics. També podem esmentar altres exemples que apunten clarament al futur, com el de l'artista japonès Daito Manabe, que treballa amb investigadors neurocientífics perquè algun dia, mitjançant implants al cervell, les seves cordes vocals siguin un instrument comandat per un control remot que pugui executar una música que ell mateix haurà compost.

¿Què és la música electrònica avui? En primer lloc, i cada vegada més, estem envoltats de sons electrònics: alarmes, telèfons, rellotges, semàfors i electrodomèstics els emeten diàriament, constantment. Fins i tot, en alguns casos reconeguts, els autors d'aquests sons quotidians són els artistes electrònics mateix: Bernard Parmegiani va compondre, el 1971, els sons de preavís de la megafonia de l'aeroport Charles de Gaulle a París; Brian Eno va crear el so que sentim quan es posa en marxa el Windows 95; i Jean-Michel Jarre treballa en els sons que emetran els nous cotxes elèctrics de Renault.

El so sintètic és el que pot emetre un xip, una miniatura d'element fet de silici o d'algun altre material conductor, que és un dels elements fonamentals per al funcionament d'ordinadors, rellotges, cotxes, telèfons, electrodomèstics, sistemes de seguretat i instruments científics i musicals. Els xips són responsables d'emmagatzemar i processar dades, i la unitat d'informació més fonamental que processa un xip és el bit.

El maquinari i el programari també inspiren la música electrònica, a vegades d'una manera radicalment explícita. Això queda ben palès en l'obra de l'artista nord-americà Tristan Perich, que treballa específicament component música per ser reproduïda per xips. Perich se situa a vegades a l'extrem més militant, arribant a editar la seva música en un circuit de xip en lloc de fer-ho en vinil o CD. És especialment interessant la seva peça *Active Field*, una composició per a deu violins i deu xips d'un bit. Flotant entre atmosferes orquestrals, dramàtiques, líriques i austeres, la peça cobreix els característics sons electrònics amb arranjaments avantguardistes de corda que recorden composicions clàssiques de folk o refinades bandes sonores de Morricone.

Si ja saltem del xip a la combinació de molts d'ells i arribem als algoritmes, tenim el ventall de tecnologies convertides en instruments i en plataformes digitals de difusió. És una obvietat que això forma part de tots els àmbits de la societat i que és pertot arreu, però el músic electrònic, sovint també tecnòleg i desenvolupador, utilitza les tecnologies i, fins i tot, les inventa de manera natural en el seu treball creatiu.

TRENCANT EL MITE DEL GENI CREADOR

Tots els casos d'èxit d'artistes que assoleixen la popularitat i que brillen pel seu talent en un espai global, abans han passat per una escena i han assolit conceptes i idees d'altres artistes que tenen al voltant i que són anteriors a ells. Dit d'una altra manera: la idea del geni il·luminat que obre un món nou ell sol (o ella sola) i que deixa els altres amb la boca oberta en un atac de talent desmesurat no existeix realment, o, si més no, sempre té un recorregut previ.

Els músics, com a éssers creatius, porten amb ells un bagatge ric de vivències, emocions i experiències que han modelat la seva visió única del món. És impossible desvincular la seva obra del seu passat, ja que aquest actua com una paleta invisible que mescla colors emocionals i conceptuals per donar vida a les seves creacions. Aquesta realitat desmenteix la noció romàntica del geni solitari, que treballa aïllat de les influències externes. Tot artista és un receptor i transmissor constant, absorbit per les interaccions amb el món que l'envolta. De fet, part de la bellesa de l'art radica en la diversitat d'influències que converteixen cada obra en una manifestació única de la visió personal de l'artista. Negar la importància del passat seria oblidar les arrels que nodreixen l'expressió creativa.

Cada trajectòria artística ve acompanyada d'una narrativa personal que, lògicament, comença en el propi passat de l'artista, però també –i això s'acostuma a dir molt menys– en el seu entorn proper: tant la gent que l'ha acompanyat com les dinàmiques i els corrents invisibles que han marcat el territori on ha nascut. Bad Bunny –per mencionar un nom de gran popularitat global ara mateix– no seria qui és sense els primers artistes i productors que van començar a donar forma a la rítmica bàsica del reggaeton, a Puerto Rico i al Panamà durant els anys noranta. El mateix passa amb l'amapiano, el gènere electrònic sudafricà que ha conquerit mig món, i especialment Londres, amb la seva cadència relaxada i els seus baixos profunds: sense l'explosió afrobeat dels setanta i les posteriors escenes del país al voltant d'estils com el kwaito, el bacardi house o el gqom, ara seria impossible gaudir d'aquest nou corrent sonor.

I Rosalía, l'artista catalana de més èxit global dels últims anys (i, potser, fins i tot, de sempre) no hauria pogut assolir el reconeixement mundial de què gaudeix sense tenir en compte tot el que ha succeït a Catalunya i a Barcelona en les darreres tres dècades. No només són importants el seu pas per l'ESMUC i l'associació artística amb alguns dels seus principals col·laboradors, sinó també el fet d'haver nascut a prop d'una capital en què la música (també el flamenc) i la cultura electrònica formen una part essencial de la seva idiosincràsia –i de com és vista a ulls de la resta del món.

HOMENATGE ALS INNOVADORS

No és la intenció d'aquest text resseguir una cronologia exhaustiva que estableixi tots els moviments i avenços que s'han produït en el camp de la música i la cultura electrònica a Barcelona des de l'etapa de la transició fins avui dia. Però sí, modestament, establir i reflexionar sobre la connexió, més estreta del que pot semblar a primera vista, entre els inicis d'una escena subterrània incipient i l'èxit global de molts artistes actuals que han treballat les seves carreres a Barcelona o en algun lloc del territori català. Ho podríem haver titulat així: «De Nubla a Rosalía». És a dir: de la Gràcia dels vuitanta i una avantguarda minoritària –definida per una sèrie d'humans inquiets que experimentaven des dels marges– fins a l'última edició dels Grammy llatins celebrada a Sevilla i les gires de Bad Gyal o Marina Herlop per tot el món.

Lògicament, es pot analitzar la projecció d'Alba Farelo (Bad Gyal), Marina Herlop i de tants altres noms que defineixen l'escena electrònica actual des d'una mirada recent i connectada amb les tendències i els corrents de la indústria de l'entreteniment a escala global. També es pot analitzar aquesta projecció des de l'òptica de com estan canviant els paradigmes, de com el mercat fagocita les escenes locals i l'avantguarda que sorgeix dels marges, permanentment a la recerca de noves fórmules, de nous noms, de nous productes per vendre. La connexió entre mainstream i underground sempre ha estat present i potser ara és més palesa que mai. Però també es pot i s'ha d'establir aquesta relació des d'una visió històrica, per ajudar a entendre al públic més jove quines són les veritables arrels dels nous corrents que marquen el seu present i per situar al lloc que mereixen alguns dels pioners d'aquesta escena (que ara potser és global, però que resultava inimaginable pensar-la així a la dècada dels vuitanta).

Des d'un punt de vista personal, volem mencionar persones inspiradores que a molts de nosaltres ens van motivar creativament, i que van ser una empenta important per a l'inici de l'escena. Figures com les de Víctor Nubla, Anton Ignorant, Juan Crek o el trio que formaven Guille Castaño, Glòria Basté i Gat, del segell G3G, resulten absolutament claus. La mort de Nubla, el 31 de març de 2020, va ajudar a comprendre la importància capital de la seva trajectòria per a molts dels que vindríem després. Visionari com pocs, Nubla va fundar l'any 1974 el grup Macromassa, que va tenir un paper crucial en la introducció de noves formes d'expressió sonora a la ciutat, començant a trencar amb les convencions establertes i fent ús de la improvisació com a eina fonamental per a la pràctica artística.

Són els anys en què s'originen projectes com el Gràcia Territori Sonor, el LEM i els concerts que organitzava G3G a la Sala Communiqué d'Hostafrancs, espais ideals per desenvolupar idees aventureres que trenquessin amb les convencions i les formes que remetien al passat. Nubla i la gent del G3G sempre van ser facilitadors, connectors i creadors d'ambients i situacions que afavorien un creixement col·lectiu. És a dir: defensors de la col·lectivitat i les escenes per damunt de la individualitat i la idea del geni creador solitari que mencionàvem al principi d'aquest text. I gairebé al mateix temps que Guille seguia portant grups increïbles a Sants, una mica més al nord, a la plaça Joan Llongueras, a la zona alta de la Diagonal, començava una altra història que seria fonamental a la ciutat: la del primer Nitsa, amb Aleix Vergés «Sideral» començant a escriure la seva llegenda i la del local –mesclant pop i electrònica des de la cabina situada davant de la mítica pista circular–. El del Communiqué i el del Nitsa eren dos mons absolutament separats, però tots dos igual d'oberts i motivadors.

En aquest context, comencen a establir-se les primeres relacions amb artistes internacionals, com Mark Cunningham, un músic essencial del moviment No Wave de Nova York i, actualment, encara del tot actiu amb Blood Quartet o tocant en solitari allà on faci falta (no fa gaire, per exemple, en una nit a la Sala Montjuïc del Poble-sec en suport del poble palestí, organitzada per un altre músic de fora, resident a la ciutat durant molts anys, Simon Williams). O Lydia Lunch, poeta, cantant, artista i agitadora cultural que de seguida va establir molt bones relacions amb creadors de la ciutat com Eduard Escoffet, gran amic de Nubla, amb qui va compartir pis durant un temps. També venen a la memòria el carisma i l'avantguarda de Tres, un artista únic; projectes tan marcians i interessants com Ràeo o Gringos; o, és clar, Jumo, amb Sergio Caballero i un servidor començant a moure'ns inquiets per allà on ens deixaven i podíem.

A finals dels vuitanta, s'obre també una nova via: l'experimentació de l'audiovisual i la videoinstal·lació com a mitjà d'expressió artística, un terreny que des del Sónar sempre vam tenir present i que ha donat peu a la creació de molts estudis creatius realment estimulants a la ciutat en els anys i dècades posteriors, que, al seu torn, han establert connexions importants amb creadors internacionals. Parlarem d'ells més endavant.

EL SO BARCELONA (QUE MAI NO VA EXISTIR)

A finals dels noranta, l'escena electrònica francesa es va donar a conèixer mundialment sota l'epígraf de «French Touch», amb epicentre a París: els ja històrics Daft Punk liderant el moviment i productors i projectes com Éttiene de Crécy, Air, Motorbass o Cassius com a noms més visibles per darrere. Berlín va conquerir el continent amb el minimal techno, amb segells com Kompakt o Playhouse i clubs com Watergate i Berghain marcant la pauta. I Londres ha donat peu a diversos dels estils més importants i influents dels darrers vint-i-cinc anys, com l'UK garage, el drum and bass o el dubstep, per esmentar-ne només alguns.

A Barcelona hem tingut durant molt de temps els artistes, els col·lectius, els segells, els clubs i els festivals, fins i tot les botigues de discos i les revistes, però mai un so unitari, un estil que definís els moments més creatius o de més efervescència de l'escena electrònica del territori. Recordo que Alicia Aguilera i Isabel Francoy van realitzar un documental amb els seus mòbils l'any 2014 on es feien aquesta pregunta, i pràcticament tothom que hi va participar (músics, periodistes, DJ) estava d'acord que no era possible identificar un *track* amb la ciutat, com sí que es podia fer amb Londres, París, Berlín, Chicago o Detroit.

Tampoc aquí hi ha hagut mai la mateixa comprensió i el mateix interès per la cultura electrònica i digital, ni tampoc s'ha entès el *clubbing* com una manifestació de primer ordre, com en altres llocs del continent. Som un país petit. I malgrat el suport puntual d'algunes institucions, sempre ha estat complicat que els artistes i les escenes agafessin la força necessària per posar-se al mateix nivell que, posem per cas, Berlín o Londres.

Però la manca d'un so unitari ha estat, en realitat, una gran sort i un dels motius que hagin sorgit individualitats molt interessants i diverses que s'han obert camí a escala internacional. D'exemples en trobem molts, i de molt variats. Delorean –bascos vivint a Barcelona– van donar la volta al món amb el seu pop sintètic apte per a la pista; John Talabot (Oriol Riverola) és considerat un dels productors més importants del planeta, elogiat per tots els mitjans de referència, que actua en festivals i clubs d'arreu des de fa més d'una dècada (i encara segueix!); Pedro Vian posava en marxa el segell Modern Obscure Music mirant directament a fora i publicant excel·lents discos d'artistes internacionals; Sau Poler va fitxar pel segell holandès Atomnation; Baldo feia el mateix per Permanent Vacation, amb seu a Múnic; EVOL, amb Roc Jiménez al capdavant, es van convertir en un dels noms més respectats del circuit experimental europeu i en un artista clau de Mego, segell austríac referent de l'experimentació europea; i, més recentment, Maria Arnal i el duet Tarta Relena compartien escenari amb Holly Herndon en un experiment que casava els nous processos de la intel·ligència artificial amb l'ús de la veu com l'instrument més essencial de la composició i la interpretació sonora.

A les dècades dels setanta i dels vuitanta, el folklore i els sons de continents com l'Àfrica i l'Amèrica Llatina seguien molt lligats a les arrels mil·lenàries de les seves tradicions. A més, en el món occidental pràcticament desconeixíem del tot què estava passant en aquelles latituds; només era possible saber-ho a través de mitjans minoritaris o de l'experiència dels viatges i de la investigació *in situ*. Amb l'arribada i la consolidació de la tecnologia, aquesta situació fa un gir absolut a través de dues dinàmiques: l'aparició de nous canals de comunicació que permeten una difusió immediata (del carrer i els clubs al món sencer a través de les xarxes) i la democratització dels instruments i dels processos de producció, amb l'aparició de software i hardware assequibles pràcticament per a qualsevol músic (o aspirant a ser-ho).

Així, des de finals dels noranta fins a l'actualitat, trobem una multitud d'exemples de renovació del folklore a través de l'electrònica, o l'aparició de nous gèneres i de nous sons que, sense perdre de vista la tradició pròpia de cada comunitat, experimenten amb els sintetitzadors, les caixes de ritmes i els sons computeritzats que s'han fet populars en els darrers trenta anys. A Rio de Janeiro i a São Paulo va néixer el baile funk a finals dels noranta (també a vegades referit com a favela funk o funk carioca) per explicar la vida als guetos de les grans metròpolis brasileres –accelerant amb beats agressius estils tradicionals com la samba o l'MPB–. Al continent africà, els exemples són incomptables. Un dels més destacats ha estat la recuperació durant la primera dècada del segle XXI (i encara en marxa) d'estils com el tarraxo i el kuduro, molt arrelats en la rítmica de països com Angola o

Moçambic, i en molts casos rescatats per artistes de la diàspora africana establerts a Portugal, com Buraka Som Sistema o els productors associats al segell Príncipe Discos. Ja hem parlat abans de Sud-àfrica i de la seva exuberant escena electrònica, una de les més estimulants del món de les darreres dues dècades. També des del món àrab trobem una multitud de casos d'artistes que han conquerit la indústria global i que han reconfigurat la tradició dels seus països amb instrumentació electrònica. Destaca, per exemple, Omar Souleyman, que era un cantant de bodes i festes populars a la seva Síria natal i va acabar tocant en alguns dels festivals més importants d'Europa; o, més recentment, la tunisiana Deena Abdelwahed o el duet francès de procedència magrebina Acid Arab, que donen a conèixer gèneres i melodies del passat d'aquestes zones aplicant noves formes de producció digital. Darrerament, un dels grans motors de la música africana i de l'experimentació mundial es troba a Uganda, en el festival i segell Nyege Nyege Tapes i en el seu germà petit, Hakuna Kulala; el nivell d'innovació, risc i exploració demostrat pels artistes que formen part del seu catàleg (Nihiloxica, Metal Preyers, Duma, Phelimuncasi i tants altres) ara mateix marca el camí per a molts productors i projectes del món occidental. De fet, artistes com l'anglès Sam Shackleton o el japonès Scotch Egg ja han passat temporades a la seu de Nyege Nyege, a Kampala, per donar forma als seus nous treballs. I si pensem en el continent sud-americà, podríem escriure un llibre sencer parlant de la influència de la cúmbia en la música actual, de la manera com els artistes llatins han conquerit bona part del mainstream i de les llistes d'èxits, o de projectes més independents, com el grup peruà Dengue Dengue Dengue o el productor xilè Lechuga Zafiro, que estan escrivint alguns dels moments més rellevants de l'electrònica del nostre temps.

A Espanya i a Catalunya, aquest fenomen també es dona. I cada vegada més. A Barcelona ja fa un parell d'anys que els membres del col·lectiu Jokkoo, tots africans que viuen a la ciutat, revolucionen l'escena amb una aproximació experimental i visionària de l'electrònica que té molt a veure amb l'ideari de Nyege Nyege. Ikram Bouloum, les ja mencionades Tarta Relena i Maria Arnal (sola o amb la companyia de Marcel Bagés) també són un bon exemple de com les tradicions esdevenen un punt de partida per arribar a nous espais sonors. Bouloum ha assimilat les seves arrels marroquines en un projecte que uneix amb valentia i mirada oberta beats futuristes, revisió històrica i feminisme. Tarta Relena, el duet que formen Helena Ros i Marta Torrella, troba la inspiració i el material per treballar en la vastíssima tradició històrica de la cançó mediterrània (i més enllà) i construeix peces vocals de gran capacitat hipnòtica amb bases i arranjaments digitals d'alta volada. I Arnal està obrint cada cop més el seu espectre sonor, abraçant sense complexos l'electrònica d'última generació per bastir unes cançons que parteixen de la tradició, però que remeten al futur i a un món encara per imaginar. I aquesta tendència s'estén per tot el territori ibèric: a Galícia amb Baiuca, a Astúries amb Rodrigo Cuevas, a Múrcia amb Maestro Espada, a Andalusia amb Califato 3/4, Dalila, Gazzi i el col·lectiu Mareo...

Abans parlàvem de la manca d'un so distintiu en la música que es fa a la ciutat, i especulàvem que potser hauria estat una arma per exportar l'escena local i fer-la identificable internacionalment. Amb el temps, però, hem comprovat que ha estat una sort que en realitat això no hagi passat: un estil extremament definit (com en el cas del house filtrat del French Touch) limita molt els artistes i els condiciona en excés, fins que arriba un moment que tothom acaba fent el mateix –matant la creativitat, la llibertat i la possibilitat que sorgeixin propostes més peculiars–. En canvi, la mirada sense prejudicis cap a les pròpies arrels i la renovació de les sonoritats tradicionals a partir de nous instruments i processos de producció digital sí que sembla un bon camí per projectar la riquesa, la particularitat i la creativitat d'un territori cap a l'exterior.

Rosalía n'és un exemple paradigmàtic: flamenca, urbana i també electrònica, parteix del folklore i de la tradició per crear una música experimental i popular alhora, que ha captivat tothom i ha triomfat arreu del món.

DE LA CULTURA ELECTRÒNICA A LA CULTURA DIGITAL

La tecnologia ha ajudat a donar forma a les escenes musicals de Barcelona, i ho ha fet des de dos llocs que, a primera vista, poden semblar oposats: d'una banda, des de l'acadèmia, i de l'altra, des de diferents comunitats independents i espontànies que en els darrers trenta anys han sacsejat la música, les arts visuals i les interseccions entre totes dues disciplines. I aquí no només parlem de creació artística, sinó també de desenvolupament i d'experimentació tecnològica.

A partir dels anys vuitanta, als sàmplers, als sintetitzadors i a les caixes de ritmes els surt un competidor, o, segons es miri, un aliat: l'ordinador. A mesura que es va popularitzant i fent accessible, l'ordinador guanya posicions en estudis de gravació i producció musical, i amb ell sorgeix la necessitat de recerca i desenvolupament de noves eines que portin la música cap a diferents direccions.

Des de l'acadèmia hi ha un referent internacional: el Music Technology Group (MTG) de la Universitat Pompeu Fabra. Creat el 1994 (el mateix any que va néixer el Sónar), aquest grup de recerca ha estat a l'avantguarda de la tecnologia musical pel que fa al desenvolupament d'interfícies musicals, processament de senyals, musicologia computacional i dades.

De l'MTG han sortit molts projectes de rellevància internacional. El més conegut pel gran públic és la Reactable, un dispositiu de creació musical amb un component visual molt impactant que no només fa que l'instrument funcioni, sinó que també el fa singular. El seu aspecte físic és el d'una taula de llum blava on interactuen una sèrie d'elements de diferents colors i formes que es poden moure i desplaçar amb les mans, il·luminant el rostre de l'intèrpret. No hi ha gaires instruments semblants a la Reactable –no n'hi havia abans i no n'hi ha hagut després–. La Reactable va esdevenir viral quan YouTube feia els primers passos i va ser un dels primers instruments que es van desenvolupar per a mòbils i tauletes.

Músics de tot el món es van interessar per aquest instrument audiovisual, i qui li va donar més visibilitat segurament va ser Björk, que va incloure la Reactable en una de les seves gires.

Voctro Labs és un altre projecte spin-off de l'MTG. Va sorgir com un encàrrec de Yamaha per desenvolupar veus sintètiques (la veu de l'holograma popstar Hatsune Miku, per exemple) i amb l'eclosió de la intel·ligència artificial es va posar a l'avantguarda de les tecnologies de la veu. Ho vam comprovar al Festival AI and Music, organitzat pel Sónar el 2021, en què les artistes Holly Herndon, Maria Arnal i Tarta Relena s'intercanviaven la veu en directe.

Altres projectes punters sorgits de l'MTG són BMAT Music Innovators, dedicat a l'extracció de dades musicals per tal de poder retribuir els autors dels royalties corresponents per la seva música; i Freesound, una plataforma de sons amb vuit milions d'usuaris registrats, on es poden trobar tot tipus de samples –des de gravacions de camp fins a loops sintètics i efectes sonors.

A banda de l'MTG, a la Barcelona dels noranta ja hi havia una multitud d'escoles de disseny i d'audiovisuals que van contribuir a formar una escena particular.

Si sortim de l'acadèmia i ens endinsem en els diferents col·lectius informals, els que es van generar espontàniament a partir dels interessos dels membres que en formaven i encara en formen part, d'una banda descobrim FiftyFifty i, de l'altra, Telenoika.

Situem-nos a la segona meitat dels noranta: internet es popularitza de manera imparable i fa que apareguin noves estètiques –sobretot inspirades en el disseny gràfic i en els videojocs– i noves maneres de fer. Els nous suports audiovisuals són interactius: el CD-ROM, el DVD i, per descomptat, la xarxa.

D'entrada, FiftyFifty va ser un segell dedicat a l'edició de CD-ROM en què hi havia peces interactives, vídeos i música digital. Més endavant, va posar el focus en el vídeo processat i sincronitzat amb la música en temps real. La tropa de FiftyFifty eren artistes visuals, músics, hackers i techies que organitzaven festes i altres esdeveniments i dinamitzaven la comunitat avantguardista a través d'una llista de correu. La seva trajectòria va ser curta, però va deixar una empremta que avui encara se sent.

Aquest grup era internacional i articulava una comunitat més gran que estenia els seus tentacles cap a Europa i l'Amèrica Llatina. Al seu voltant es movia una escena musicalment radical de la qual començaven a sortir artistes que feien servir l'ordinador com a únic instrument a l'escenari i que recolzaven el seu imaginari visual en la tipografia i el disseny gràfic, buscant encaixar la música i els audiovisuals per tal que fessin un tot. Entre aquests artistes, destaquen l'alemany Carsten Nicolai (també conegut com a Alva Noto) i el japonès Ryoji Ikeda, que més tard inspiraran artistes com Playmodes.

A finals de la dècada dels noranta, en una llista de correu d'un software de processament de vídeo, surt la idea de fer un festival, una trobada de VJ, que es va materialitzar en diferents edicions del Festival d'Audiovisuals i Noves Tecnologies VideoA, que es va celebrar al CCCB i al Centre d'Art La Capella i que va reunir músics, VJ, DJ, col·lectius i desenvolupadors de software de tot Europa. Entre els participants, va destacar la figura de Matt Black, membre de Coldcut, cofundador del segell Ninja Tune i creador del software de VJamm.

Arran de VideoA, es va fundar la comunitat de recerca audiovisual Telenoika, peça essencial en la divulgació i formació en tecnologies audiovisuals punteres, encara activa.

Les ones sísmiques d'aquests actors que sacsejaven Barcelona avui ens porten fins a una sèrie de referents pel que fa a la suma de música, tecnologia i arts visuals. Entre d'altres, destaca el treball de dos estudis: Playmodes i Hamill Industries, tots dos amb una carrera de renom internacional.

Playmodes són Eloi Maduell i Santi Vilanova, sortits de la comunitat audiovisual Telenoika. Van donar-se a conèixer fent màpings de gran format que ben aviat els van quedar petits. Des de Playmodes fan instal·lacions audiovisuals en què experimenten amb diferents formats i tecnologies per a les quals desenvolupen el seu propi software i les seves pròpies eines.

L'enfocament de Hamill Industries és molt similar. Anna Díaz i Pablo Barquín utilitzen tècniques audiovisuals tradicionals, com ara la fotografia, el vídeo o el hackeig de hardware vintage, i també tecnologies modernes, com la intel·ligència artificial. El seu treball va del vídeo a la instal·lació, passant pels audiovisuals en directe. La seva particular manera de fer i la seva estètica orgànica i tecnològica alhora els han portat a ser col·laboradors des de fa molts anys del músic britànic Floating Points.

D'entre tota una generació d'artistes visuals que desenvolupen la seva pràctica i la seva carrera de manera íntimament lligada a la música, destaca la figura d'Alba G. Corral. Una manera fàcil d'explicar el seu treball és dir que «dibuixa» la música en directe fent servir un entorn de programació molt popular entre artistes i dissenyadors anomenat Processing.

Avui en dia, podríem destacar molts artistes que sumen música, audiovisuals i desenvolupament tecnològic «do it yourself» [fes-ho tu mateix] (DIY). Shoeg (Carlos Martorell) experimenta amb sintetitzadors modulars, motors de videojoc, sensors i intel·ligència artificial, i se situa com un performer original en l'escena catalana actual. Albert Barqué-Duran, amb un bagatge acadèmic i científic (és doctor en ciències cognitives), uneix música, videojocs vintage, IA i narratives posthumanistes. I encara queda tota una generació d'artistes, emergent i desconeguda, que condensarà, fins i tot sense saber-ho, tot aquest llegat de cultura digital amb les tecnologies de l'avenir que esperen ocultes la seva oportunitat.

Tornem per un moment, i per recapitular, a dues de les idees centrals d'aquest assaig modest i breu: la primera fa referència al fet que ningú no crea sol des del no-res, que tot treball és, d'alguna manera, col·lectiu; la segona ve a dir que l'èxit del present (i el que ha de venir en el futur) està directament connectat amb aquells que van iniciar i continuar les escenes prèvies al moment actual. En aquest punt, es fa necessari estirar un concepte i una paraula clau expressada en el primer dels preceptes: el terme *col·lectiu*.

Posem-nos, ¿per què no?, a nosaltres mateixos d'exemple: el Sónar no és la idea i l'empresa d'una persona única i visionària. D'entrada, els fundadors vam ser tres, però de cap manera la trajectòria del festival hauria estat possible sense la feina, impossible de quantificar, de centenars de persones implicades que han sumat, des de diferents àmbits i en diferents moments, el que sabien i el que tenien a les mans perquè el projecte evolucionés i arribés cada any a bon port. Igualment, aquest text no està escrit només per una sola persona: ens hem reunit uns quants col·laboradors per tal d'aportar idees i donar-li la forma final.

Als espais més propers a nosaltres, a la ciutat o altres indrets, han estat molts els col·lectius que han ajudat a fer avançar el nivell artístic de l'escena, al mateix temps que demostraven que, en la unió d'esforços i en la col·laboració col·lectiva, els resultats poden ser molt més poderosos que en un procés individualista i solitari. És el cas, per exemple, de spa.RK, amb Vicent Fibla i Sílvia Grumaches al capdavant, publicant discos d'IDM i d'electrònica emocional i reunint al seu voltant artistes com bRUNA, Eedl, Bradien o Wooky (que després fundarà el seu propi segell i col·lectiu, Lapsus, un dels més rellevants ara mateix a la ciutat). Disboot també va tenir un paper molt important des del Poblenou, amb Fernando Ayesa (Uxuka) donant l'alternativa a Cauto, Sunny Graves, Niño o Downliners Sekt, i apostant per estils com el breakcore o la bass music. Undo i Factor City han tingut un paper importantíssim en el house, el techno nacional i el *clubbing* a Barcelona, amb les seves nits a la Sala Razzmatazz. Allà va coincidir amb Oriol Riverola (John Talabot), l'artista més important de l'electrònica d'aquí en les dues últimes dècades, que, a més de girar per tot el món, està fent una feina excel·lent amb el seu segell Hivern, on han publicat noms tan interessants com Iro Aka, Velmondo, Mistakes Are Ok o CPI, a més d'establir incomptables contactes amb artistes internacionals que també formen part del seu catàleg (Khidja, Benedikt Frey, Eva Geist, Man Power o Red Axes).

Més exemples: Pedro Vian i Modern Obscure Music, un altre segell que ha establert ponts constants entre l'escena local i la internacional, i que enguany precisament compleix el seu primer aniversari. I no solament segells: el col·lectiu al voltant de la Sala Pumarejo (primer a Vallcarca i ara a l'Hospitalet) ha donat una nova vida a la música en directe a l'àrea metropolitana, apostant per propostes avantguardistes i donant veu a artistes novells o a altres col·lectius afins; i el que s'ha format amb l'aparició de l'emissora de ràdio online Dublab BCN, amb programes conduïts per músics, productors, DJ o periodistes, també ha donat aire fresc a l'escena i ha confirmat que la ciutat no para de moure's i de fer front a les precarietats i a la falta de recursos amb què els artistes acostumen a batallar.

I no ens volem oblidar del Club Marabú, amb la seva aposta per un format de *clubbing* desconstruït en un moment en què la ciutat de Barcelona seguia uns corrents musicals electrònics molt concrets. Fundat per un altre col·lectiu (Drakis) i una productora audiovisual (CANADA), la seva motivació era buscar el factor sorpresa programant estils considerats inconnexos entre artistes nacionals i internacionals. En una sola nit podies escoltar ambient, electrònica experimental, hardcore, reggaeton i trap. Allà va ser on va fer el seu primer concert Bad Gyal, connectant amb gent crucial per a la seva futura carrera, i també hi van passar artistes com Arca, Bok Bok, Pxxr Gvng, Evian Christ, Shygirl o Nigga Fox.

ELS PRODUCTORS MARQUEN LA PAUTA

Encara que pugui semblar contradictori amb el passatge anterior, no seria just acabar aquest text sense mencionar la figura cabdal dels productors en l'evolució del so electrònic i en el paper d'assimilació del seu llenguatge per part de l'univers del pop global. Els productors sempre han estat essencials en la història de la música (tot i que no acostumen a treballar sols). Recordem, per exemple, la figura de Phil Spector als seixanta, amb el concepte de «mur de so», que tants cantants i crooners van voler aplicar a les seves gravacions. O els casos de Rick Rubin o Timbaland als noranta, que es trobaven darrere d'alguns dels àlbums de rock i hip-hop més importants de la dècada. Rubin va produir Beastie Boys, va fundar Def Jam a Nova York (escuderia de referència del hip-hop) i va produir i «redescobrir» per al món la figura de Johnny Cash. Aquest és un exemple clar d'algú que, des del seu estudi, ajuda a definir i a potenciar l'obra d'un artista.

En bona mesura, i en molta de la música més popular dels darrers trenta anys, aquestes figures tan buscades s'han trobat en productors eminentment electrònics: Diplo (descobridor i reintèrpret de les sonoritats locals de què parlàvem abans), Calvin Harris o David Guetta estan darrere dels àlbums o les cançons més escoltades del planeta en aquests anys. Arca va ser reclutada per Björk per donar un nou impuls i aportar idees avantguardistes als seus últims LP. Kanye West, potser l'artista més famós del hip-hop d'aquest segle, sovint s'ha envoltat de productors electrònics procedents del circuit independent, com Evian Christ o Hudson Mohawke. Four Tet va produir dos discos de la renascuda Neneh Cherry la dècada passada. I Matthew Herbert va ser la mà dreta durant uns anys de Róisín Murphy, una altra diva del nou pop contemporani.

A escala local i nacional, la importància d'alguns productors també és notòria i molt celebrada per l'escena. Dos d'ells, de fet, han treballat amb Rosalía: Raül Fernández (Refree) –sovint produint artistes pop o indies, però també obert a col·laborar amb artistes electrònics com Ylia o Pedro Vian– i, per descomptat, Pablo Díaz-Reixa (El Guincho), reconegut amb un Grammy per la seva feina a *El mal querer*, una de les ments creatives més rellevants de l'escena espanyola dels darrers temps i també productor d'altres grans figures internacionals, com The Weeknd, J. Balvin o F. K. A. Twigs. I, per descomptat, sorgeix la figura de Christian Quirante (Alizzz), sense el qual no es podria entendre l'èxit aclaparador de C. Tangana i del seu disc *El madrileño* (2021). La feina, el talent i la capacitat d'associació amb els músics i artistes amb qui C. Tangana treballa també defineixen l'estat de salut i la possibilitat de projecció internacional de la música que es fa al nostre país.

Tanquem aquí aquestes reflexions –acompanyades d'un inventari– del que podria ser avui en dia la música electrònica i la seva interacció amb altres gèneres i disciplines. Ho hem fet en un viatge del món a Barcelona i de Barcelona al món. És incomplet, segur, ja que ens hem deixat aspectes, estètiques, estils i latituds que donarien per a un llibre sencer. Però hi són tots els que hi són, com s'acostuma a dir. La conjunció de creativitat i tecnologia ens seguirà donant alegries, sorpreses i molts canvis, petits i grans. N'estem convençuts. I serem aquí per viure'ls.

ALBERT SERRA EN CONVERSA

Albert Serra

Per a mi, l'important i l'única cosa que m'interessa de tot el que està passant al cinema contemporani, ja sigui com a espectador o, en especial, com a artista –perquè ja no puc ser un espectador innocent, un diletant, i si miro quelcom aliè és perquè en puc treure elements estètics per poder-los utilitzar jo mateix–, l'única cosa que m'interessa és respondre la pregunta: ¿avui quina és l'especificitat del cinema? Em refereixo, és clar, a la seva especificitat estètica, és a dir, a què pot aportar avui el cinema, tal com l'entenem històricament –inclosa la tradició contemporània a partir de l'aparició de la tecnologia digital a principis dels anys dos mil, però també en connexió amb el cinema clàssic des de la seva fundació–. ¿Quina és l'especificitat del cinema que es pot mantenir viva avui en dia? ¿En què consisteix? ¿Què la fa diferent dels altres productes o formes d'expressió audiovisual? En particular, de l'expressió més estesa en l'actualitat, el producte audiovisual de les plataformes, que sol ser sempre en forma de sèrie, i, en cas que sigui en forma de pel·lícula, com es fa darrerament, em pregunto si aquesta especificitat de les pel·lícules que les plataformes produeixen es correspon amb la verdadera especificitat del cinema. ¿Quines són les característiques immutables del concepte, de l'art «cinema»? ¿Cap a on pot evolucionar?

¿I en quina direcció pot aportar coses que ningú més, ja sigui per definició o per capacitat, no pot aportar?

Això, per a mi, és el més fascinant que hi ha avui en dia. Modestament, puc considerar que hi participo una mica, però no m'interessa tant en relació amb mi, sinó en relació amb altres realitzadors. Tota la meva visió del món del cinema actual es basa en aquesta pregunta i no intenta res més que respondre aquesta pregunta i posicionar-se en relació amb aquesta gran qüestió. Perquè, és clar, si no ens plantegéssim aquesta qüestió, res no tindria sentit. Cinema seria tot, entreteniment seria tot, espectacle seria tot... Seria indistingible i ja està, no hi hauria cap problema i tampoc no hi hauria diferències morals en les intencions.

De fet, a molts espectadors els pot costar veure la diferència entre el que és cinema i el que és específicament algun altre tipus de producte audiovisual, que no és cinema. Aleshores, aquesta és la gran problemàtica d'avui. Perquè el que eren les virtuts del cinema contemporani associades al cinema clàssic (narratiu-dramàtic), des d'un punt de vista tradicional, és estrany que es puguin mantenir vives al costat de la competència que exerceixen aquests productes de les plataformes, l'interès dels quals, precisament, es basa a explotar d'una manera conscient i exhaustiva les possibilitats del cinema narratiu-dramàtic. Tant és així, que cada cop es necessiten guions més sofisticats i complexos, malgrat que l'audiència, inversament, no sembla acompanyar aquestes experiències des d'un punt de vista narratiu i sembla estar una mica menys preparada i menys disposada a fer esforços per entendre aquests tipus de guions, en comparació amb l'audiència de fa deu o quinze anys. Però si volen, aquestes plataformes ho poden fer, poden destruir literalment la suposada competència del cinema en aquest camp, tenen els mitjans i la sofisticació mental per fer-ho; això sí, amb l'objectiu de crear una petita addicció a l'audiència, ja que no és el mateix crear una addicció amb una pel·lícula que dura dues hores, on pot haver-hi una sèrie de recursos o de retocs estètics que es poden infiltrar i que no molesten, que crear una addicció amb una sèrie que en dura dotze. La pel·lícula no és una producció llarga i no és necessari estar obsessionat tota l'estona a mantenir l'atenció –i la tensió– de l'espectador, que és el que bàsicament busquen les plataformes, ja que el negoci es basa en el nombre d'hores que la gent és addicte consumint la seva droga.

Aleshores, si l'explotació d'aquests recursos narratius-dramàtics elimina, en una part bastant important, totes les possibles temptacions artístiques, perquè no alimenten l'addicció, arribem a la paradoxa que coses que, en teoria, passarien per ser complexes, i que haurien de ser obra d'una ment que aprofundeix en el contingut i en el guió de l'obra, acaben sent realitzades per un equip de gent, de tècnics o, encara millor, de «tecnòcrates». Són sèries fetes amb equips de guionistes, equips de realitzadors, etc., cosa que acaba garantint que no hi hagi cap temptació artística o cap temptació «autoral» que prosperi. No són obres de creació, són obres d'anàlisi de l'efecte de la creació controlada. Però, és clar, inevitablement, el que s'aconsegueix amb aquest sistema és que, des d'una òptica narrativa-dramàtica, la intensitat de l'addicció sigui més forta que la de qualsevol pel·lícula, malgrat que després arriba la inevitable ressaca, el buit i el fàstic d'un mateix, cosa que no produeix el cinema. Personalment, considero que és bastant difícil per al cinema clàssic competir contra aquest tipus d'obres que ofereixen les plataformes, perquè estan molt ben pensades i perquè el grau de complexitat psicològica –de les trames o, fins i tot, de les interaccions i del caos en la descripció de les relacions interpersonals dels personatges– és molt més poderosa que no pas la d'una pel·lícula molt més curta i on, vulguis o no, aquesta complexitat acaba caient en un cert esquematisme.

En el cinema clàssic, l'esquematisme acabava sent substituït (o sublimat) per una espècie d'imatge icònica, que tampoc no necessita gaires detalls. A la televisió o a l'ordinador, per la seva mida petita, sembla que la imatge icònica no és tan poderosa –ni visualment ni atmosfèricament ni físicament–. Per tant, fa l'efecte que l'esquematisme no funciona tan bé en petit format –perquè no pot tenir com a resultat estètic una cosa tan incontestable com la imatge icònica–. Per aquest motiu, hi ha hagut intents, en el món de les plataformes, per conjugar el millor dels dos mons, tot seduint Nicolas Winding Refn o David Lynch per fer sèries i mantenir aquest saber «autoral» que sap com crear la imatge icònica sense gaires recursos; però no ha acabat de funcionar, perquè aquestes dues maneres de fer són incompatibles a la petita pantalla, pels motius que ja he dit i, lògicament, també perquè abracen lògiques de producció diferents. Cap d'ells no ha aportat res interessant estèticament i l'audiència a internet també els ha abandonat.

Però el cinema continua viu. Modestament, la meva última pel·lícula intenta demostrar que realment es poden fer coses amb la forma cinema, confiant en ella, però alhora arribant més enllà del que s'havia vist fins a aquest moment. Per això, hi ha diferents motius. Si mires la pel·lícula *Pacifiction* es poden localitzar diversos elements importants. El més evident de tots és la creació d'atmosferes enrarides que podríem trobar en altres realitzadors. Atmosferes pertorbadores, com les de Lynch o

Winding Refn, però en aquest cas fetes sense cap tipus d'ambició de sorprendre o d'enlluernar l'espectador, molt més subtils i ambigües de to. Tot el que sorgeix en aquestes atmosferes, es fa des d'un treball totalment orgànic amb els actors. I aquesta és la paradoxa, perquè d'alguna manera són imatges que confien tant en el cinema que no tenen la necessitat de descriure dramàticament ni narrativament res i es poden conformar amb crear atmosferes, perquè tenen una fe cega en les imatges i res més. Aquesta fe cega fa que allò esdevingui icònic, quasi des d'un punt de vista físic, per inversemblant que pugui parèixer el contingut. I impacta molt més. És molt més fascinant i inoblidable que les imatges clàssiques més narratives o que les imatges d'aquests realitzadors esmentats, on ja hi ha una voluntat de xocar. La part orgànica se sacrifica perquè darrere de la càmera hi ha unes idees molt clares de com es vol impactar en la ment de l'espectador. En el meu cas, això no és així, i el que hi ha és una passió molt gran pel que hi ha «davant» de la càmera –d'aquí la organicitat final del conjunt–. Evidentment, s'utilitzen tota una sèrie de recursos amagats i refinats, que només són possibles amb el cinema digital, per tal de mantenir aquesta organicitat i aquesta innocència de no voler dir res i, alhora, aconseguir que al final, a part d'una imatge icònica, la pel·lícula acabi sent un comentari a peu de pàgina, indirecte, sobre el món d'avui, un comentari més pertinent que si tinguessis idees o coses a dir.

Aquestes serien les característiques del meu cas, que, en comparació amb altres, podrien determinar un tipus d'imatge que no existeix enlloc més i que, en aquesta ambivalència de ser extremament orgànica i alhora extremament artificial, acaba sent extremament icònica –per mor de la mateixa fe en les imatges–. Per l'impacte visual i sonor i per la manera que té la narració de no rebutjar la complexitat de la vida, sinó d'amplificar-la. Perquè la fabricació també és vida (innocent i fora de control perquè el marc d'un rodatge ho permet, i ho permetia encara més abans de la vinguda de la pressió d'allò políticament correcte). Això seria el que diferenciaria les meves imatges de les del cinema clàssic. La fe en les imatges és gran, però ja no és tan gran com per seguir confiant en l'esquematisme i continuar basant-hi la part icònica. Cal una part de fantasia i d'artifici molt més gran i pertorbadora feta fora dels codis de la representació, com una performance, fatal i irrepetible. Si no, mai no serà orgànic.

Aquesta és una possible solució que jo proposo, i que es complementa amb moltes altres solucions que, indirectament, toquen aquesta solució en alguns aspectes, així com la meva solució toca en alguns aspectes amb altres formes de pensar l'especificitat i la contemporaneïtat del cinema fet per altres realitzadors.

A tall d'exemple o, fins i tot, a tall d'homenatge, m'agradaria esmentar alguns d'aquests realitzadors que crec que estan duent a terme una recerca important, més interessant i més fascinant que mai, que a mi m'interessa i que hauria d'interessar tothom perquè supera el que s'està fent en qualsevol de les altres arts, amb l'excepció de la literatura. En el món internacional n'hi ha bastants, d'aquests noms, i no vol dir necessàriament que totes les seves propostes siguin igual d'interessants o tinguin el mateix grau de compromís amb aquesta recerca. Hi ha noms en què aquesta recerca es dona parcialment o simultàniament amb altres camins més convencionals. Potser un dels casos més fascinants dels últims anys és el de Bi Gan, el realitzador xinès, pel qual tinc una gran admiració des del principi de la seva carrera. Amb les seves pel·lícules i curtmetratges, sobretot amb *Long Day's Journey Into Night*, sempre ha demostrat que es podia anar molt més enllà i que, fins i tot, utilitzant grans estrelles del cinema convencional xinès es pot explicar una història completament rocambolesca, incomprensible i abstracta en tots els sentits, d'una sensualitat visual extrema, amb un aspecte icònic i misteriós i amb actors coneguts. També ha evidenciat que es pot fer d'una manera extremament orgànica: semblava que ningú no entenia la pel·lícula i això la fa desconcertant i molt interessant. També m'agrada des del punt de vista de la direcció artística, amb decorats i estètiques que mai no s'havien vist junts, que són típics i alhora fantasiosos espais de la Xina, on es barregen, sense solució de continuïtat, les tradicions més antigues i més mil·lenàries amb coses completament tronades i pobres que només pots trobar allà. Crea un ambient i una atmosfera molt interessant, única, i per a mi va ser un gran descobriment.

A la Xina hi ha altres realitzadors, en el cas del documental, que obren portes per fer obres que no s'havien fet mai, que mai ningú no havia vist i que era impossible que algú fes perquè eren molt crítiques amb la realitat del país i semblava impossible que algú, humanament, se'n sortís. Són documentals tan extremament crítics, fets amb imatges inèdites, que moltes vegades estan al límit de la consciència del que s'està fent i del respecte per la pròpia tasca, per la pròpia visió artística o pel propi destí penal, on el tema s'imposa per «pressió» (no comprensió) d'una manera tan despreocupada i sorprenent... També perquè allà «tema» equival «injustícia», ja que qualsevol tema a la Xina sol estar associat a la injustícia. Són realitzadors que tracten la injustícia, però no d'una manera moralista i didàctica, com ha fet sempre el cinema convencional, sinó amb imatges de denúncia paradoxalment no moralistes. És el cas dels admirats Zhao Liang i Wang Bing, dos gran realitzadors, que crec que poden obrir les portes del que seria un cinema del futur, encara aferrat al món, però ja amb una pulsió de la realitat tan exasperant que anul·la fins i tot la pròpia personalitat de l'autor, i que ho celebra tot introduint divertits elements d'ironia perversa contra un mateix.

A Europa hi ha una aproximació molt més capciosa, especulativa i malsana, no tan primitiva en el bon sentit. Hi ha gent que treballa a la frontera entre aquestes dues estètiques mencionades, com l'austríac Ulrich Seidl, per qui sento molta admiració des dels seus primers treballs. Les seves obres exploren una espècie de revers d'una societat que realment ningú no vol veure, però alhora ho fa sense formar-ne part. A les obres convencionals, de denúncia o descripció social, hi ha un cert punt d'identificació, perquè els autors d'aquestes obres formen part de la realitat burgesa que descriuen i, en el fons, hi ha una delectació i una promiscuïtat repulsiva amb aquest món decadent. Per més podrit i hipòcrita que sigui, ells en formen part, d'alguna manera. En el fons desprenen una sensació d'orgull de formar part d'aquell món, que malgrat tot consideren superior a la resta de mons, perquè si no no s'entendria que en parlessin d'una manera tan reiterada i avorrida. Però quan es mira aquesta societat des de fora, amb gran precisió, com en el cas de Seidl, això dona unes imatges molt més estranyes, i s'evita aquesta identificació de l'autor amb el tema tractat, que d'alguna manera acabaria traslladant l'espectador i donaria com a resultat pel·lícules totalment falses. En el cas contrari, però, el de Seidl, aquesta no implicació natural amb la societat dona com a resultat, malgrat que puguin semblar més escabroses per la seva fredor, pel·lícules més humanistes. Jo estic fent una pel·lícula d'un torero en què hi ha moltes escenes de violència amb relació als toros i la mort dels animals, i sempre he sentit una frase, que és: «Els que són animalistes, no són humanistes». Hi ha aquesta dualitat, que jo crec que queda molt ben reflectida. Només pots ser humanista si no formes part de res del seu contrari. També sento admiració per altres realitzadors francesos, que també toquen aquesta societat d'avui en dia, però des d'aspectes més marginals. Com el tema de la província, en el cas d'Alain Guiraudie, o el tema de la falsedat, de l'exclusió, de la falsa exclusió, etc., de Bruno Dumont. Tots dos construeixen unes metàfores bastant delirants dins d'una confusió que, alhora, per la provocació que genera aquesta confusió, acaba donant com a resultat pel·lícules confuses, però estranyament visionàries perquè tampoc no prenen partit per res. Són pel·lícules d'una gran autonomia, com l'última pel·lícula de Dumont, *L'Empire*, on aquesta combinació és tan extremament arriscada que està al llindar de ser fallida. Però continua sent visionari, potser pel mateix motiu que és fallit.

Un darrer exemple molt interessant, però irregular, en un altre context, l'americà, seria el de Quentin Tarantino. És extraordinari com ha aconseguit perpetuar el cinema de Hollywood subvertint-lo des de dins. No ha prescindit de cap qualitat, n'ha eliminat tots els defectes i hi ha superposat un imaginari nou igualment icònic i cada cop més impossible. La seva darrera pel·lícula n'és l'exemple més perfecte i més explícitament aconseguit, fins i tot amb el tema.

El cinema contemporani, per trobar totes aquestes noves estètiques i noves visions, necessita arriscar i estar al límit que la cosa pugui sortir malament, però sempre d'una manera gloriosa. És absurd veure pel·lícules banals, burgeses, plenes d'escenes i problemes que tots hem sentit moltes vegades, que surten malament, però sense que hi hagi cap risc de sortir malament, a part de la ineptitud de la gent que les fa. En aquest casos, el desastre no té absolutament cap glòria... I, a més, suposant que haguessin sortit bé, tampoc no serien tan bones.

Finalment, hi ha una trampa, que crec que s'ha d'evitar, que ve de més lluny i que al principi de la tecnologia digital es va aconseguir evitar en part. Aquesta trampa és el guió. Tot el cinema, també l'europeu fet amb ajudes públiques a fons perdut, està basat en aquesta eina, sobre la qual tothom treballa. Però els directors de debò, els que intenten treballar els límits (tradicionalment considerats) del cinema i enfrontar-se amb noves estètiques (no espúries), troben que el guió s'acaba convertint en una eina cada cop menys útil, perquè les atmosferes que hi ha dins de les imatges són tan originals i tan difícils de descriure que el llenguatge escrit no els fa justícia i no es poden anticipar amb paraules: són essencialment cinema, i neixen molt més tard en el procés de fabricació. Malgrat tot, el sistema europeu és el més avançat perquè és el més favorable del món per a la creació del cinema d'autor, perquè és el que més ajudes públiques dona i el que més llibertat garanteix (o garantia abans de l'aparició de la censura políticament correcta) –una llibertat que en aquest cas sí que és sinònim de creativitat i que utilitza aquesta eina primària, el guió, d'una manera cada cop més preocupant, invasiva i absurda–. Em sembla un gran retrocés en la mesura que torna a posar èmfasi en el que hi ha en el cervell darrere de la càmera, a projectar unes imatges... i no tant a viure-les i en estar concentrat en el que hi ha davant de la càmera. I aquesta és la causa que es redueixi el potencial del cinema i se l'assimili a altres pràctiques molt més controlades i repressores, perquè el contingut alliberador i subversiu només pot ser comunicat amb una forma també subversiva, alliberadora, incomprensible.

UN INVENTARI DEL CINEMA AL SEGLE XXI

Olivier Père

D'ençà que es va inventar, el cinema s'ha entès com un cos viu subjecte a la malaltia, la fatiga i l'envelliment. En estat estacionari, preocupant o desesperat, vet aquí expressions que pertanyen al lèxic mèdic i que cíclicament es fan servir per comentar la salut d'un art i d'una indústria que mai no han deixat de patir crisis. D'entrada, van ser crisis de creixement, seguides de ràpids senyals de declivi sota els cops successius d'una competència audiovisual cada cop més astuta o agressiva. Els observadors atents han acabat per acceptar aquesta fragilitat, aquest caràcter efímer del cinema, com si fos un factor ontològic de la seva existència. ¿I si el cinema, que gran part del temps havia sabut explicar històries des d'una escala humana, fos un mitjà amb una esperança de vida programada per coincidir amb la d'un ésser humà? Néixer a l'avantsala del segle xx i morir amb ell; ser testimoni de guerres i revolucions, de l'aparició d'ideologies i de la seva desaparició; conèixer les diverses èpoques d'una invenció tècnica sincronitzada amb el salt a la modernitat; tot encarat a extingir-se durant l'alba d'una nova era: la hipòtesi pot ser seductora, però no ha sobreviscut a l'escrutini de l'experiència. Definit durant molt de temps com l'art del segle xx, el cinema continua existint a la primera meitat del segle xxi. Els pensadors que profetitzaven la mort del cinema, atrapats en el moviment inexorable de la història (debilitat, derrotat, tan sols li quedava morir), se n'han anat abans que no pas ell. El cinema ja ha depassat la vida mitjana d'un ésser humà.

L'any 2023, el cinema és ben viu i té bona salut. Per fer servir l'expressió de Godard, sobreviu gràcies als marges, és a dir, als cineastes que es resisteixen als dictats imposats pel mercat, pels mitjans de comunicació i per alguns actors poderosos del sector. En lloc de morir, el cinema ha experimentat una transformació tècnica i estètica. La primera projecció digital va ser el 19 de juny de 1999 en dues sales de Nova York i dues de Los Angeles. A Europa, la primera projecció digital va ser a París el 2 de febrer de 2000. La revolució digital, que afecta totes les etapes de la producció i distribució d'una pel·lícula, inicialment va estar al servei dels grans estudis de Hollywood i dels grans circuits de distribució, però el cinema independent (si més no, els seus representants amb més talent) de seguida va aprofitar les petites càmeres digitals per explorar-ne i explotar-ne tot el potencial, tant econòmic com estètic.

Així, els que a finals del segle XX deploraven la lenta agonia o l'encongiment del que se'n va dir la modernitat i després la postmodernitat, van poder assistir a l'eclosió d'una nova generació de cineastes a principis del segle següent.

La dècada del dos mil va ser testimoni de l'aparició, al mapa del món cinematogràfic, d'una corrua d'autors apassionants, en sintonia amb una nova manera de fer, de pensar i de mostrar el cinema. Aquestes aparicions ara tenen lloc en aquells observatoris del cinema contemporani que són, més que mai, els festivals de cinema, almenys els que estan atents a les noves tendències i, sobretot, als nous cineastes.

Alguns productors, directors de festivals o programadors, de vegades més que els periodistes o els crítics, s'han convertit en companys de viatge d'aquests joves cineastes. Personalitats fortes, caps de colla o solitaris, les seves pel·lícules sonen com si fossin contrasenyes, però amb una feina i un talent al darrere que no tenen res a veure amb l'esnobisme o l'aire de capelleta habitualment associats al cinema com a expressió artística.

Més aviat es tracta de ser dignes de la història del cinema del segle XX, i de reflexionar sobre la metamorfosi que ha patit o inventat durant els últims deu anys, un ventall que va de l'explotació a l'exhibició.

El cinema es troba en moviment perpetu. Avui és més apassionant que mai observar-ne les mutacions, les reivindicacions i els viatges –de la pel·lícula al digital, de la ficció al documental, de l'íntim al col·lectiu, del poètic al polític.

Vivim en un període extremament estimulant per al cinema d'autor. Aquesta afirmació pot semblar paradoxal si es té en compte la crisi que travessa, de fa uns quants anys, la indústria cinematogràfica en conjunt: erosió del sistema tradicional de finançament, desconfiança envers els projectes originals per part de les institucions cinematogràfiques públiques (si és que n'hi ha), desinterès creixent per part del gran públic, problemes amb la distribució i exhibició del cinema d'autor a molts països del món.

Alguns cineastes joves aconsegueixen, encara, trobar el seu lloc al sistema i acomodar-s'hi. Altres opten per una ruptura radical i es dediquen, per elecció o per absència d'elecció, al que alguns han anomenat «cinema de guerrilla».

Aquests nous cineastes són nombrosos. Imaginen i inventen camins nous, però rebutgen l'etiqueta reduccionista de «cinema experimental». A partir de la condició d'innovadors, no tenen por de formar part de la història del cinema, però n'exploren les fronteres modernes.

El gran públic encara no els coneix, i pot ser que no els acabi de conèixer mai. Les seves pel·lícules de vegades són un èxit, i sovint són més famosos a l'estranger que no pas al propi país, però representen el futur del cinema d'autor en la definició més honesta, noble, justa i poètica. Fan un treball fascinant que mereix, per si sol, que encara ens interessem pel cinema i que el considerem com una forma d'art viva i contemporània –i de cap manera com una relíquia del segle passat–. Les seves pel·lícules són força diferents, però en podríem aïllar les similituds: l'ús d'actors no professionals, una relació poètica amb la realitat, el rodatge en exteriors, la proximitat de la natura o d'un entorn familiar, el gust per l'experimentació, la desconfiança vers els gèneres (inclòs, especialment, el gènere documental, si és que va arriba a existir algun cop) i, per damunt de tot, un anhel de cinema que fa que el més mínim principi de posada en escena es pugui qüestionar o contradir amb cada nou rodatge. Els cineastes són els seus propis productors, o bé estableixen un vincle de confiança, de lleialtat i de complicitat amb el productor, una cosa cada cop menys habitual. Si els micropressupostos de vegades es perceben com una limitació, bàsicament són el preu que cal pagar si se segueix una visió noble i valenta del cinema. A més, poden menar a unes condicions de treball en què el temps, l'amistat, la llibertat, la reflexió i la improvisació són els valors i un luxe més preuat que els diners.

Ben viva durant la primera dècada del segle XXI, provinent de l'Àsia, de l'Amèrica Llatina i d'Europa (Portugal, Romania), aquesta nova generació de cineastes s'ha donat a conèixer en festivals internacionals. Del 2004 al 2012, em vaig encarregar d'esdeveniments cinematogràfics (primer a la Quinzenal de Realitzadors de Canes i després a Locarno, Suïssa) i vaig tenir la sort d'assistir, a primera fila, a l'aparició d'alguns futurs cineastes importants, com Mia Hansen-Løve (França), Albert Serra (Espanya), Nadav Lapid (Israel), Kleber Mendonça Filho (Brasil), Lisandro Alonso (Argentina), Corneliu Porumboiu i Cristian Mungiu (Romania), Josh i Benny Safdie (Estats Units), Maren Ade i Valeska Grisebach (Alemanya), per esmentar-ne alguns que de tant en tant vaig acompanyar en els debuts i l'evolució dels quals he seguit amb un interès constant.

Prop de vint anys després, aquesta «nova onada mundial» inevitablement ha conegut un fenomen de reflux i, sense acabar de desaparèixer del tot, alguns dels seus representants no han estat a l'altura del que prometien. No obstant això, la salut del cinema d'autor al segle XXI contradiu els discursos declivistes, tant si eren motivats per ignorància com per desinformació o ideologia. El cinema, quan el veiem com la trobada entre idees i formes, com un assemblatge de sons i d'imatges que no en té prou amb desplegar una narració, sinó que aconsegueix, alhora, agitar les emocions, provocar el pensament i establir un vincle entre el món real i el seu propi món, continua oferint obres estimulants cada any, tant si provenen de cineastes consagrats com si es tracta de debutants amb traça. La producció cinematogràfica actual manté intacta aquesta particularitat, que no es troba en tots els àmbits de la creació artística, i que és la d'oferir una gran diversitat. A principis dels anys seixanta, els cineastes de la Nouvelle Vague francesa podien presumir de ser contemporanis, durant uns anys, de John Ford, Alfred Hitchcock, Raoul Walsh o Yasujiro Ozu, tots ells en actiu i amb unes carreres que van començar durant l'època muda.

El 2023, tot i que la diferència ja no sigui tan espectacular, podem veure que el continu floriment de joves cineastes de tot el món es produeix simultàniament amb la producció de noves pel·lícules dels vells mestres del cinema, casos en què la longevitat no és sinònim d'esgotament: Marco Bellocchio (nat el 1939), Martin Scorsese (nat el 1942), Ken Loach (nat el 1936), Clint Eastwood (nat el 1930), Hayao Miyazaki (nat el 1941), Alain Cavalier (nat el 1931), per mencionar alguns dels més coneguts. Grans artistes del cinema modern com Jean-Luc Godard (1930-2022), Agnès Varda (1928-2019), Alain Resnais (1922-2014), Chantal Akerman (1950-2015) o Manoel de Oliveira (1908-2015) van filmar fins al darrer alè i les seves últimes creacions van poder dialogar amb les pel·lícules de deixebles i admiradors.

Celebració, impregnació i circulació, aquests són els conceptes importants per entendre la producció cinematogràfica del segle XXI. Alguns cineastes es declaren hereus del cinema del segle anterior i busquen diferenciar-se'n o, fins i tot, entrar-hi en desacord. Més enllà d'això, admeten que el cinema té un poder i una singularitat que s'han de continuar celebrant en els últims temples que són les sales de projecció. Actualment, Leos Carax és un dels més grans cineastes en actiu. Va començar la carrera molt jove, als anys vuitanta, una època en què s'anunciava la mort del cinema. Aquest període mòrbid, que havia perdut la fe en la imatge i el so cinematogràfics, no va aturar Carax ni el seu desig de dirigir pel·lícules, en les quals convocava els fantasmes de la història del cinema, en particular del cinema mut, però també inventava formes vívides i poètiques inèdites. El març del 2023, durant una conversa pública amb Kiyoshi Kurosawa, Carax va dir: «A cada generació hem de reinventar el poder del cinema i retrobar la infància de l'art».

Inventar alguna cosa que ja hem viscut, un «record del present» (per fer servir el concepte de Bergson), vet aquí la idea que Carax té del cinema, que va més enllà del simple homenatge al cinema del passat o del fervor del cinèfil.

Malgrat la seva solitud i els llargs silencis entre cada pel·lícula després de *Les amants du Pont-Neuf*, avui Carax apareix com el cineasta que encarna el futur del cinema, com el que ha mostrat el camí, incloent-hi la qüestió de la transició digital: «Des que es va crear, el cinema ha perdut gran part de la seva innocència. Hem de redescobrir el sentit de la meravella, amb qualsevol càmera i amb qualsevol tècnica».

Altres cineastes, en canvi, no busquen tant retrobar l'encantament del cinema primitiu, sinó una nova forma d'astorament, procedint a una hibridació de les imatges, inventant formes de registrar el món que agafen en préstec d'altres disciplines artístiques. La pel·lícula-instal·lació i la pel·lícula-performance es converteixen en marrades a través de les arts plàstiques, el videoart, la dansa o la música: l'objectiu és posar a prova i sentir les noves fronteres del cinema. L'artista multidisciplinari tailandès Apichatpong Weerasethakul és, sens dubte, el cineasta més important i representatiu d'aquest corrent. Redescobreix el poder del cinema des del prisma de l'art contemporani. Gran creador d'espais mentals connectats amb l'univers, demostra, tal com fan altres cineastes amb estils força diferents del seu (Jonathan Glazer, Gaspar Noé), que les avantguardes artístiques continuen irrigant el que proposa el cinema més innovador i atrevit d'avui.

Seguint els passos de Carax, però sense pretendre ser-ne els hereus, Nadav Lapid i Albert Serra són els continuadors d'un cinema que durant el segle XX van encarnar Godard, Pasolini i

Fassbinder, i figuren entre les aparicions més estimulants del segle XXI.

En l'espai de quatre llargmetratges (*Policía en Israel*, *La professora de parvulari*, *Sinónimos* i *Ahed's Knee*), Nadav Lapid ha inventat un cinema de poesia, tot provocant xocs violents i desagradables, distorsions de vegades grotesques o còmiques. Fent emergir la gràcia de la trivialitat, ha aconseguit transformar idees i sentiments en imatges cinematogràfiques. Matèria fílmica, matèria viva, matèria intel·lectual, l'enfocament de Lapid es basa en una creença folla en el cinema, que, d'altra banda, mira d'explorar en totes les seves possibilitats. El cinema líric i alhora analític de Lapid obre perspectives de gran riquesa, retroba el gust per la dialèctica i, sobretot, «aquell plaer aristocràtic de desagradar» que tant es troba a faltar en el cinema contemporani.

La força d'una visió sobre el món, al mateix temps política i poètica, és la gran qüestió a la qual s'enfronta el cinema de la nostra època. Una vegada Jacques Rivette va dir, citant Kleist, que «per retrobar la innocència s'ha de fer una gran marrada a través del coneixement».

Aquesta frase defineix a la perfecció l'obra d'Albert Serra. Una pel·lícula rere l'altra, des d'*Honor de cavalleria* fins a *Pacifiction*, Serra persegueix un enfocament cinematogràfic a la vegada intransigent i ple de fantasia, adepte d'una llibertat creativa aliada amb una profunda intel·ligència de la posada en escena. Cada pel·lícula és un gest carregat de sentit, que tan aviat convida a la contemplació com a la reflexió, un plaer per als ulls i la ment. Serra no té cap dubte sobre el fet que l'arribada de la tecnologia digital ha propiciat un renaixement del cinema, després de la crisi dels anys noranta. En aquest nou suport hi ha trobat el mitjà per practicar el cinema d'una manera singular, per no dir revolucionària. Serra és més barroc que minimalista. Amb imatges i situacions ben simples, aconsegueix crear pel·lícules sublims i impressionants. Acostuma a preparar ben poc el rodatge, filma molt de material i de manera força lliure, i després passa mesos en el muntatge, que és d'una minuciositat extrema. El rodatge és el moment de la bogeria, la sorpresa, l'atzar i la «fatalitat». El muntatge, en canvi, és el temps de la disciplina, del perfeccionisme. La complexitat i la psicologia han ocupat, de mica en mica, l'espai de les seves pel·lícules, però mai no les han tornat més convencionals. Al contrari, Serra enriqueix els mètodes de rodatge i la seva visió del cinema amb una relació nova i profundament original amb allò novel·lesc i la direcció d'actors (*Pacifiction*).

Rodar una pel·lícula en un país significa parlar d'aquell país. Si tots els documentals són ficcions, aleshores tota ficció és documental. Nadav Lapid i Lav Diaz no són grans inventors de formes i prou. També són cronistes polítics, acerbs o desencantats, de l'estat de la societat o dels diversos estrats històrics dels països respectius, Israel i les Filipines. Sense que estiguem en disposició de traçar un panorama complet del cinema mundial, s'ha de dir que els centres de producció cinematogràfica, tant en potència industrial com en qualitat artística, es desplacen en funció dels esdeveniments històrics i econòmics que influeixen en un continent o en un país. Els observadors atents als fluxos i refluxos del cinema contemporani poden constatar l'aparició de certes zones al mapa, l'estabilitat o l'enfonsament d'unes altres, tot plegat en funció de les crisis que travessin, però també dels factors que fan possible el sorgiment o la permanència de nous cineastes (tradició cultural, escoles, suport de les estructures governamentals o de socis privats).

Les convulsions geopolítiques que marquen la primera meitat del segle XXI no deixen de tenir repercussions en la indústria cinematogràfica. Si més no en aparença, els Estats Units dominen encara l'economia cinematogràfica mundial, gràcies a la immensa professionalitat i als colossals recursos financers dels estudis de Hollywood, que també són, històricament, instruments de promoció a tot el món d'una cultura, d'una ideologia i d'una manera de viure. Tanmateix, el cinema de Hollywood és ara una maquinària gegantina en crisi, amenaçada per l'aparició de les plataformes, pels nous hàbits de consum audiovisual i, sobretot, per una esterilitat creativa que incita els executius dels estudis a basar-se en fórmules i a oferir productes sense ànima ni valor. La decadència del cinema nord-americà es manifesta en l'escassetat de grans cineastes i en la reducció dels seus marges. Els autors que poden treballar regularment als estudis es poden comptar amb els dits d'una mà, i només deuen la seva permanència als diners que aporten les seves pel·lícules arreu del món (Quentin Tarantino n'és el millor exemple). L'anomenat cinema «independent» nord-americà es troba en un estat de supervivència artificial, i ha vist com una part de la seva explotació comercial ha passat de les sales de cinema a l'*streaming*. Tot i que la producció de Hollywood continua monopolitzant l'atenció dels mitjans de comunicació, no hem de subestimar la producció cinematogràfica d'altres potències mundials que creixen ràpidament, com la Xina i especialment l'Índia, països que difonen massivament *blockbusters* destinats al mercat asiàtic, a l'africà i a l'Orient Mitjà. El creixement econòmic d'aquests estats, el seu domini polític sobre bona part del planeta, es troba en sincronia amb la factura de superproduccions que sovint són més innovadores i formalment més emocionants que les homòlogues nord-americanes –mirem l'interès renovat dels cinèfils internacionals pel cinema «Bollywood», que no és només un instrument de dominació econòmica i de propaganda ideològica (a diferència de les pel·lícules oficials xineses), sinó que també pot mostrar-se crític amb les polítiques nacionalistes del primer ministre Modi.

Tanmateix, en aquest començament del mil·lenni està sorgint un altre continent: el continent femení. Entre els efectes del cas Weinstein i del moviment #MeToo, cal subratllar una presència més forta de directores a l'escena cinematogràfica internacional, fomentada per una consciència tardana per part de la indústria. Tot i que continuen sent una minoria, les cineastes han adquirit més visibilitat, sobretot en els grans festivals internacionals, en què algunes han obtingut premis importants que durant massa temps s'havien reservat als homes. La mirada femenina s'estén a tots els cinemes, i no tan sols en les formes més radicals o militants. Podem esperar que el cinema de demà sigui més paritari pel que fa al gènere, i que les dones que hi ha darrere de la càmera tinguin un paper cada cop més important. Des d'ara ja comptem amb Alice Rohrwacher, Justine Triet, Chloé Zhao, Julia Ducournau, Audrey Diwan, Kelly Reichardt, Mati Diop, Alice Diop, Maren Ade, Mia Hansen-Løve i moltes altres. Totes van aparèixer a l'escena internacional fa menys de vint anys, per oferir al cinema de la dècada del dos mil unes visions i unes històries molt diferents de les del segle anterior.

Traducció del francès d'Adrià Pujol Cruells

NOVES REALITATS

Un alfabet projectiu per a l'arquitectura del futur

Eva Franch i Gilabert

Al segle XXI ens trobem davant de conflictes d'escala planetària i l'arquitectura n'ha estat còmplice, quan no la principal causant. Si l'arquitectura és la disciplina que té la responsabilitat i el privilegi d'articular allò social, cultural, econòmic i tecnològic en una aspiració col·lectiva, la llista de conflictes que hem d'afrontar com a societat són monumentals.

L'any 2021, el sector de la construcció va ser responsable del 37 % de les emissions de CO_2 a escala global, derivades de l'energia esmerçada i els processos utilitzats, segons dades del Programa de les Nacions Unides per al Medi Ambient (UNEP) del 2022. Com a arquitectes, la nostra tasca és crear un espai de diàleg i consens, un lloc per al compromís i la transformació professional i cultural. Això implica introduir noves paraules, definicions i conceptes que revitalitzin el llenguatge, el pensament i l'acció de l'arquitectura.

Aquest assaig es presenta com una guia o un índex de termes clau, sense referències directes a persones, col·lectius o projectes específics. L'objectiu és reflexionar –més que enumerar– sobre les noves realitats i les condicions futures.

A

AGÈNCIA
(i alteritat)

L'arquitectura no tracta de si mateixa, sinó sobre què fa per un món millor.

Sovint, en els marcs de pensament més conservadors, l'arquitectura és entesa solament com la manifestació material d'unes idees o la simple construcció d'un edifici. Aquesta visió és acompanyada per una resistència a assumir que la seva missió és més àmplia i estesa, que l'arquitectura té una dimensió social, política, econòmica i ecològica. Hem heretat un statu quo institucional ancorat a una definició de l'arquitectura que ja no és viable en la segona dècada del segle XXI atesos l'abast i la urgència dels reptes actuals. Al mateix temps, els discursos, les pràctiques i els ensenyaments capaços de contribuir a resoldre les qüestions més importants de la nostra contemporaneïtat sovint es veuen relegats als marges, a l'exili acadèmic i a la constant marginació professional.

Fins fa molt poc, àrees d'investigació i disseny com la sostenibilitat, les cures o l'accessibilitat eren totalment –i encara ho són en molts àmbits– deixades en un segon pla. Aquest fenomen és visible en les línies editorials de les revistes –que ben pocs llegeixen– o en les categories dels premis que s'atorguen des dels diferents estaments professionals i les institucions culturals, com també en les estructures acadèmiques i curriculars de les escoles i universitats.

La pandèmia del 2020, però, ha produït un canvi significatiu amb relació a la percepció del poder transformador de l'arquitectura i el seu efecte en el nostre dia a dia: en els espais de cures, a les plataformes digitals, als espais col·lectius, més enllà del que és privat, a les noves maneres de treballar, a la qualitat dels espais públics o el disseny de les ciutats. La presa de consciència per part de la societat respecte de l'agència que l'arquitectura té a l'hora de controlar, ordenar i estructurar les nostres vides, relacions, costums i desitjos, és possiblement un dels canvis més importants pel que fa a la manera de veure l'arquitectura i la seva la pràctica avui.

D'ara endavant, tant dins l'acadèmia com en la pràctica professional, l'arquitectura haurà de fomentar les maneres amb què és capaç de transformar les condicions socials, econòmiques i polítiques per una societat més sostenible, equitativa i justa. I això no és perquè els col·legis professionals, les institucions acadèmiques o el sector de la construcció ho demanin, sinó perquè la societat –i els estudiants, que en són part– ho exigeixen.

B

BELLESA

(i ètica)

A cada generació, els seus propis valors; per a nous valors, noves estètiques.

La dimensió política i ètica d'allò estètic és possiblement un dels aspectes més complexos que s'han d'analitzar i desenvolupar. Al segle XX el moviment modern (reconegut estèticament per la utilització d'elements formals abstractes sense cap significació adscrita, com els pilotis, les cobertes planes o les finestres horitzontals) va expressar materialment i formal aquesta modernització col·lectiva. Contràriament, el postmodernisme, vinculat a l'auge del capitalisme i a les polítiques conservadores, va promoure una estètica neoclàssica, associada a valors tradicionals i formes carregades de significació tant de classe com de poder.

Les iniciatives contemporànies d'arquitectura, encara que busquen incloure inquietuds de la nostra època com el feminisme o l'ecologisme, no han assolit un llenguatge formal àmpliament reconeixible. El sistema LEED, una certificació desenvolupada per l'US Green Building Council, ha esdevingut un estàndard global en la construcció sostenible, que més enllà de les plaques simbòliques que el representen no té una dimensió estètica.

Una de les dificultats de les pràctiques arquitectòniques més capdavanteres és la producció d'un projecte estètic unificat capaç de comunicar formalment al conjunt de la societat la seva capacitat transformadora, el seu valor o la seva agència. Aquesta és, de fet, una de les grans tasques que tenim al davant: com produir un projecte estètic –que és un projecte comunicatiu– que no banalitzi, simplifiqui o redueixi aquests valors a un joc purament semiòtic, sinó que creï un vocabulari espacial, material i formal que sigui portador i generador dels valors i les idees que representa.

C

CLASSE

(de les cures al capitalisme)

Les desigualtats també són arquitectura.

En tots els territoris –tant globalment com local; en pobles centenaris o en metròpolis contemporànies– les desigualtats deixen una forta empremta ben visible als mapes, segmentant-los i omplint-los d'esquerdes de tota mena. L'arquitectura i l'urbanisme necessiten ser, primer de tot, una eina per mitigar la bretxa de classe. A l'hora de la veritat, però, les qüestions de classe no formen part ni dels continguts curriculars ni de les problemàtiques que emmarquen la pràctica professional, més enllà de la construcció d'habitatges socials. De fet, la consciència social de l'arquitectura poques vegades es valora a l'hora de distingir la bona arquitectura de la que no ho és.

Permanentment amenaçat per la lògica depredadora de l'especulació, el dret a l'habitatge digne i accessible continua sent una de les necessitats més urgents, però en queden moltes altres: el dret a l'educació, a la cultura, a la participació en el debat públic i l'accés a tota mena d'oportunitats que permetin a la ciutadania imaginar i triar el seu camí.

Una de les realitats que la pandèmia del 2020 va posar en evidència és la importància de les cures, tant pel que fa a la sanitat com en la dinàmica social, i el poc valor econòmic i simbòlic que els hi donem. Tant les infermeres com les persones i serveis que donen assistència domèstica o personal, com ara les perruqueries, són serveis essencials (altament feminitzats) que se situen en l'esglaó salarial més baix en un sistema liberalitzat on no hi ha una clara correlació entre la necessitat i el valor. Les feines més mal remunerades i les arquitectures menys representatives van ser les que els governs arreu del món van dictaminar com a bàsiques per a la societat en un moment d'emergència sanitària, emocional i social.

Aquests àmbits han estat i encara són els grans invisibles de la societat i de l'arquitectura com a espai simbòlic, representatiu o acadèmic. A poc a poc estan cobrant visibilitat, i esperem que, en el segle de les cures, adquireixin un protagonisme essencial. Una evidència d'aquest corrent són el nombre creixent

–si encara minoritaris– de publicacions, simposis, biennals, festivals i fins i tot departaments de recerca en universitats d'arreu del món dedicats al feminisme i a les cures, que és, en resum, dedicats a les desigualtats.

D
DECADÈNCIA
(i el futur digital)

No repeteixis, però no oblidis.

El projecte arquitectònic del principi del segle XX a Occident va fusionar investigació formal i tecnològica amb una missió social humanista, impulsat pels ideals de la socialdemocràcia i el New Deal, que veia en l'arquitectura un vehicle per millorar la qualitat de vida. No obstant això, des dels anys vuitanta, amb l'auge de la tecnologia i l'agenda neoliberal dels EUA i el Regne Unit, l'adopció del disseny assistit per ordinador (CAD), el parametricisme i la fabricació digital han promogut una innovació formal que, tot i ser visualment impactant, ha negligit la transformació social i ha derivat en un estil arquitectònic decadent.

El futur digital necessita reorientar-se cap a pràctiques participatives que utilitzin tecnologies en xarxa i de codi obert, que revitalitzin l'arquitectura com a eina d'emancipació. Això implica abraçar no solament la innovació formal sinó també buscar impactes socials positius, fent servir les tècniques digitals per promoure aquest desenvolupament més inclusiu i democràtic.

Enfront de la crisi climàtica, la sostenibilitat és essencial en la innovació arquitectònica. La investigació en nous materials i mètodes de construcció busca una eficiència energètica més gran i un impacte ambiental menor. El prototipatge ràpid permet explorar noves formes, incloent-hi l'arquitectura biològica, que integra elements vius en el disseny.

Aquestes estratègies, juntament amb un disseny holístic –que inclou la gestió de l'aigua, l'aire i l'ús d'energies renovables–, defineixen una arquitectura futura no només sostenible sinó regenerativa, que prengui responsabilitat envers el passat. Una arquitectura que potencia la cura del planeta i ofereix espais innovadors per facilitar, en lloc de dominar, la interacció i la producció d'hàbitat humà i no humà.

(Aquesta secció ha estat escrita en col·laborció amb ChatGPT 4.0.)

E

EDUCACIÓ

(i empatia)

Desaprèn per aprendre.

L'arquitectura, com a professió i com a disciplina acadèmica, es troba en un moment crucial. Els reptes plantejats per la urbanització ràpida, el canvi climàtic, la desigualtat social i l'avenç tecnològic exigeixen una reavaluació fonamental de la formació en el camp de l'arquitectura. Les qüestions urgents plantejades pel discurs contemporani sobre l'educació requereixen nous camins que, sense cap dubte, ens aboquen a una reforma estructural dels estudis i la definició d'arquitectura.

Més enllà dels processos d'admissió, de l'administració i dels edificis humans, tant pedagògics com burocràtics, que s'estan posant en qüestió arreu del món, una de les part centrals que requereix una revisió profunda és el currículum acadèmic. Els models pedagògics tradicionals sovint han fet èmfasi en les habilitats tècniques i la destresa en el disseny, deixant de banda altres dimensions socials i polítiques, o la perspectiva interdisciplinària.

Aquí parlem de camps tan importants per a l'urbanisme com la sociologia o l'antropologia, l'economia, el dret i la innovació tecnològica, només per esmentar-ne alguns. Mentre que algunes d'aquestes àrees s'han tractat de forma perifèrica a través de competències complementàries –i assignatures optatives–, és essencial plantejar les matèries i metodologies centrals que han de conformar els processos de disseny de l'ensenyament de l'arquitectura del segle XXI.

A part dels reptes disciplinaris, hi ha els ideològics i transversals, com ara el descolonialisme i la sostenibilitat. Ja no es pot ensenyar història sense tenir en compte mirades no colonials, de la mateixa manera que ja no es pot ensenyar construcció sense reflexionar en tot moment sobre les qüestions ecològiques o les estructures laborals. La veritat és, però, que en tots els àmbits (professorat, currículum i recursos de tot ordre) hi ha moltes mancances que fan que, fins i tot quan hi ha la voluntat institucional, el canvi sigui extremament difícil i lent.

F

FUTUR

(experiments i el prèmium mediocre)

L'imaginari no és una marca de luxe.

La concepció del temps, i amb ell la invenció del futur, és potser la més radical de les creacions humanes. Avui dia, pensar i imaginar les perspectives de la nostra existència sembla més rellevant que mai. Tot i que es pot argumentar que la societat sempre està en un estat de crisi, avui en dia estem constantment infiltrats per un discurs apocalíptic en termes econòmics, ecològics, socials i polítics. Els moments de crisi són moments de redefinició quan els àmbits de poder institucionalitzats obren espais d'experimentació i debat cultural per redreçar el camí cap al futur.

Els desitjos utòpics, la imaginació d'un altre futur, formen part de l'agenda contemporània. Els grans moviments dels últims cinc anys amb relació a les qüestions de raça amb Black Lives Matter, de gènere amb Me Too i la crisi climàtica amb Extinction Rebellion, són alguns exemples que requereixen una transformació radical dels principis sobre els quals es fonamenten les estructures socials i polítiques i les arquitectures que les materialitzen i solidifiquen.

La capacitat d'imaginar futurs possibles i la poètica de noves formes i expressions socials es troben però en un moment complex. N'hi ha que pensen que hi ha una crisi d'imaginaris i critiquen que estem vivint en un moment d'experimentació dirigida, en escenaris socials i culturals marcats pel consumisme, el luxe i la banalitat, en un «prèmium mediocre», argumentant que només som capaços d'imaginar espais dins d'un marc neoliberal. Mentre, per una banda, apareixen una gran multitud d'alternatives amb la forma d'imaginaris distòpics o apocalíptics, tant dins del món de l'art com de l'entreteniment, per l'altra molt pocs es dediquen a produir alternatives reals o imaginaris desitjables. En els espais acadèmics més pioners i en alguns espais culturals trobem veus que fan un gran esforç per construir un imaginari alternatiu, especulatiu, en què els nous valors siguin capaços de produir noves realitats. En aquest sentit, aquestes utopies pròximes les trobem en biennals, festivals de ciutat i prototips experimentals impulsats per polítiques visionàries que busquen donar forma a les arquitectures de les cures, de la sostenibilitat retroactiva, amb noves materialitats radicals que obrin noves mirades i possibilitats envers el futur.

G

GEOPOLÍTICA

(i planetaritat)

Recorda-ho: estàs dissenyant o destruint el planeta.

Després d'una època colonial que va transitar de la Il·lustració a la modernitat, el segle XX va estar marcat per tensions entre blocs de països que buscaven dominar l'ordre global. Aquest període va veure dues guerres mundials, una escalada nuclear, la guerra freda, la carrera espacial i nombrosos conflictes regionals. Paral·lelament, durant la segona meitat del segle, moviments alternatius en arquitectura, tecnologia, contracultura i ciència-ficció van començar a imaginar un futur en què la Terra no era simplement un recurs a explotar pel capitalisme o el comunisme, sinó una entitat política i ecològica per redissenyar.

Amb l'arribada dels satèl·lits, als anys seixanta, es va ampliar la nostra mirada sobre el planeta, que va culminar amb la imatge «Blue Marble» dels anys setanta, un dels símbols del moviment ecologista. El terme *antropocè* defineix el segle XXI com una era en què la transformació biofísica del planeta és el resultat de pràctiques econòmiques i colonials, fent de la Terra un objecte de constant intervenció.

Les arquitectures planetàries modernes inclouen infraestructures com centres de dades, cables submarins, torres de telefonia, granges de captura de CO_2 i sensors climàtics. Estructures com el banc mundial de llavors de Svalbard, l'accelerador de partícules LHC i l'estació espacial són estructures que, més enllà de les qüestions locals, territorials o nacionals, celebren el desig de sentir-nos ciutadans del món. Però en realitat, tota l'arquitectura, des del pom de la porta d'entrada fins a les infraestructures i els paisatges, s'ha de pensar en clau planetària, en escales físiques i temporals que reflexionin sobre l'extracció, producció, vida i reutilització dels materials, els beneficis i els danys colaterals, en què el disseny d'un pom vagi més enllà del fet que permeti obrir i tancar portes.

H

HISTÒRIA

(i justícia)

Re-escriu, re-escriu, re-escriu.

L'escissió històrica entre les dues branques que donen lloc a l'estudi i la pràctica contemporània de l'arquitectura –la tradició politècnica i científica i l'escola *beaux arts*– fa que en moltes àrees hi hagi transferències d'una epistemologia a l'altra, i que arguments científics s'imposin als filosòfics i a l'inrevés.

En molts sectors de la professió hi ha la percepció que la història de l'arquitectura consisteix en una sèrie de narratives establertes compostes per una successió d'evolucions tècniques, estils, tipologies, edificis i desenvolupaments urbans que constitueixen la base canònica de coneixements que fonamenten la pràctica arquitectònica. La concepció que la història de l'arquitectura tal com ha estat produïda per diferents historiadors és una construcció ideològica, plena de biaixos i referents que es poden –o s'haurien– de posar en qüestió, no és una opinió ni estesa ni validada per la gran majoria d'institucions culturals i educatives.

Mentre que algunes pràctiques historiogràfiques intenten, per exemple, introduir noms de dones, com a grans oblidades i marginades d'aquests relats, la pregunta més difícil és si aquesta és la història que volem continuar investigant, complementant i compartint.

Nous estudis sobre diferents ciutats de l'antiguitat –com Nebelivka, per exemple– han produït una sèrie d'hipòtesis que posen en dubte les narratives sobre l'origen de les ciutats i les seves estructures d'estat, poder, burocràcia i control. Podem traçar tota una genealogia dels nous models urbans basats en sistemes no extractius en què la qüestió social i la igualtat entre habitants és al centre de l'urbanisme i l'arquitectura.

Des de perspectives subalternes, indigenistes, africanes, feministes, descolonials i postcolonials o mediambientals, la història de l'arquitectura s'està reescrivint per proporcionar una nova mirada que ens ajudi a construir un futur basat en les cures, la domesticitat, l'equitat, la sostenibilitat i la regeneració.

I

INTEL·LIGÈNCIA

(entre espècies)

Considera tots els habitants, no només els humans.

En un món que necessita superar la visió de l'ésser humà com a centre de totes les coses, el disseny ja no pot tenir en compte exclusivament els interessos de les persones.

Pensar la ciutat del futur –i el futur de les ciutats– té més a veure amb un urbanisme metagenòmic i holobiont, que llegeixi l'espai urbà també des de l'escala microbiòmica, on cadascú de nosaltres escollirà zones/biomes que ens ajudin a compensar o complementar els nostres biomes interns. Un coneixement més profund sobre les condicions bioclimàtiques dels territoris i genètiques de cada ésser humà ens ajudarà a buscar espais per viure-treballar-trobar-nos que tindran unes qualitats molt diferents del que busquem avui en dia a les ciutat contemporànies.

El gran repte filosòfic de les primeres dues dècades del segle XXI ha estat concebre la nostra vida en un món més que humà, en què la intel·ligència ja no és un monopoli de les persones, i la consciència animal, artificial, vegetal i humana se superposa i es barreja de diverses maneres; en què reconeixem que els rius tenen drets, que les balenes canten, o que les intel·ligències artificials poden crear art i que l'arquitectura està al servei d'aquesta multiplicitat canviant, expansiva i en transformació constant.

J
JOVENTUT
(eterna)

Naixem sols i morim sols,
però l'arquitectura fa que ens trobem.

Dissenyar i construir «un món per a tothom» només és possible si abandonem la pretensió que existeix una tipologia de ciutadà ideal, que fins fa poc era un home blanc, heterosexual, cap de família, de negocis...

Per a l'any 2030, l'UN-Habitat preveu que el 60% de les poblacions urbanes siguin menors de divuit anys. Les noves generacions estan creixent amb valors i principis molt diferents als emprats per dibuixar les arquitectures i les ciutats que habitem, majoritàriament dissenyades per homes per a homes. Els joves promouen una societat de gènere neutre, fluida i inclusiva. Les pràctiques polítiques sovint allunyen de l'esfera i l'espai públics els joves, que tenen una forta consciència de les qüestions climàtiques o relatives a la salut mental. Mentre que moltes ciutats han fet esforços per pensar les ciutats per als infants i la gent gran, la joventut és una de les grans oblidades.

Una arquitectura que es proposi atendre les necessitats físiques i emocionals dels ciutadans en les diverses etapes de la seva vida és una arquitectura que mira de trobar solucions constructives i urbanístiques que tinguin en compte la neurociència ambiental i el teixit de les cures. L'arquitectura ha de crear les condicions perquè els petits i els grans, i especialment els joves, siguin capaços de trobar un espai on desenvolupar-se, coincidir i emancipar-se.

K

KPI

(o mesurar)

Dissenya models (ficcions) que generin valor, no rendiments econòmics.

Mesurar, quantificar les dimensions físiques o intangibles d'un lloc, és articular fets per construir valors. Allò que es pot mesurar pot ser capitalitzat, historitzat i venut. En el procés de creació d'edificis, paisatges i espais per acollir-hi relacions socials, emocionals, energètiques i polítiques, els arquitectes fan visibles les funcions de la societat en termes operatius i aspiracionals. De les idees al dibuix, als edificis, a les ciutats, l'arquitectura s'encarrega primer d'identificar les forces generadores d'un projecte, després de representar-les i, finalment, de traduir-les en un espai de construcció capaç de resoldre les funcions, efectes i afectes desitjats.

Al segle XX es van estandarditzar aspectes com la higiene, la ventilació i l'accessibilitat com a elements essencials per al benestar. Factors com la pol·lució acústica i la qualitat de l'aire s'han convertit en elements importants tant en el disseny urbà com en l'edificació. Tot i que hi ha publicacions i entitats internacionals que divulguen índexs que comparen el nivell de qualitat de vida entre ciutats, sovint no es donen a conèixer els criteris emprats, cosa que genera desconfiança sobre els seus mètodes i objectius.

La terminologia dels indicadors clau de rendiment (KPI, per les seves sigles angleses) s'ha traslladat de l'economia a l'anàlisi urbana, de manera que s'aplica una perspectiva de rendiment a l'avaluació de les ciutats. Aquest enfocament crida a reflexionar sobre els valors que desitgem que les nostres arquitectures representin i generin en la vida quotidiana. Amb el desenvolupament de les tecnologies de mesura, especialment a través de dispositius mòbils, s'obre la possibilitat de gestionar i avaluar l'impacte de l'arquitectura des d'una perspectiva ciutadana, cosa que permetria anar més enllà dels rànquings globals i orientar les estratègies de disseny de futur des de contextos locals amb diferents prioritats i valors, amb l'oportunitat de contrastar diferents models, i amb transparència.

L

LLEIS

(o els encants de la burocràcia)

Crea els marcs legals que la veritable llibertat necessita.

L'arquitectura, abans que ciutat, paisatge o edifici, és avui en dia un espai legal. Un conjunt de lleis estipulades per institucions reguladores supranacionals –com pot ser la Unió Europea–, nacionals, regionals: plans generals, metropolitans, municipals, plans especials, variacions locals i veïnals que regeixen el que es pot construir i com.

La majoria d'aquests marcs legals, produïts per ordenar el territori (i en el millor dels casos promoure un creixement sostenible) s'han basat en una idea de societat amb ideals habitacionals, productius, de lleure, etc., que han donat lloc a una arquitectura clarament obsoleta davant dels reptes contemporanis i els desitjos de les societats actuals.

Els grans dissenys del futur seran espais legals disruptius, en els quals les ciutats seran capaces d'innovar radicalment en la seva capacitat de regular i construir la ciutat amb nous incentius, principis i valors. Si no podem escapar dels espais regulats –la convivència ho demana–, almenys creem noves regles que ens permetin conviure amb creativitat, imaginació i llibertat.

M

MULTICULTURALITAT
(i localismes)

Sigues «culturalista», de tantes cultures com puguis.

Històricament, les grans ciutats han estat centres cosmopolites on diverses cultures i intel·ligències han intercanviat idees i creat nou coneixement. Aquesta riquesa cultural es reflecteix en les arquitectures urbanes que testimonien el pas del temps i les diverses cultures que hi han residit, mostrant com les estructures de poder són traduïdes en l'espai. Fins al segle XX, les ciutats integraven la seva lògica territorial i climàtica amb la identitat local, i regulaven la interacció entre noves influències i aspectes locals.

Al segle passat, la urbanització ràpida, el comerç global i l'emergència d'estils internacionals van homogeneïtzar les arquitectures a escala mundial, creant un paisatge urbà gairebé indistint, amb centres comercials, oficines i barris residencials similars arreu del món. Ara, els nostres temps desafien aquests estàndards i busquen un retorn als regionalismes bioclimàtics i a les estètiques locals; es valoren les arquitectures vernaculars i els processos ancestrals per reconnectar el territori, el clima i les societat locals.

Al mateix temps, persisteix la necessitat d'una societat multicultural que reconegui la diversitat de veus en termes de raça, gènere, sexualitat i més, cosa que ens desafia a equilibrar la valoració del localisme amb la inclusió, sense recórrer a pràctiques que excloguin determinades opcions o que siguin homogeneïtzadores.

N

NO

Aprèn a dir no.

Al segle XXI, els arquitectes estan aprenent a dir no. Per qüestions ètiques, per raons ecològiques, per justícia social.

O

OBLIT

(substracció i resignificació)

Sigues valent per conservar i just per oblidar.

L'entorn construït no solament es forma mitjançant l'addició i la construcció, sinó també a través de la substracció i l'esborrat. Les dinàmiques de poder polític, els interessos econòmics i les ideologies socials influeixen en els processos de destrucció i construcció en el desenvolupament urbà. Més enllà dels conflictes bèl·lics, certs espais i estructures de valor simbòlic són deliberadament esborrats del teixit urbà per reforçar determinades narratives o per servir agendes específiques.

Mentre que monumentalitzar, museïtzar, historitzar o descatalogar, abandonar, desmitificar narratives, obres d'art i edificis des del poder i la corrupció és fàcil, el més difícil és fer-ho des del consens, la democràcia i la justícia.

Els fòrums que dictaminen les raons per les quals preservar o descatalogar, recordar o oblidar, perpetuar ferides o reparar, actuen des de l'administració, les regulacions i la burocràcia. Les dinàmiques complexes i sovint passades per alt que configuren els paisatges físics i socials de les nostres ciutats, territoris naturals i entorns construïts estan començant a entrar en el debat públic. És essencial expandir les mirades i perspectives del valor d'allò que ens envolta i de qui i com volem aprendre, recordant i oblidant.

P

PROFESSIÓ
(i altres potencialitats)

Els arquitectes fan més que edificis.

La pràctica de l'arquitectura va més enllà de la construcció d'edificis físics, amb només el 40 % dels graduats en arquitectura a la UE que finalment es dediquen a aquesta activitat tradicional. Molts arquitectes aporten el seu talent i habilitats de pensament relacional a altres professions, creant construccions i artefactes institucionals, culturals i socials que impacten profundament en la societat. Aquesta diversificació desafia la noció tradicional d'arquitectura, suggerint la necessitat de repensar els mecanismes que encara avui en dia defineixen la professió.

D'altra banda, els arquitectes que continuen treballant en la construcció d'edificis s'enfronten a dilemes ètics significatius, ja que l'arquitectura s'ha transformat en un àmbit dominat per l'especulació financera i el negoci, allunyant-se del bé comú. Això obliga molts professionals a col·laborar amb promotors i fons d'inversió per sobreviure econòmicament, malgrat que aquesta participació sovint els distancia de projectes socialment necessaris.

La situació actual mostra que els arquitectes sovint són relegats a fer de simples executors de decisions preses per altres, amb poc marge per influir en projectes innovadors que realment podrien beneficiar la societat. A més, l'avenç de la tecnologia, incloent-hi la intel·ligència artificial, podria fer que molts arquitectes –els que «senzillament» construeixen edificis– siguin prescindibles en el futur.

Per tant, és crucial transformar tant la professió com l'educació en arquitectura per fomentar el pensament crític i un lideratge més gran en la presa de decisions per dissenyar els marcs legals, econòmics i culturals que defineixen les ciutats i l'arquitectura de demà, inclòs el disseny de la professió.

Q

QÜESTIONS CLAU

(preguntes clau)

¿Què passa amb l'espai públic, l'habitatge, l'educació, la cultura?

La forma del territori i de la ciutat contemporània està tensionada per una multiplicitat de problemàtiques superposades (moltes ja presentades al llarg d'aquest text). La capacitat de l'arquitectura per operar en aquesta «policrisi» o «permacrisi» que abasta des d'allò ecològic a allò democràtic i econòmic és limitada. Per oferir respostes efectives i socialment beneficioses, primer hem de formular, enumerar i abordar les preguntes que qualsevol arquitecte, urbanista o gestor de l'espai públic avui no pot passar per alt. El futur de l'arquitectura durant les properes dècades passa, inevitablement, per forjar nous imaginaris que prefigurin si no respostes, almenys vies de transformació de l'statu quo, i en aquest procés les preguntes al voltant del que és públic són essencials per produir un debat compartit i col·lectiu.

L'espai públic, sovint sacrificat al model de mobilitat privada i el cotxe, requereix una redefinició que prioritzi noves formes d'ús, accés i governança.

Habitatge: s'ha convertit en un instrument d'inversió i especulació, impulsat pel turisme i la *sharing economy*, fenomen que distorsiona la funció de les ciutats com a espais de vida comunitària. Aquesta situació crida a la creació de models que facilitin l'accés a habitatges assequibles i dignes, essencials per millorar la qualitat de vida urbana.

Cultura: en un context en què la cultura ha estat utilitzada per promoure la gentrificació i l'especulació immobiliària, és imperatiu desenvolupar un nou model cultural que es desvinculi activament i legalment de les forces de la finançarització i revaloritzi les arts com a pilar de regeneració urbana i social.

Ecosistemes i territori: els ecosistemes i els territoris rurals i naturals requereixen protecció davant l'extractivisme i els impactes del canvi climàtic. L'arquitectura i el planejament –i en especial les polítiques de desenvolupament– han d'expandir el seu focus més enllà de l'urbà cap al rural i el natural, contribuint a estratègies que suportin la conservació d'ecosistemes i el desenvolupament sostenible.

R

RECREIXEMENT

(i responsabilitat)

Repensa el desenvolupament no només com a expansió sinó com a millora i reparació dels sistemes ecològics i socials.

Quan ens enfrontem al terme «decreixement», emergeix una dolça però fosca ira generacional. Una mena de ressentiment cap a aquells que ja hi eren abans apareix lentament, com un amfitrió involuntari. El decreixement ens convida a reduir el consum, la producció i l'activitat econòmica global com a mitjà per aconseguir la sostenibilitat ambiental i la justícia social.

Aquesta noció ens desafia a revisar i, potencialment, revertir el camí de progrés i creixement perpetuat pel capitalisme, que s'ha alimentat de l'explotació desregulada de recursos i treball, i ha produït contaminació massiva i desigualtats profundes.

El decreixement implica una reconsideració crítica dels indicadors econòmics tradicionals, com el PIB i les taxes d'interès que han guiat les polítiques i el desenvolupament a escala global.

Audre Lorde va resumir aquest repte quan va afirmar que les eines del mestre mai no desmuntaran la casa del mestre, insinuant que potser calen estratègies alternatives, no oposades directament al sistema existent, per desmuntar les estructures actuals.

Una proposta diferent és el «recreixement», que busca reinterpretar el món i reconstruir-lo amb noves eines i models de coexistència que superin la pura financiarització del nostre entorn. Aquesta visió es beneficia de l'impuls humà per crear, innovar i créixer en dimensions intel·lectuals, emocionals i socials. En l'arquitectura, el recreixement implica dissenyar edificis que no sols minimitzin els danys, sinó que activament contribueixin a la regeneració ambiental, social i cultural, absorbint la contaminació i generant energia, fent-nos responsables del passat mentre construïm un futur sostenible i regeneratiu.

S

SOLITUD
(i salut mental)
Tothom se sent sol, ¿pots dissenyar contra això?

El concepte de família nuclear està sent qüestionat arreu del món, especialment el model de parella heterosexual amb fills habitant les perifèries urbanes. Aquest model ha facilitat estructures en què la violència de gènere és recurrent i l'aïllament dels ancians està normalitzat, deixant-los sols en zones desconnectades sense teixit urbà ni espais públics, on els mitjans digitals són sovint l'únic vincle amb la comunitat o allò col·lectiu.

Aquest aïllament ha tingut un impacte negatiu en la salut mental de la ciutadania: tant gent gran com adolescents experimenten alts nivells d'ansietat, estrès i solitud. Al mateix temps, la ciutat, tradicionalment un lloc de convergència social, ara sovint serveix més com a escenari per al turisme que com a espai de suport i interacció humana.

Els espais urbans contemporanis estan fallant a l'hora de servir com a llocs de trobada, suport i reflexió col·lectiva, i els dissenys existents contribueixen a un augment de la solitud en gent de totes les edats. Una ciutat ben pensada per ser habitada pels ancians hauria de requerir espais públics amb zones de descans molt més denses i serveis públics accessibles, i cobrir les necessitats bàsiques dels cuidadors. Una ciutat ben pensada per a pares i mares hauria de donar suport a l'alletament en l'espai públic… i així podríem fer una extensa llista sobre com dissenyar la ciutat dels que reben cures tenint present tota la ciutadania individualment i en conjunt.

L'arquitectura i les polítiques urbanes necessiten innovar i proporcionar espais que fomentin la interacció social, emocional i intel·lectual, per abordar aquestes problemàtiques i millorar la qualitat de vida urbana d'una manera transgeneracional amb el focus en tot allò emocional.

T

TRANSVERSALITAT
(i canvi)

Connecta els punts existents, facilita converses difícils i dissenya desacords productius.

L'arquitectura del segle XX produeix espai i assigna funcions als seus edificis, evidenciant que opera en una societat de límits rígids, on les diferents esferes de la vida estan delimitades amb precisió i poca permeabilitat. El disseny de la llar, l'espai laboral, les institucions al voltant de les quals s'organitza la vida comuna, els equipaments –l'escola bressol, l'hospital, el mercat i la biblioteca pública–, responen a criteris d'optimització funcional en una societat que es percep com a relativament estàtica i predictible.

La ciutadania del segle XXI, però, ha de negociar constantment barreres poroses, condicions de provisionalitat, transicions d'una fase a una altra. Un habitatge pot ser l'espai d'una unitat familiar estable o pot acollir habitants en rotació periòdica o transformar-se temporalment en allotjament turístic. El precariat creatiu i el nomadisme digital distribueixen la seva jornada laboral en l'espai i el temps, a través de cafès, coworkings i aeroports. Els espais industrials en decadència es reconverteixen en centres d'art i sales de projecció immersiva, en una cursa constant per a la revalorització del capital immobiliari en desús.

Una arquitectura més transversal i adaptable pot facilitar l'emergència de noves oportunitats, i així vincular el present amb futurs possibles i permetre a la ciutadania explotar plenament el seu potencial creatiu i social.

U
UTOPIA
(i la crisi d'acció)

Pensant en el futur, el més pragmàtic és ser utòpic.

Les qüestions actuals sobre el clima i la desigualtat han estat al centre de moltes de les visions utòpiques dels futurs passats. *Utopia*, un terme àmpliament utilitzat en l'arquitectura, la filosofia política i els cercles literaris des de la seva aparició a mitjans del segle XVI, ha significat moltes coses al llarg del temps. Malgrat les diferències, les utopies positives, les utopies negatives, les utopies agràries, les utopies feministes, les utopies industrials, totes comparteixen l'impuls de produir una alternativa a l'estat actual i a les formes d'hàbitat existents. Una utopia, en la seva essència, posa en dubte el marc ideològic dominant, proclama una nova condició desitjable i desenvolupa una metodologia d'acció.

L'arquitectura participa en la construcció de les societats en la mesura que proporciona imaginaris possibles sobre com podem viure junts. Més enllà de donar forma a acords socials, econòmics, energètics, ambientals, culturals i polítics preexistents, l'arquitectura té la capacitat –i la responsabilitat– de produir noves articulacions del contracte social en totes les seves manifestacions. A les escoles d'arquitectura i als laboratoris de pensament avançat, abunden idees transformadores capaces de posar en marxa formes alternatives de reconstituir les nostres societats i territoris. El que no hi ha és una articulació entre la imaginació i el capital creatiu, i l'acció política i la construcció.

Si estem d'acord en el fet que les societats occidentals estem en una crisi d'acció creativa –no pas d'imaginació– i que la gran majoria del capital creatiu està sent monopolitzada per règims polítics i econòmics en altres geografies del planeta –unes amb grans mancances socials i democràtiques, però d'altres amb un gran esperit de transformació i de canvi–, aleshores ens trobem davant d'una situació en què la utopia i la creativitat han emigrat d'Occident.

V

VALOR
(i habitatge)

Produeix (dissenya) valor en benefici de la comunitat i la sostenibilitat planetària.

La finançarització de l'arquitectura i la privatització del territori i les infraestructures han transformat el planeta en un escenari on el bé comú i l'espai públic es perden progressivament. Aquesta mercantilització extensa afecta elements tan fonamentals com l'aigua i fins i tot espais extraplanetaris, cosa que ens porta a una crisi d'allò comú. El concepte d'«habitatge» oscil·la entre ser un dret humà i un actiu fiscal. Les grans ciutats pateixen escassetat d'habitatges assequibles a causa de l'especulació immobiliària, dominada per fons d'inversió que prefereixen el luxe a la funcionalitat residencial o a la responsabilitat social, operant dins de marcs polítics i legals que els ho permeten.

Aquest marc ha fet que l'accés a l'habitatge estigui influenciat per estètiques i tipologies que reforcen divisions de classe, sustentades per estructures econòmiques com les hipoteques i els préstecs, que imposen un control social. Els governs han fracassat a l'hora de regular aquesta situació durant les dues primeres dècades del segle XXI, tot i alguns experiments cooperatius que ofereixen alternatives, encara insuficients.

Els arquitectes, que creen valor tangible a través del seu treball, rarament gaudeixen de beneficis econòmics (proporcionalment molt inferiors als de les agències immobiliàries o altres intermediaris del sector). És essencial replantejar el rol dels arquitectes no només com a dissenyadors, sinó també com a agents estratègics en la distribució de valor, de manera que tant propietaris com professionals de l'arquitectura puguin participar justament en els beneficis generats. Així, es podria protegir l'espai social i polític dels efectes destructius de la mercantilització, assegurant que projectes immobiliaris –d'habitatges, equipaments, oficines, museus...– serveixin veritablement al bé comú.

W-XYZ

W-XYZ

Pensa més enllà de les coordenades espacials xyz, pensa en el món i la xarxa salvatge WWW (the world wild web).

El World Wide Web s'ha convertit en el gran espai del segle XXI. Si tradicionalment l'arquitectura s'ha pensat com la producció d'espai (tècnicament representat per les coordenades XYZ), avui en dia les persones que utilitzen navegadors es passen una mitjana de sis hores al dia en un entorn digital o virtual. Aquests espais de treball, aquestes arquitectures d'informació, de lleure, d'exploració (i també de desinformació, addicció i explotació), cada cop es pensen més com a espais experiencials, emocionals, amb qualitats que van molt més enllà de l'espai físic però que tanmateix permeten correlacions. Si durant la pandèmia molts arquitectes van començar a dissenyar espais de trobada virtuals, i les experiències de realitat augmentada i virtual estan en creixement, no hi ha cap mena de dubte que el futur de l'arquitectura passa per una reflexió profunda d'aquests nous espais que les tecnologies ens poden oferir per qüestionar, redefinir i desafiar aquelles estructures que les arquitectures físiques i les ciutats i els territoris –amb les seves polítiques– tan lentament accepten de transformar.

■

Ara que ja som a la tercera dècada del nostre segle, ens trobem davant d'un panorama ple de crisis i oportunitats, amb conflictes armats que afecten bona part de la població mundial i amb uns desafiaments planetaris de gran importància per a la supervivència humana. En aquest context, l'arquitectura es veu forçada a repensar-se des de múltiples perspectives, des del món digital fins al biològic, i recalibrar la seva relació amb els diferents aspectes de la societat i el medi ambient. Per damunt de tot, hi ha la necessitat d'una arquitectura que no solament s'adreci a l'estètica o a la funcionalitat, sinó que també assumeixi un rol actiu en la promoció de la justícia social, la sostenibilitat i l'equitat. Això requereix un canvi paradigmàtic en la formació arquitectònica i professional, i des d'aquestes línies encoratjo a una pràctica més conscient i compromesa amb els desafiaments actuals i futurs; que s'alineï la disciplina amb les necessitats reals de la societat i el planeta. Les perspectives proporcionades en aquest petit diccionari –abreujat per qüestions d'espai– a través de termes com *agència*, *bellesa*, *classe*, *decadència*, *educació*, *futur*, *geopolítica*, *història*, *intel·ligència*, *joventut*, *KPI*, *lleis*, multiculturalitat, *no*, *oblit*, *professió*, *qüestions*, *reconèixer*, *soledat*, *transversalitat*, *utopia*, *valor*, *W-XYZ*, formen un glossari inicial per a una reflexió oberta sobre les nostres responsabilitats i obligacions envers futures generacions que esperem que vagi més enllà del segle XXI.

EL MODEL BIENNAL: ¿FER MONS?

Carolina Ciuti

La primera vegada que vaig visitar la Biennal de Venècia tenia dinou anys. Al cap d'uns mesos vaig començar els estudis d'Història de l'Art a la Universitat de Florència, i aquell viatge va adquirir una importància simbòlica com a preàmbul d'un nou començament. Era l'any 2009, i el certamen celebrava la seva 53a edició sota la direcció artística del comissari i crític suec Daniel Birnbaum. L'esdeveniment, titulat *Making Worlds – Fare mondi*, volia posar en relleu la importància del procés creatiu, alhora que buscava celebrar la centralitat de l'art en la representació de noves visions del món.

> El títol de l'exposició expressa el meu desig d'emfasitzar el procés de creació. Una obra d'art representa una visió del món i, si es pren seriosament, es pot veure com una manera de fer un món. La força de la visió no depèn del tipus o de la complexitat de les eines posades en joc. Per tant, totes les formes d'expressió artística hi són presents: instal·lació, vídeo i film, escultura, performance, pintura i dibuix. [...] *Making Worlds* és una exposició impulsada per l'aspiració d'explorar els mons que ens envolten i els que tenim per davant. Vol plantejar possibles nous inicis.[1]

1. Nota de premsa de la 53a edició de la Biennal de Venècia. [Si no indiquem

D'aquella edició en tinc pocs records, entre els quals hi ha la instal·lació multimèdia *Experiment*, de Nathalie Djurberg, que aquell any va guanyar el Lleó de Plata pel seu potencial com a artista emergent. Es tractava d'un jardí surrealista compost per més d'un centenar de plantes fetes amb diversos tipus de plàstics, cartó i filferro. Entre elles hi havia distribuïts una sèrie de vídeos en *stop-motion*, dels quals Hans Berg va compondre la banda sonora. També em ve al cap la instal·lació *Loop*, de Roman Ondak, que va traslladar arbustos i arbres autòctons dels Giardini de la Biennal a l'interior del pavelló txec i eslovac, amb l'objectiu de convidar el públic a pensar el recinte expositiu com a lloc natural i no només com a context cultural. També recordo que el pavelló polonès acollia *Guests*, una videoinstal·lació de Krzysztof Wodiczko, la qual, simulant la presència d'enormes finestrals projectats que amagaven escenes quasi invisibles, abordava la problemàtica multicultural de l'alteritat.

Fora del circuit central de la Biennal, entre els pavellons nacionals situats en altres zones de la ciutat, hi havia el pavelló mexicà, que, a la seu del Palazzo Rota Ivancich, presentava la intervenció *¿De qué otra cosa podríamos hablar?*, de Teresa Margolles. Prenent com a punt de partida l'onada de violència generada pel narcotràfic a Mèxic, l'artista va voler realitzar una sèrie d'intervencions que, explorant la idea d'abjecció, pretenien sacsejar el debat públic al voltant de la qüestió.

Però el meu record d'aquella Biennal està vinculat sobretot amb el pavelló holandès, on vaig passar una bona estona després de completar el primer dia de visita als Giardini. Fiona Tan

---

el contrari, totes les traduccions al català dels fragments citats són de Carolina Ciuti (N. dels ed.)]

representava el país amb el projecte *Disorient*, que prenia el nom de la peça central, un vídeo de dos canals que il·lustrava la posició destacada de Venècia en la història de la geoestratègia abans que el descobriment de noves rutes cap a l'Àsia diluís el seu poder.

La instal·lació s'acompanyava de la sèrie de fotografies *Provenance* i del díptic audiovisual *Rise and Fall*, que va ser el punt de partida per a l'escriptura de la meva tesina de màster uns anys més tard. Entre altres coses, la peça proposava una reflexió sobre la construcció de la memòria i la seva influència en la percepció del present.

> Amb aquesta peça, volia tornar a explorar el rol de la memòria i la seva connexió amb les imatges al nostre cap. Sembla que el cinema tingui un paper destacat en aquesta relació. Recentment, he pres encara més consciència de com la memòria pot ser inexacta [...] Això m'ha permès desenvolupar un cert interès en les peculiars creacions de la meva. Les pel·lícules i els records poden transportar-te a llocs i temps diversos. L'experiència s'assembla a la d'una doble projecció, la sensació de trobar-se a dos llocs diferents alhora.[2]

Efectivament, mentre recupero la memòria d'aquell viatge a Venècia, tinc la sensació que els records es despleguen davant meu com en un díptic cinematogràfic: d'una banda, el secret de com les coses es van desenvolupar llavors; de l'altra, la seva recopilació afectada pel pas del temps, la interpretació emotiva

2. Fiona Tan, *Rise and Fall*. Catàleg de l'exposició a la Vancouver Art Gallery, Aargauer Kunsthaus, 2010, p. 128.

i l'experiència –entesa aquí com a coneixement de la vida viscuda després.

Making Worlds – Fare mondi va marcar, sens dubte, un moment important per a mi, anticipant l'entusiasme pel començament d'una nova carrera acadèmica en l'àmbit artístic. Al mateix temps, va inaugurar una sèrie de viatges biennals i ineludibles a Venècia, que acompanyarien no sols la meva formació universitària, sinó també l'evolució (o involució) d'un model de manifestació artística globalitzat.

Segons reporta la mateixa Biennal en els seus arxius històrics, la 53a edició del certamen va atraure un nombre rècord de 375.702 visitants,[3] una xifra que es va superar en les edicions posteriors, fet que reflecteix la creixent popularitat de l'esdeveniment. Malgrat això, la mostra va rebre bastantes crítiques: entre elles, l'escassa presència femenina, la manca de representació dels països del continent africà –tal com van destacar l'escriptor Dan Fox i l'editora i crítica Jennifer Higgie en un alfabet viral redactat per a la revista *Frieze*–,[4] i el fet d'incloure «els mateixos artistes que ara participen en tot aquest tipus d'exposicions».[5]

De fet, com veurem més endavant, amb el temps el «model Biennal» ha anat replicant-se en tota mena de manifestació artística periòdica. La pràctica de les biennals com a model establert respon a objectius metodològics comuns, que es

3. La Biennale di Venezia, *The recent years* (1999-2023): https://www.labiennale.org/en/history/recent-years

4. Dan Fox i Jennifer Higgie, «53rd Venice Biennale: A-Z. A guide», *Frieze*, 1 de setembre de 2009: https://www.frieze.com/article/53rd-venice-biennale-z

5. Jerry Saltz, «Entropy in Venice», *Artnet*, 29 de setembre de 2009: http://www.artnet.com/magazineus/features/saltz/venice-biennale6-29-09.asp.

relacionen sovint amb la promoció o el rescat d'un context regional o nacional en la intersecció amb les inevitables influències internacionals.

A partir dels anys vuitanta es va anar configurant com un mapa molt extens, i avui les biennals es manifesten com un entorn increïblement homogeneïtzat. Tot i això, aquestes manifestacions temporals segueixen sent certàmens imperdibles en l'agenda artística contemporània, mentre es presenta la qüestió de si continuen sent dimensions estimulants des d'on «plantejar possibles nous inicis».[6]

Quan vaig rebre la invitació per escriure aquest text, que volia constituir una proposta, sens dubte arriscada, per reflexionar sobre l'estat de l'art contemporani, vaig recordar el primer cop que vaig visitar la Biennal de Venècia. En aquell moment de completa fascinació, vaig sentir que estava en el lloc adequat per explorar no només les diverses tensions artístiques,[7] sinó també com aquestes tensions reflectien el món.

Sense l'ambició d'oferir ara un panorama exhaustiu sobre l'art contemporani, considero que podria ser interessant mirar el moment actual a través del filtre de les biennals i, fins i tot, reflexionar des d'una perspectiva situada i personal sobre què

6. Nota de premsa de la 53a edició de la Biennal de Venècia.

7. La paraula *tensió* deriva de la mateixa arrel indoeuropea que *tendència*: *-ten*, que significa «estirar» o «tensar». És fascinant notar com una cosa que és capaç de generar tensions pot, al mateix temps, compartir terreny amb fenòmens de moda. En aquest sentit, he decidit utilitzar la paraula *tensió* per destacar el potencial que té l'art per generar debats que qüestionin l'època en què vivim. D'altra banda, aquesta arrel etimològica compartida ens ofereix una visió reveladora sobre pràctiques que tenen un poder transformador rellevant, les quals, amb el temps, es converteixen simplement en tendències. Aquesta transformació sovint es deu a la fagocitació per part de determinades classes socials o pel mercat.

ens expliquen el naixement i la difusió de les biennals en relació amb el món que habitem.

Referint-me a les paraules del comissari Daniel Birnbaum, si bé és cert que l'art per si mateix té el potencial de comentar el present, d'anticipar el futur i, d'aquesta manera, «fer mons», em pregunto si les biennals actuals tenen la capacitat de recollir i amplificar aquesta inclinació o si, senzillament, s'han convertit en esdeveniments desinflats i de moda, que han perdut tota empenta crítica. Per una qüestió de proximitat i coneixement,[8] aquest assaig se centrarà sobretot en la Biennal de Venècia, un esdeveniment clau per a l'auge d'aquest model de manifestació a escala global.

DISPOSITIUS DE PODER I POSSIBILITAT

Segons es desprèn de l'informe *Global Biennal Survey 2018*,[9] avui en dia hi ha més de tres-centes biennals arreu del món –i n'han aparegut d'altres en aquests últims sis anys–. La centralitat de la de Venècia, que va veure la llum a finals del segle XIX, va donar pas a una cultura de les biennals que, entre finals dels anys vuitanta i principis dels noranta, va experimentar una autèntica explosió a escala global.

Tot i les especificitats pròpies de cada manifestació internacional, les raons per a l'establiment d'una biennal es poden

8. Vaig néixer i créixer a Itàlia. La Biennal de Venècia, en tots els seus vessants, sempre ha tingut un paper central en la cultura del meu país –com ho evidencien les múltiples confrontacions polítiques per controlar-ne els càrrecs presidencials.

9. Ronald Kolb i Shwetal A. Patel, «Survey review and considerations», *Global Biennial Survey 2018*, *On Curating*, núm. 39.

identificar amb una sèrie de factors comuns que han perdurat al llarg del temps. Entre ells, destaca la voluntat de mitigar crisis socials en contextos de postguerra; impulsar regions econòmicament deprimides; fomentar les inversions internes, així com obrir-se a la creació i a la innovació cultural i tecnològica. Aquest conjunt de motivacions sovint es desenvolupa en la intersecció dinàmica entre el mite nacionalista i l'empenta internacionalista.

> Des d'un punt de vista cronològic, les biennals s'inspiren i s'inscriuen dins de la història de les comunitats nacionals que les organitzen. Amb una periodicitat i ritualitat imposades pel seu caràcter d'esdeveniment, revelen una doble naturalesa com a mapa temporal i lloc on l'exercici de presentar el present deixa entreveure la celebració del passat i de la identitat nacional. Moltes biennals, de fet, es conceben a través de diverses fases transitòries, percebudes com a moments de canvi dins de la comunitat nacional que les proposa.[10]

L'any 1893, l'administració municipal de Venècia, dirigida per l'alcalde Riccardo Selvatico, va decidir establir una exposició artística nacional biennal, que s'havia d'inaugurar el 22 d'abril de 1894. Tot i així, la Biennal no va obrir fins al 30 d'abril de 1895, coincidint amb les noces de plata d'Humbert I i Margarida de Savoia. En aquell context, aquella manifestació buscava simultàniament destacar l'èxit de la casa regnant i abordar la discussió sobre la recent unitat nacional proclamada l'any 1861. Tot i això, l'estatut signat l'any 1894 establia que la institució havia de funcionar contemporàniament com a lloc per celebrar

10. Federica Martini, «Una Biennale, molte biennali», a F. Martini i V. Martini (ed.), *Just Another Exhibition: Storie e politiche delle biennali*. Milà: Postmedia Books, 2011, p. 16.

el caràcter vernacle de la creació artística italiana en totes les seves regions, i com a plataforma des de la qual explorar la polifacètica producció *oltralpe*.

La tensió entre aquests dos vessants, que suposadament havien de dialogar, es va amplificar amb la ideació dels Pavellons Nacionals l'any 1907, per voluntat del secretari general de la Biennal, Antonio Fradeletto. D'aquesta manera, l'organització pretenia assignar un espai expositiu equilibrat tant a les diverses regions italianes com als països estrangers convidats.[11]

L'evolució de la topografia de la Biennal entre 1907 i 1928 reflectia una imatge geopolítica precisa. Els primers pavellons que es van planificar com a complement del Palazzo delle Esposizioni, que mantenia una importància central, van ser els de Bèlgica, el Regne Unit i Hongria, seguits de França, Espanya, Alemanya, els Països Baixos, Txecoslovàquia i la Unió de les Repúbliques Socialistes Soviètiques (URSS).[12]

Tot i que la construcció d'alguns d'aquests edificis no es va completar fins uns anys més tard, els plànols topogràfics dels Giardini d'aquella època revelaven clarament uns (des)equilibris polítics i econòmics que eren resultat de segles de colonització, per una banda, i dels desenllaços de la Primera Guerra Mundial, per l'altra.

L'estructura multicel·lular del pavellons –que encara avui dia marca de manera contundent l'experiència de la Biennal, plantejant interrogants urgents sobre la necessitat d'una revisió

11. Vittoria Martini, «L'evoluzione di un modello espositivo. La Biennale di Venezia come entità nel tempo», a *Just Another Exhibition: Storie e politiche delle biennali*, op. cit. p. 44-45.

12. Ibíd.

profunda– era l'expressió dels patriotismes arrelats que connotaven una determinada part del món. Tal com va escriure el crític d'art Bruno Alfieri en un article per a la revista semestral *Metro: The International Review of Contemporary Art* l'any 1966, amb el sistema dels pavellons la Biennal es va convertir en una exposició caracteritzada per la «participació autònoma de països individuals»,[13] més que per la interconnexió entre cultures.

Per totes aquestes raons, aquest sistema –que persisteix en l'actualitat– va començar a ser qüestionat com a conseqüència de la Segona Guerra Mundial. El conflicte va redissenyar els equilibris interns al continent europeu, posant en dubte la solidesa dels estats nació de derivació vuitcentista.

Davant d'aquesta crisi política, econòmica i social sense precedents en la història de la Biennal, la institució tenia el deure irrefutable de plantejar-se quin havia de ser el seu paper i a quin tipus de públic volia dirigir-se. Tot i haver-se consolidat com una gran exposició internacional que, en un futur proper, es replicaria i es renovaria en altres indrets d'Europa i del món, la Biennal es trobava davant d'una cruïlla: continuar amb un model expositiu obsolet o buscar una via per tornar a ser rellevant en un món en ràpida transformació. Per primera vegada i de forma contundent, es posava de manifest de quina manera un esdeveniment amb tanta visibilitat i poder narratiu potencial havia de començar a actuar com a institució pública, recuperant sobretot el seu valor cultural.

A més a més, mentre l'esdeveniment venecià travessava un moment de crisis ineludibles, arreu del món anaven sorgint altres

13. Ibíd.

biennals que feien que la pressió sobre la necessària renovació del model italià fos encara més forta. Entre elles, la Biennal de São Paulo (1951), la Biennal de París (1959) i també altres esdeveniments periòdics que ampliaven i revisaven el model original, com era la Documenta a Kassel (1955) i la Triennal-India (1968). Aquestes manifestacions desafiaven el paper central de Venècia i imposaven noves mirades sobre l'art i sobre el món.

Documenta, especialment, destacava per haver-se estrenat com a plataforma amb una precisa missió crítica i cultural. Concebuda pel seu fundador i comissari, Arnold Bode, com a «museu dels cent dies», la mostra havia de respondre a tres objectius principals: la reforma urbanística de la ciutat de Kassel, destrossada pels bombardejos durant la Segona Guerra Mundial; la necessitat d'afrontar col·lectivament, per part d'Alemanya, les tràgiques conseqüències del nazifeixisme; i la voluntat de recuperar i explorar aquell art etiquetat com a «degenerat» pel règim obscurantista.

Encara més concretament, l'exposició volia documentar de manera transparent l'evolució historicoartística del segle XX i dirigir al seu públic una invitació a aprendre de les expressions estètiques contemporànies com a miralls infal·libles d'una època.

Un mandat semblant, de fet, era el que s'exigia a la Biennal de Venècia. Aquesta demanda es va manifestar de manera encara més radical amb ocasió de les múltiples protestes que van tenir lloc en el marc de l'edició del 1968. La institució havia acabat per promoure un model insostenible i obsolet. En un panorama artístic contemporani cada vegada més dinàmic, la mostra veneciana semblava haver perdut tota mena de rellevància.

> En lloc de promoure una cultura autònoma, oberta al coneixement i a la crítica, [la manifestació] semblava irrefutablement lligada a la política [nacional] i viciada per criteris organitzatius casuals. Aquest sistema generava exposicions més devotes al mercat que a la recerca crítica i científica. En segon lloc, es contestava la Biennal pel seu retard en termes culturals i estructurals [...] Els estudiants es van adonar que la Biennal era morta com a fet cultural i ho van expressar en veu alta, generant aldarulls molt violents amb la policia.[14]

Comparada amb la nounada Documenta de Kassel, la Biennal de Venècia semblava ser un espai excessivament tancat, afectat per les seves pròpies limitacions congènites. ¿Quina havia de ser la funció de la institució? ¿A quin públic s'havia de dirigir? ¿De quin món ens parlava l'art que s'havia exposat fins llavors? ¿Quins criteris de diàleg es podien establir entre l'organització central i els pavellons nacionals que necessitaven repensar la seva funció?

Per mirar de resoldre aquest impàs, al llarg dels anys setanta es va intentar imposar i experimentar amb una temàtica general que definís les línies programàtiques, expositives i de reflexió per a tots els països participants. Tot i que, en un principi, aquest intent semblava haver sigut fallit –sobretot comparat amb l'èxit de la germana Documenta, que també s'havia convertit en una mostra temàtica–, més endavant es va consolidar com a signe distintiu que es conserva encara avui dia.

El model temàtic de la Biennal de Venècia defineix un sistema que intenta articular les propostes nacionals dels pavellons en un discurs coherent, tot consagrat per l'autoria del curador de cada edició. Cada any, l'anunci dels comissaris i del tema

14. Ibíd.

constitueix una mena de ritual, i expressa clarament la voluntat política de la institució.

N'és un exemple la Biennal del 2022, de la qual va tenir cura Cecilia Alemani, una de les poques dones nomenades per ocupar el càrrec directiu del certamen en els cent anys d'història de l'esdeveniment. Anteriorment, només havien exercit aquesta responsabilitat les curadores Christine Macel (2017), Bice Curiger (2011) i el tàndem format per María Corral i Rosa Martínez (2005).

Com es llegeix en la declaració de Cecilia Alemani, la 59a edició de l'exposició internacional, *The Milk of Dreams*, volia guiar el públic en un viatge a través de les possibilitats de metamorfosi dels cossos i de les definicions d'allò que es considera humà.

> *The Milk of Dreams* deu el seu títol a un llibre de Leonora Carrington (1917–2011), en el qual l'artista surrealista descriu un món màgic on la vida es reformula constantment a través del prisma de la imaginació. Es tracta d'un univers on tothom pot canviar, transformar-se, convertir-se en una cosa o en una altra; un món alliberat, ple de possibilitats. No obstant això, també és l'al·legoria d'un segle que va imposar una pressió intolerable a la definició mateixa del *jo* i que va forçar Carrington a una vida d'exili: tancada en hospitals psiquiàtrics, etern objecte de fascinació i de desig, però també figura d'un poder sorprenent i misteriós, fora de les restriccions d'una identitat fixa i coherent. Quan se li va preguntar sobre el seu naixement, Carrington va dir que va ser el producte de la unió de la seva mare amb una màquina, suggerint així el mateix vincle estrany entre humà, animal i mecànica que impregna gran part del seu treball.[15]

15. Cecilia Alemani, fragment del text comissarial de la 59a edició de la Biennal de Venècia (2022). https://www.labiennale.org/en/art/2022/statement-cecilia-alemani

L'exposició se centrava en tres àrees temàtiques: la representació dels cossos i les seves metamorfosis; la relació entre individus i tecnologies; la connexió entre els cossos i la Terra. Seguint aquestes línies guia, les obres seleccionades exploraven una condició posthumana que volia qüestionar la centralitat de l'Home racional, com a conseqüència del pensament de la Il·lustració.

Tal com destacava Alemani en el seu text, sota la pressió de la tecnologia, les fronteres entre cossos i objectes són sotmeses a profundes transformacions i ens obliguen a redefinir subjectivitats i anatomies. D'aquesta manera, a través del conjunt de peces que conformaven l'exposició, la curadora exposava la dicotomia inherent a la contemporaneïtat, a cavall entre l'optimisme tecnològic i la por d'una presa de control per part de les màquines. A més, aquesta escissió emergia entre les obres seleccionades com a recordatori de la complexa xarxa d'interdependències que vincula els nostres cossos mortals amb altres espècies i amb el planeta.

En aquest sentit, la Biennal del 2022 es va esforçar a presentar una sèrie de preocupacions com a xifres de l'època present, intentant reivindicar el potencial de l'esdeveniment internacional com a espai de reflexió i de debat permanent. La proposta de la curadora era especialment intensificada en les diverses «càpsules del temps» dispersades al llarg del recorregut expositiu, i dissenyades en col·laboració amb el duo Formafantasma. Aquestes petites seccions històriques mostraven una selecció d'obres d'art, d'objectes trobats i de documents –entesos com a eines addicionals per a la recerca i la introspecció–. La xarxa de referències connectava els artefactes del passat amb les peces contemporànies situades al voltant i, alhora, fomentava una reflexió sobre les pràctiques museístiques i expositives que sovint estableixen jerarquies de gust i mecanismes d'inclusió i d'exclusió.

D'aquesta manera, la proposta d'Alemani combinava la formulació de preguntes urgents com a preludi per a un debat col·lectiu –deixant clar, això sí, el seu punt de vista i la seva experiència personal–. La mostra, que es desplegava amb tota la seva claredat de tesi de recerca, destacava sobretot per la gran presència de peces de ceràmica, dibuix i brodat.

Al mateix temps que Venècia reforçava el centralisme de la visió dels curadors com a sistema d'articulació i de control sobre la fragmentació del model dels pavellons, la manifestació quinquennal Documenta difuminava l'autoria directiva i assignava el càrrec al col·lectiu d'artistes indonesis ruangrupa. A més a més, l'organització afirmava que volia «donar espai conscientment a una visió no europea».[16]

Tot i que ruangrupa reivindicava l'absència d'una temàtica general, la xarxa formada per la gran quantitat de peces exposades revelava una clara voluntat de posar llum sobre qüestions com ara els efectes descontrolats d'una economia globalitzada, l'extractivisme cultural i natural, l'explotació del treball, els greus llegats colonials i, a l'inrevés, la reivindicació d'un activisme social fort.[17]

No obstant això, la complexitat d'aquesta operació es va veure amplificada per la ressonància del mateix context expositiu,

16. The Statement of Finding Committee de Documenta 15 Review: https://ruangrupa.id/en/documenta-fifteen/

17. J. J. Charlesworth, «Documenta 15 Review: Who Really Holds Power in the Artworld?», *ArtReview*, 17 de juny de 2022.

que inevitablement formava part de l'ecosistema artístic global, caracteritzat per una distribució desigual del poder. Així, la naturalesa institucional de la crítica encoratjada per ruangrupa col·lidia amb la posició de Documenta com a part del sistema artístic més ampli, governat simultàniament per una certa geopolítica del poder i per la incidència inexorable del mercat.

Ara bé, tot i les contradiccions i el risc delicat de convertir en fetitxe determinades reflexions, «aquell model jeràrquic de dalt a baix, de *single-to-many*, on l'eminent comissari se suposa que presenta una visió erudita i atenta amb les últimes novetats de l'art contemporani, finalment ha deixat pas a una estructura més difusa i descentralitzada, en la qual l'ètica té més rellevància que l'estètica».[18]

La coincidència, el mateix any, de la Biennal de Venècia i de Documenta va reforçar el debat sobre què són o què haurien de ser aquestes manifestacions periòdiques. Tot i representar dos models estructurals i culturals diferents, els certàmens s'inscriuen dins d'un ecosistema artístic globalitzat que, en cert sentit, aplana i homogeneïtza exposicions, fires i festivals en l'àmbit internacional. Addicionalment, totes dues manifestacions –la Biennal de Venècia de manera especial, a causa també de la descontrolada gentrificació turística de la ciutat– es configuren com a contextos exclusius, prerrogativa dels agents del sector amb un determinat poder adquisitiu.

Es podria dir, de fet, que aquests tipus de manifestacions s'han convertit en llocs on l'espectacle inherent al sistema de l'art contemporani es manifesta amb tota la seva força, sent no

18. Ibíd.

només *networks* desitjats de visibilitat, sinó també avantguardes del mercat.

■

La mostra *The Milk of Dreams* reunia una sèrie de dibuixos, escultures, pintures i instal·lacions que, tant en la seva materialitat com en els seus continguts, evocaven el món animal, vegetal i mineral. Algunes peces propiciaven o derivaven de rituals màgics o esotèrics de diverses latituds del món, amb l'objectiu d'insistir en la necessitat urgent de conviure amb la naturalesa. Entre elles, recordo que, al mig de l'itinerari expositiu, a les sales de l'Arsenale es trobava l'inquietant i sensual escultura *Endless House: Holes and Drips*, de l'artista sud-coreana Mire Lee.

Organitzada al voltant d'un bastiment de metall, aquesta «casa sense fi» es desplegava en una sèrie d'escultures foradades de ceràmica que, connectades a una bomba, gotejaven una dins de l'altra. La peça prenia el seu nom del projecte homònim desenvolupat, entre 1950 i 1960, per l'arquitecte i dissenyador Frederick John Kiesler, una mena d'unitat per habitar que recordava les formes anatòmiques d'un cos humà i que buscava repensar radicalment les maneres de viure segons el discurs ecològic.

Igualment, l'obra de Lee evocava, en la seva aparença, el funcionament intern d'un cos humà, les connexions invisibles entre els òrgans i les que es produeixen dins d'ells, així com un sistema afectiu de dependència. Els lligams entre els materials que gotejaven de la instal·lació també es podien veure com a celebració o recordatori de la necessitat irrefutable d'interdependència entre espècies diverses. En el seu conjunt, la peça funcionava alhora com a dispositiu de desig i de repulsió: una mena de màquina animada que canviaria d'aparença al llarg de tota la manifestació, a causa de l'acumulació i l'estratificació dels líquids i de l'argila.

Quan vaig veure la peça per primera vegada, durant els dies inaugurals de la Biennal, vaig pensar que s'erigia amb tota la força metafòrica del funcionament d'un sistema de poder i possibilitat. La xarxa de connexions arrelades en l'estructura central i portant desvelava un model que no estava exempt de jerarquies i que, amb el pas del temps, es mostraria en la seva aparença canviant.

De manera similar a la «casa sense fi» de Mire Lee, una biennal funciona com una xarxa de connexions organitzades al voltant d'una estructura portant, que representa el context cultural, polític i econòmic que l'acull. En el seu paper d'institucions públiques, les biennals són al mateix temps organismes que exerceixen com a dispositius de poder (en el sentit foucaultià del terme) i contextos de possibilitat, que generen relacions i relats.

Així, la replicació del model Biennal no solament ofereix l'oportunitat d'interpretar les dinàmiques pròpies del sistema artístic, sinó que també permet abordar els (des)equilibris geopolítics entre països i les implicacions de les jerarquies econòmiques a escala global.

CIRCULARITAT I AUTOREFLEXIÓ

De la 55a edició de la Biennal de Venècia (2013), de la qual va tenir cura Massimiliano Gioni i que portava per títol *The Encyclopedic Palace*, en recordo vivament l'obra *Grosse Fatigue*, de l'artista Camille Henrot. El vídeo estava exposat en una sala tancada de l'Arsenale i es relacionava explícitament amb la temàtica plantejada pel comissari d'aquella edició: una reflexió que explorava, des de diverses latituds geogràfiques i temporals, la noció de coneixement universal i les maneres de difondre'l i organitzar-lo.

Durant una estada com a resident a la Smithsonian Institution, a Washington DC, l'artista va obtenir el permís per filmar tres vastes col·leccions de la ciutat –Smithsonian Archives of American Art, National Museum of Natural History i National Air and Space Museum–. Com a resultat d'aquesta investigació arxivística, va realitzar una peça audiovisual que, mitjançant una coreografia ràpida de finestres *pop-up*, mostrava l'acumulació d'objectes diversos, llibres i artefactes que pertanyien als arxius de les diferents institucions.

Mentre les imatges anaven alternant-se rítmicament sobre un fons que recordava l'escriptori d'un ordinador, una veu en off narrava teories científiques i creences religioses entorn de la creació del món. D'aquesta manera, Henrot reflexionava sobre el desig insaciable dels éssers humans d'aprendre sobre els seus orígens i, simultàniament, feia comentaris sobre les múltiples formes de producció de coneixement enciclopèdic, ja sigui *offline* o *online*.

Més concretament, *Grosse Fatigue* al·ludia als sistemes d'adquisició, de catalogació i de conservació d'objectes i d'obres d'art dins del marc dels museus taxonòmics occidentals, establint un paral·lelisme amb l'organització del flux inabastable d'informació a internet. Com a conseqüència, Henrot semblava provocar el públic en relació amb l'emmagatzematge i els límits de tota aquesta informació –entesos com a forma de producció cultural.

> Els mètodes moderns per crear, emmagatzemar, reproduir i transmetre textos i imatges ens han donat la capacitat de produir cada vegada més «cultura» i més «art» a una velocitat més gran. Aquesta superabundància de textos i imatges s'ha de limitar d'alguna manera a fi de no acabar naufragant en les deixalles textuals i visuals que produïm. Això planteja, doncs, la qüestió dels criteris que ens permetrien escollir i conservar determinats textos i imatges, i desfer-nos dels altres.[19]

En l'assaig «El futur és de la tautologia», Boris Groys afirma que la forma fisiològica de classificació o de censura cultural en les societats massificades actuals correspon a la formació d'un filtre tautològic, és a dir, a l'explicitació dels «desitjos i pensaments» de cada individu i al reconeixement de la semblança amb els «desitjos i pensaments» dels altres. En altres paraules, la repetició vindria a funcionar com a element per organitzar la producció de coneixement i legitimar-ne la transmissió.[20]

En la proliferació descontrolada del model Biennal arreu del món a partir de finals dels anys vuitanta (hem dit al principi d'aquest text que, avui dia, es compta aproximadament amb un total de trescentes biennals en l'àmbit internacional) i en la seva persistència al llarg del temps, potser també hi hem d'identificar una acció tautològica, és a dir, el reconeixement i la transmissió dins del «sistema art» d'un model identificatiu dels «desitjos i pensaments»[21] comuns.

En resum, en la configuració i en el manteniment del model Biennal, així com en la transmissió cultural i de coneixement que

19. Borys Groys, «El futur és de la tautologia», a *La lògica de la col·lecció i altres assaigs*. Arcàdia: Barcelona, 2020, p. 79.

20. Ibíd., p. 89.

21. Ibíd.

en resulta, podria observar-se una certa circularitat o autoreflexió. No obstant, ¿quines serien les causes d'aquesta dinàmica recurrent?

■

En el procés de difusió global de les biennals, els anys vuitanta i noranta destaquen per ser una autèntica explosió. En aquest període, es manifesta un creixent interès dels artistes per operar fora de les estructures expositives tradicionals, optant per experimentar amb produccions *site-specific* que dialoguin amb les diverses ciutats. D'aquesta manera, les biennals es troben al capdavant dels museus en termes d'influència crítica i cultural.

Aquesta tendència es veu acompanyada per una exportació del model occidental cap a altres regions geogràfiques, donant lloc a iniciatives com la Biennal de l'Havana (1984) o la Biennal Internacional d'Istanbul (1987), que continuen sent experiències rellevants avui dia.

Tot i això, segons diuen Ronald Kolb i Shwetal A. Patel en el *Global Biennal Survey 2018*, el moment més significatiu per a la difusió internacional del model Biennal va coincidir amb la caiguda del mur de Berlín l'any 1989 i amb la fi de la Guerra Freda. Aquesta transició va marcar la superació del «codi binari Est vs. Oest» que havia organitzat els centres de producció cultural fins aleshores. Simultàniament, la posada en marxa d'estudis de postcolonialisme, que va emergir com una de les conseqüències d'aquest canvi, va donar lloc a un nou globalisme caracteritzat per la pluralitat.[22]

22. Ronald Kolb and Shwetal A. Patel, «Survey review and considerations», op. cit.

Així, van sorgir biennals a Dakar (1990), a Xarjah (1993), a Shanghai (1994), a Gwangju (1995) i, més recentment, la Triennal de Guangzhou (2002), la Biennal Internacional de Pequín (2003) i la Biennal de Singapur (2006), entre d'altres.

Si haguéssim de representar amb una imatge la immensa xarxa de biennals existents en l'actualitat arreu del món, molt probablement s'assemblaria a la instal·lació immersiva *The Key in the Hand*, que l'artista japonesa Chiharu Shiota va presentar en la 56a edició de la Biennal de Venècia, comissariada per Okwui Enwezor amb el títol *All the World's Futures*. Ocupant tot el pavelló del Japó, l'artista va crear un enorme embull de fils vermells dels quals penjaven una miríada de claus de formes i dimensions distintes. Cadascun corresponia a la memòria d'algú, a la traça d'un passat-present per preservar.

De la mateixa manera, el sistema biennal global es presenta com un embull en expansió potencial, format per recorreguts diferents però constantment interconnectats. Una mena d'estructura mòbil en el temps, on cada ciutat, regió i país es mostra en la seva singularitat passada-present, però en correlació irrefutable amb els altres.

En les característiques de repetició i d'interconnexió d'aquest model, «les biennals (i també els museus, les galeries comercials i les fires) podrien emergir com a resultat de la lògica del capitalisme espectacular típica del mercat neoliberal» (Okwui Enwezor), o com a elements «estructurals al món de l'art i essencials per negociar aquelles contingències i urgències que porten a una certa forma de contemporaneïtat» (Charles Green i Anthony Gardner).[23]

23. Ronald Kolb, Shwetal A. Patel, Dorothee Richter, «Editorial», op. cit.

Aquestes dues visions, aparentment oposades, representen de manera molt efectiva dos aspectes de la mateixa qüestió, que tenen a veure amb la producció de coneixement i cultura en un món globalitzat i interconnectat. Si, per una banda, és innegable que aquestes manifestacions periòdiques són l'expressió d'un «sistema d'influència hegemònic expandit»,[24] també és evident que es mostren com a plataformes específiques des d'on reflexionar sobre les seves pròpies contradiccions.

En aquest sentit, la 14a edició de Documenta –a cura del crític d'art, investigador i comissari polonès Adam Szymczyk, que es va celebrar per primer cop en dues seus simultàniament, Kassel i Atenes– va proposar un experiment interessant.

Sota la iniciativa de l'escriptor i filòsof espanyol Paul B. Preciado, responsable dels Programes Públics, l'esdeveniment es va avançar amb la gestació anual del projecte The Parliament of Bodies, una institució pedagògica experimental i temporal que va oferir a la comunitat d'Atenes, primer, i de Kassel, després, un programa gratuït i «un dispositiu crític per qüestionar tant les actuals institucions democràtiques com els formats tradicionals d'exposició i de programes públics».[25]

Sens dubte, l'elecció d'Atenes com a seu paral·lela de la Documenta va ser complexa i no exempta de contradiccions. Durant l'any 2017, Grècia es trobava a l'epicentre d'una profunda crisi econòmica i política, estava sotmesa a mesures d'austeritat imposades per Europa i, simultàniament, s'enfrontava a l'arribada d'onades de refugiats, principalment procedents de Síria.

24. Ibíd.

25. Fragment de l'explicació del projecte: https://www.documenta14.de/en/public-programs/927/the-parliament-of-bodies

En aquest context, la decisió de celebrar l'esdeveniment artístic en aquell país va rebre, tant abans com després, nombroses crítiques. Malgrat la voluntat de Szymczyk de fer servir Documenta com a eina per reflexionar sobre l'eix nord-sud i desplaçar conceptualment aquesta oposició, la quinquennal no va poder evitar una lògica secular d'extracció cultural. No obstant això, el programa The Parliament of Bodies va destacar per ser una proposta fonamental per a la posada en comú d'aquestes reflexions, tot prenent com a punt de partida «l'autoorganització micropolítica, les pràctiques col·laboratives i la pedagogia radical».[26]

D'aquesta manera, aquesta manifestació va crear un espai inèdit i necessari per debatre una possible «transformació radical de l'esfera pública, la proliferació de noves formes de subjectivitats»[27] i, com a resultat menys evident, per qüestionar la seva pròpia validesa.

En aquesta línia, podríem afirmar que la salut a llarg termini del model Biennal passaria llavors pel reconeixement essencial dels factors següents: la constatació que les biennals ja no constitueixen una alternativa expositiva fora de les estructures tradicionals (com va ser en el moment de la seva difusió a escala global, als anys vuitanta); la identificació de l'impacte cultural i ambiental d'aquestes megaexposicions sobre l'entorn que les acull, i la creació, dins de les mateixes biennals, d'un espai permeable per a la crítica institucional.

Atès que, en alguns casos, les biennals s'han convertit en esdeveniments exclusius que barregen art, política, recerca, diversió i turisme (com seria, per exemple, el cas de Venècia), ara

26. Ibíd.
27. Ibíd.

han d'esforçar-se a reivindicar el seu potencial com a plataformes de debat i generació de «possibles nous inicis».[28]

En aquest context, la Biennal de Venècia destaca com a manifestació que, al llarg de les dècades, s'ha vist obligada a repensar contínuament la seva estructura i el seu sentit. Aparentment condemnada a estar estancada entre el model obsolet heretat de les grans exposicions universals de finals del segle XIX, la representació nacionalista dels pavellons i una empenta intermitent cap a l'actualització, el certamen es torna a qüestionar el seu lideratge i la seva vigència.

Mentre escric aquestes línies, la Sereníssima (apel·latiu històric de la ciutat de Venècia) es prepara per al llançament de la 60a Mostra Internacional d'Art, a cura del comissari brasiler Adriano Pedrosa. El títol d'aquesta edició, *Stranieri ovunque – Foreigners Everywhere*, vol desvetllar «més d'un significat. En primer lloc, vol dir que allà on vagis i siguis on siguis, sempre et trobaràs amb estrangers: són/som a tot arreu. En segon lloc, que independentment de la ubicació d'un mateix, en el fons sempre serem estrangers».[29]

Amb aquest lema, que resulta força arriscat i conflictiu quan se'l treu del context original, el curador vol obrir les portes a la creació d'artistes queer, outsiders, indígenes i folk –termes entesos pel director com a declinació de la noció d'estranger, però que també poden córrer el risc de convertir-se en fetitxes, en absència d'una justificació situada.

28. Nota de premsa de la 53a edició de la Biennal de Venècia.

29. Nota de premsa de la 60a edició de la Biennal de Venècia. El títol està inspirat en una sèrie d'obres creades pel col·lectiu Claire Fontaine, que consisteixen en escultures de neó de diversos colors que presenten les paraules *Foreigners Everywhere* escrites en diferents idiomes.

Però aquest any 2024 el certamen venecià afronta una situació més complexa que una simple querella lingüística. S'enfronta, de fet, a la possibilitat de recuperar aquell paper d'àgora pública i plataforma de debat que va perdre fa molt de temps, després de convertir-se gairebé exclusivament en un esdeveniment per als professionals dels sectors i els agents del mercat.

Amb la inevitable presència de la massacre del poble palestí a Gaza, perpetrada per l'estat d'Israel en resposta a l'atac terrorista de Hamàs el 7 d'octubre de 2023, una part de la comunitat internacional cultural ha reaccionat de manera contundent. Un total de 23.761 professionals han unit les seves veus a través de la petició iniciada pel grup Art Not Genocide Alliance,[30] que exigeix l'exclusió d'Israel del prestigiós certamen venecià. Com es posa de relleu en la petició, aquesta no seria la primera vegada que la institució es veu obligada a prendre una posició explícita davant d'un cas d'atrocitats comeses pels seus participants. L'any 1968, per exemple, Sud-àfrica va ser exclosa de la manifestació i no va ser readmesa fins a l'any 1993, quan es va posar fi al règim d'apartheid. En un context similar, fa dos anys la Biennal i la seva comissària, Cecilia Alemani, es van pronunciar en múltiples ocasions en defensa dels drets de la població d'Ucraïna, envaïda per Rússia; al mateix temps, el comissari lituà Raimundas Malašauskas i els artistes russos Kirill Savchenkov i Alexandra Sukhareva, que havien de representar el país, van retirar la seva participació. Avui dia, el pavelló de Rússia continua tancat mentre la guerra a Ucraïna persisteix.

Malgrat aquests antecedents, la resposta de la Biennal davant del genocidi a Gaza ha estat insuficient. Segons reivindica

30. Aquestes dades s'han consultat per última vegada el 15 d'abril de 2024. La petició es pot llegir a la pàgina web: https://anga.live/index.htlm

Art Not Genocide Alliance, aquesta manca de resposta constitueix un cas clar de doble estàndard, que posa de manifest l'organització jeràrquica del model de participació nacional com a dispositiu de poder i la interpretació equivocada de la cultura com un salconduit davant de qualsevol mena de situació.

Aquestes circumstàncies suggereixen, però, que el pensament creatiu no hauria de limitar-se a la contemplació o a l'evasió, com alguna cosa apartada del món –tal com feien les obres d'art que encara conservaven la seva aura abans de l'època de la reproductibilitat tècnica, segons afirmava el filòsof alemany Walter Benjamin–. Més aviat, hauria d'estar immers en el món i ser travessat pels esdeveniments polítics, econòmics i socials que el determinen.

Si les biennals són llocs on poder «fer mons»,[31] com suggeria Daniel Birnbaum amb el títol de la 53a edició del certamen venecià, ¿quins mons ens presenten les biennals avui dia? Si exerceixen com a institucions públiques en la seva funció de representació política i cultural, haurien de respondre davant del seu públic (o ciutadania), tot fomentant el pensament crític, la responsabilitat ètica, la transparència i la inclusió. Per exigir això, però, es necessita un pensament en acció que presenti una complexitat encara més gran: com a públic (i ciutadania), hauríem de transformar la nostra postura dins i fora de l'ecosistema artístic, alçant-nos sempre que aquest model de representació estigui creant –o emmirallant– un món que no és el que havíem imaginat.

31. Ibíd.

MULTILINGÜISME I IDEOLOGIA I POLÍTICA LINGÜÍSTIQUES EN LA RECERCA I L'ENSENYAMENT UNIVERSITARIS

Michele Gazzola

En les societats democràtiques, les polítiques públiques consisteixen en les intervencions dels governs amb la voluntat de trobar solucions a problemes d'interès comú. Per exemple, les polítiques públiques que constitueixen una part significativa de l'estat del benestar modern, és a dir, els sistemes de pensions i les prestacions d'atur, l'educació i la salut públiques, tenen com a motivació aportar els ingressos dels qui es queden sense feina o arriben a la tercera edat, proporcionar un nivell d'educació suficient a tots els nens, més enllà de les condicions econòmiques dels pares, i oferir cures mèdiques assequibles a qualsevol persona que en necessiti. Per descomptat, la definició del que es considera interès comú i les solucions que s'hi poden aplicar generen debats polítics i ideològics. En aquest sentit, no hauríem de pensar en les polítiques públiques com en intervencions estrictament tècniques que segueixen una lògica interna que, més enllà del context i de les idees predominants de cada moment històric concret, sempre és la mateixa. Per entendre les polítiques públiques, cal estudiar els diversos aspectes que les caracteritzen, començant pels debats polítics i ideològics que tenen lloc en el si de les decisions polítiques (el que en estudis polítics es coneix com a agenda mediàtica), i, posteriorment, continuant fins a l'anàlisi de la seva formulació, adopció, implementació i avaluació.

Això també es pot aplicar a la política lingüística. La política lingüística és un tipus de política pública que té com a objectiu gestionar la diversitat lingüística, és a dir, trobar solucions a qüestions identitàries, culturals, socials, polítiques o econòmiques d'interès comú que estan relacionades amb la presència i coexistència de diverses llengües en una societat. Hi ha diversos exemples de política lingüística; per exemple, la promoció i protecció d'una llengua minoritària en declivi per garantir els drets lingüístics de la minoria que la parla; el foment de la integració lingüística de migrants adults al mercat laboral i dels seus fills en els sistemes escolars; o la promoció de la internacionalització de la universitat i la recerca. La política lingüística influeix de tres maneres en una llengua. Per començar, pot influir en l'estructura i el corpus d'una llengua, per exemple ampliant-ne el lèxic o estandarditzant-ne una varietat. L'exemple típic són les llengües minoritàries o indígenes que encara no han establert cap tradició escrita (o de cap mena) i necessiten una estandardització i segurament una modernització del lèxic que les capaciti per assumir funcions oficials. En segon lloc, la política lingüística pot afectar les funcions i l'estatus d'una llengua en una societat i, per tant, el seu ús. Això implica, per exemple, promoure l'ús d'una llengua en actes administratius, en noms de lloc o en serveis públics. Finalment, la política lingüística pot tenir a veure amb l'adquisició d'una llengua, en escoles o en cursos per a adults. No obstant això, les intervencions en el corpus d'una llengua i en el seu estatus i adquisició no són finalitats en si mateixes. Normalment, els objectius finals, tal com hem indicat, són de naturalesa cultural, identitària, social, política o econòmica. Per tant, com passa amb altres polítiques públiques, les polítiques lingüístiques també estan sotmeses a debats polítics i ideològics.

Aquest article se centra en un aspecte important de les polítiques lingüístiques: les pertanyents al camp de l'ensenyament universitari i la recerca,[1] una àrea que al llarg de les últimes dues dècades ha generat intensos debats polítics i ideològics i nombroses controvèrsies en l'àmbit nacional i internacional. Per això és un bon exemple per parlar de la relació entre diversitat lingüística, ideologia i política lingüística.

¿PER QUÈ ÉS IMPORTANT LA INTERNACIONALITZACIÓ DE LES UNIVERSITATS?

En molts països, atraure més estudiants estrangers i millorar la posició internacional d'aquests centres s'ha convertit en un tema clau. El terme *internacionalització* pot semblar ambigu, però generalment s'entén com un conjunt de processos dirigits a estimular la presència d'estudiants i professorat estrangers a les

1. Aquest text parteix de les meves últimes publicacions i les amplia. Vegeu Michele Gazzola, «Les classements des universités et les indicateurs bibliométriques: Quels effets sur le multilinguisme dans l'enseignement et la recherche?», a Françoise Le Lièvre, Mathilde Anquetil, Lisbeth Verstraete-Hansen, Christine Fäcke i Martine Derivry (eds.), *Langues et cultures dans l'internationalisation de l'enseignement supérieur – Languages and cultures in the internationalization of higher education*, p. 132-159. Berna/Berlín: Peter Lang, 2018; Michele Gazzola, «La 'anglificazione' dell'università in Europa è evitabile? Analisi e proposte per una università plurilingue», *Actes de la Vuitena Jornada de la Càtedra Pompeu Fabra*, «Compromís de la universitat amb la llengua catalana: reptes i oportunitats», Barcelona, p. 29-41, 2023; i Michele Gazzola, «Terminàlia parla amb... Michele Gazzola», *Terminalia*, 28, 2023, p. 61-68.

universitats, la col·laboració entre universitats i centres de recerca, i la publicació d'investigacions que incloguin autors de fora del país en qüestió. Segons l'Organització per a la Cooperació i el Desenvolupament Econòmic,[2] el nombre d'universitaris que estudien en un país estranger va passar de 0,8 milions el 1975 a 1,7 milions el 1995. El 2018 va arribar a 5,6 milions, amb un creixement mitjà anual d'un 4,8 % des del 1998 fins al 2018. Hi ha diversos factors que contribueixen a aquest fenomen, com són l'ambició personal de millors perspectives de feina, la manca d'institucions de qualitat en els països d'origen, l'habilitat de les institucions estrangeres per atraure talent i les polítiques governamentals que fomenten la mobilitat transfronterera relacionada amb l'educació.[3]

La Unió Europea ha promogut activament la internacionalització de les universitats entre els estats membres. El març del 2000, els caps d'Estat i el govern de la UE van donar el tret de sortida a l'Agenda de Lisboa per aconseguir que l'any 2010 la Unió Europea arribés a ser l'economia basada en el coneixement més competitiva i dinàmica del món. El terme *economia basada en el coneixement* fa referència a un sistema econòmic que depèn fortament de la tecnologia, la investigació i dels treballadors altament qualificats.[4] És un sistema en el qual les universitats i

2. OECD (2021) *Education at a glance 2020, OECD Indicators*. París: Organisation for Economic Cooperation and Development (OECD).

3. Rajika Bhandari, Chelsea Robles i Christine Farrugia, *International higher education: shifting mobilities, policy challenges, and new initiatives*, 2018, document de base preparat per al Global Education Monitoring Report del 2019. París: UNESCO, 2018, citat a *Education at a glance 2020, OECD Indicators*. París: Organisation for Economic Cooperation and Development (OECD), 2021.

4. Dominique Foray, *L'économie de la connaissance*. París: La Découverte, 2009.

els centres de recerca són estratègicament importants. L'Agenda de Lisboa va coincidir amb el Procés de Bolonya, que tenia com a objectiu crear un sistema educatiu terciari comú entre vint-i-nou països europeus (incloent-hi estats membres de la UE). Tot plegat es va dur a terme promovent la mobilitat d'estudiants i professorat i establint una arquitectura uniforme dels programes d'ensenyament superior basada en tres cicles (grau, màster i doctorat) amb un Sistema Europeu de Transferència i d'Acumulació de Crèdits comú. La creació d'una àrea comuna europea d'ensenyament i recerca ha comportat que sigui més fàcil escollir on estudiar i treballar i, alhora, ha fomentat la competitivitat entre universitats. Sovint, els resultats de l'Agenda de Lisboa han estat contradictoris, però, tanmateix, han iniciat un procés de canvi.[5]

RÀNQUINGS D'UNIVERSITATS... AMB INDICADORS ARBITRARIS

L'Agenda de Lisboa i les conseqüents polítiques en l'àmbit nacional dirigides a implementar-la es van conformar a partir d'un punt de vista ideològic segons el qual la llibertat de moviment internacional dels estudiants i del professorat i la competició entre universitats són factors clau a l'hora de promoure la millora de la qualitat en els camps de la recerca i de l'ensenyament. Des d'aquesta perspectiva, l'establiment d'una àrea continental àmplia per a l'ensenyament superior és necessària per permetre

5. Ricardo Rodríguez, John Warmerdam i Claude Emmanuel Triomphe, *The Lisbon Strategy 2000-2010. An analysis and evaluation of the methods used and results achieved*. Brussel·les: Parlament Europeu, 2010.

que les universitats atraguin estudiants estrangers amb talent, cosa que hauria de fer que aquestes institucions creixessin i fossin més competitives. En principi, des d'un punt de vista macro, el procés d'internacionalització hauria de contribuir al desenvolupament científic, tecnològic i econòmic del país.

Ara bé, les universitats no es poden comparar amb les empreses privades, l'èxit de les quals es mesura a partir d'unes variables fàcilment quantificables, com el benefici, la quota de mercat i el retorn de la inversió. Comparar variables complexes com la qualitat de la recerca o de l'ensenyament no és senzill. Mentre que en el sector privat és relativament fàcil de discernir quines empreses són més competitives en un àmbit industrial concret, costa molt més fer comparacions assenyades entre universitats i centres de recerca.

La Unió Europea se'n va sortir a l'hora de crear una àrea comuna d'ensenyament superior, però no va aconseguir proporcionar els mecanismes d'informació que calen per donar suport al funcionament d'aquesta estructura. El resultat d'aquesta manca d'èxit és que els indicadors i rànquings del Regne Unit o de la Xina, com el Rànquing Mundial de les Universitats de Quacquarelli Symonds (QS), el britànic Times Higher Education (THE) i el xinès Rànquing Acadèmic Mundial de les Universitats (ARWU), han acabat dominant el mercat. Els esforços de la UE per establir un sistema comparatiu de la qualitat universitària que abasti tot el continent no han reeixit. El 2014, amb el suport de la Comissió Europea, es va introduir el sistema U-Multirank, que funciona com un ampli conjunt de criteris i indicadors que permet que els usuaris comparin universitats a partir d'uns paràmetres triats per ells mateixos. Com que és molt complex i li falta un sistema clar de puntuació, no ha tingut gens d'èxit entre el públic. Avui dia, els mitjans de comunicació es fan ressò, sobretot, dels resultats dels rànquings de THE i QS, que són els que han acabat comptant.

Abans de res, cal dir que aquesta mena de rànquings són arbitraris, en el sentit que els indicadors i les mesures que es fan servir per classificar les universitats són opinions presentades mitjançant números i no pas a través de mesures de qualitat universalment vàlides. Tal com observa Brink: «Construir un rànquing d'universitats no és difícil. En comptes d'habilitats tècniques, el que cal és una autoconfiança cega per dir al món que, de fet, les tries arbitràries que has dut a terme per construir el teu rànquing representen la realitat».[6] A més, Brink afegeix que aquests tipus de valoracions s'han convertit en un negoci: «D'alguna manera, els classificadors s'han situat en la posició avantatjosa de ser, alhora, auditors i consultants de les universitats de tot el món. Ara tenim classificadors comercials que, a canvi d'una tarifa, mitjançant unes classes magistrals ensenyen les universitats a gestionar els assumptes acadèmics per tal de millorar de posició en uns rànquings que dirigeixen ells mateixos».

Sigui com sigui, comparar universitats d'una manera quantificable és important per a molts alumnes i les seves famílies, que han de prendre decisions importants relacionades amb una inversió plurianual de temps i recursos dedicats a l'educació. Per tant, els rànquings han arribat per quedar-se. El motiu pel qual, en aquest article, ens interessen és per les conseqüències lingüístiques que comporten. De fet, contenen indicadors que

6. Chris Brink, «Academic rankings: The tide begins to turn», *University World News*, 24 d'octubre de 2023.

creen una estructura de reputació i d'incentius econòmics a favor del monolingüisme en el camp de l'ensenyament i de la recerca.

LA DIVERSITAT LINGÜÍSTICA EUROPEA ESTÀ SOTMESA A L'ENCANTERI DELS RÀNQUINGS UNIVERSITARIS

El Rànquing Mundial d'Universitats del THE valora universitats basant-se en tretze indicadors que posteriorment es classifiquen en cinc àrees. La primera àrea pertany a l'ensenyament, la segona se centra en la recerca i la tercera examina les citacions d'articles científics en publicacions indexades a la base de dades bibliomètrica Scopus, que pertany a l'editorial Elsevier. En aquest article ens interessa la quarta àrea, que avalua la internacionalització i constitueix el 7,5 % del resultat final que reben les universitats en el rànquing. Aquesta àrea conté tres indicadors, que són el percentatge d'estudiants estrangers (2,5 %); el de professorat internacional (2,5 %), i el del total de publicacions rellevants, amb un mínim d'un coautor internacional, de la universitat en qüestió (2,5 %). La cinquena àrea mesura la transferència de tecnologia. El rànquing QS fa servir una metodologia més simple, que consisteix en sis indicadors: la reputació de la universitat determinada a través d'uns qüestionaris; l'ocupabilitat dels seus estudiants; la ràtio d'alumnes per cada professor; les citacions per cada investigador extretes de la base de dades Scopus; el percentatge de professors estrangers, i el percentatge d'alumnes estrangers.

Tal com mostren tots dos rànquings, la presència d'estudiants i professorat estrangers és un indicador quantitatiu que té un impacte positiu en el resultat final de la universitat i en la seva classificació subseqüent. En principi, és lògic: les universitats amb programes i reputació extraordinaris atrauen amb més facilitat estudiants de l'estranger. Ara bé, aquest indicador té dues deficiències principals. Per començar, pot ser que els estudiants decideixin estudiar a l'estranger perquè allà les taxes són més baixes; en regions frontereres, una universitat pot atraure estudiants del país veí per motius logístics, i un estudiant pot decidir estudiar en un o altre país en funció de si sap l'idioma. En segon lloc, l'indicador es pot manipular. Tan bon punt l'equip directiu de la universitat comença a prioritzar-lo a l'hora de prendre decisions, aquest indicador perd *objectivitat* i es converteix en una eina per modelar resultats. Dit altrament, com que el percentatge d'estudiants estrangers s'ha convertit en un indicador clau en rànquings àmpliament utilitzats, com el THE i QS, ja no reflecteix la qualitat d'una universitat determinada, sinó que, més aviat, fa la funció d'objectiu final, un objectiu que les institucions s'esforcen per assolir a través de diversos mitjans per tal d'escalar en els rànquings internacionals i guanyar prestigi internacional.[7]

Cada cop més, les universitats s'han dedicat a fer servir tàctiques per atraure estudiants i professorat estrangers com a drecera per millorar les seves posicions en els rànquings universitaris: fins i tot en països que no són de parla anglesa com Espanya, Alemanya i França, on es parlen idiomes d'abast internacional,

7. Michele Gazzola, «The linguistic implications of academic performance indicators: general trends and case study», *International Journal of the Sociology of Language*, 216, 2012, p. 131-156.

s'ofereixen cursos de grau impartits íntegrament en anglès.[8] Avui dia, l'anglès és la llengua estrangera que s'ensenya en més escoles arreu del món. Entre el 1970 i el 1989, el 65 % de països oferia l'anglès com a matèria a secundària, una xifra que va créixer fins al 78,5 % entre el 1990 i el 2005.[9] Amb l'excepció d'Irlanda, actualment l'anglès s'ensenya com a llengua estrangera obligatòria en tots els estats membres de la Unió Europea. Aproximadament el 84 % dels estudiants de primària, el 98 % del primer nivell de secundària i el 88 % del segon nivell de secundària estudien aquest idioma.[10] En canvi, el percentatge d'estudiants d'altres llengües estrangeres com el francès, l'alemany o l'espanyol en l'educació secundària és comparativament baix, amb un percentatge que oscil·la entre el 20 % i el 30 %. Conseqüentment, l'anglès s'ha convertit en la llengua més familiar entre els estudiants estrangers. Al llarg de les dècades, les polítiques lingüístiques en els sistemes educatius de primària i secundària han contribuït gradualment a l'extensió del domini de l'anglès entre parlants no nadius d'aquesta llengua, cosa que ha aplanat el camí per a l'ús generalitzat de l'anglès a les universitats. L'augment de cursos universitaris impartits en anglès en països de parla no anglesa ha estat espectacular. Entre el 2017 i el 2021, el nombre de programes

8. Robert Phillipson, «English, a cuckoo in the European higher education nest of languages?», a *European Jounal of English Studies*, 40 (1), 2006, p. 13-32; Philippe Van Parijs, «European higher education under the spell of university rankings», *Ethical Perspectives*, 16 (2), 2009, p. 189-206.

9. Yun-Kyung Cha i Seung-Hwan Ham, «Educating supranational citizens: The incorporation of English language education into curriculum policies», *American Journal of Education*, 117 (2), 2011, p. 183-209.

10. Comissió Europea, *Key data on teaching languages at school in Europe*. Brussel·les: Comissió Europea, 2023.

d'estudis impartits en anglès va créixer un 85 % pel que fa als graus i un 74 % pel que fa als màsters.[11] La majoria d'aquests programes (el 63 %) estan concentrats a Europa, però en països de parla anglesa costa trobar-ne que no siguin en anglès. Una recerca centrada en aproximadament set-cents coordinadors de programes europeus d'estudis impartits exclusivament en anglès indica que el 75 % dels qui se n'encarreguen justifiquen la decisió d'oferir cursos en anglès com una manera de diferenciar la seva institució d'altres del país.[12] El Procés de Bolonya i el sorgiment dels rànquings ens han acabat conduint a una situació preocupant que alguns defineixen com «l'anglicització de l'ensenyament superior a Europa».[13] Aquest procés implica un augment significatiu de programes d'estudis impartits exclusivament en anglès. Mentre que en alguns casos aquests programes es van afegir a d'altres que ja hi eren,[14] molts cops n'han substituït d'altres que s'impartien en les llengües locals.[15] Als Països Baixos, per exemple, una enquesta elaborada pel diari *De Volkskrant* el 2016 sobre 1.632 programes universitaris oferts per tretze universitats neerlandeses mostrava que el 60 % dels programes d'educació superior

11. British Council, *The changing landscape of English-taught programmes*. Londres: British Council, 2021.

12. Bernd Wächter i Friedhelm Maiworm, *English-taught programmes in European higher education. The state of play in 2014*. Bonn: Lemmens, 2014.

13. Robert Wilkinson i René Gabriels (eds.), *The Englishization of Higher Education in Europe*. Amsterdam: Amsterdam University Press, 2021.

14. F. Xavier Vila i Moreno i Vanessa Bretxa (eds.), *Language Policy in Higher Education. The Case of Medium-Sized Languages*. Bristol: Multilingual Matters, 2014.

15. Rosemary Salomone, *The Rise of English. Global Politics and the Power of Language*. Oxford: Oxford University Press, 2022.

eren en anglès; pel que fa als màsters, el percentatge s'elevava fins al 70 %.[16]

¿ESTEM CANVIANT EL MONOLINGÜISME NACIONAL PER UN D'INTERNACIONAL?

En aquest sentit, en la pràctica, els termes *internacionalització* i *ensenyament multilingüe* es refereixen al fet de proporcionar cursos en anglès en països on aquesta llengua no és oficial. Sembla que a Europa s'està produint un canvi: el que abans era monolingüisme nacional s'ha convertit en monolingüisme internacional. En el passat, en l'ensenyament universitari només es feien servir les llengües nacionals, i ara, en canvi, la tendència (si més no a les universitats d'elit) és prioritzar l'ensenyament exclusivament en anglès. És probable que actualment ens trobem en una fase de transició en què l'anglès sovint s'imparteix juntament amb la llengua nacional (i, de vegades, amb algunes de regionals),[17] però el futur és incert. Les universitats que ofereixen programes d'estudis en diverses llengües i tenen acords d'intercanvi amb altres països per oferir dobles graus són una minoria. La qüestió real és fins a quin punt les universitats adoptaran l'anglès com a llengua principal d'instrucció i quin espai deixaran per a les llengües nacionals.

Hi ha un seguit de qüestions ideològiques que reforcen aquesta tendència. Una d'elles és la noció estesa, sobretot en

16. Kaya Bouma, «Meer dan de helft van de studies volledig in het Engels», *De Volkskrant*, 26 d'agost de 2016.
17. F. Xavier Vila i Moreno i Vanessa Bretxa (eds.), op. cit.

publicacions de recerca i científiques (que, no ho oblidem, són les fonts que es fan servir en l'ensenyament), que és necessari l'ús d'una única llengua internacional per tal de garantir la comunicació científica i promoure els avenços. Ara bé, no és cert que per garantir una comunicació científica universal calgui una única llengua. Durant el segle XIX i part del XX, la investigació científica es transmetia principalment en anglès, francès, alemany i en altres llengües,[18] sense que això entorpís el progrés científic. Tanmateix, algú podria argumentar que es tractava d'un enfocament eurocèntric. Ara bé, amb els recents avenços en traducció automàtica i intel·ligència artificial, tenim accés a textos digitals, articles i llibres en diverses llengües.

El multilingüisme no s'hauria de considerar com un obstacle intrínsec a la comunicació i recerca científiques. El que impedeix el multilingüisme científic no és la necessitat d'una única llengua franca. Els reptes de la diversitat lingüística en l'àmbit de la recerca provenen d'aspectes estructurals dels sistemes nacionals d'avaluació de la recerca i de la publicació global de textos científics. Hi ha un aspecte important que cal tenir en compte: l'impacte dels sistemes nacionals d'avaluació per al finançament de la recerca i de les carreres dels investigadors. Es tracta d'uns sistemes que tendeixen a prioritzar les publicacions en llengua anglesa i que ofereixen les sol·licituds en aquest idioma, cosa que fa que siguin percebudes com a més internacionals, i al seu torn això fa que molts investigadors renunciïn

18. Ulrich Ammon (ed.), *The Dominance of English as a Language of Science. Effects on Other Languages and Language Communities*. Berlín/Nova York: Mouton de Gruyter, 2001; Ulrich Ammon, *Die Stellung der deutschen Sprache in der Welt*. Berlín: De Gruyter, 2015.

gradualment a escriure en la seva pròpia llengua. Aquesta tendència vers la comunicació científica en una única llengua no afecta tots els camps de la mateixa manera: hi ha algunes disciplines predominantment nacionals, com el dret i altres àrees de l'àmbit humanístic, que n'estan parcialment exemptes. No obstant això, hi ha una empenta cada cop més forta cap al domini de l'anglès. Un exemple recent d'aquesta tendència és la Italian Science Fund, creada el 2021 per finançar projectes de recerca que es duguessin a terme en universitats italianes. Tot i aquestes premisses, l'únic idioma en què es poden fer els lliuraments dels projectes és l'anglès, sigui la disciplina que sigui. Un altre cas interessant és el del procés de sol·licitud del PRIN (acrònim italià de «Projectes d'interès nacional significatiu»). Fins al 1997, les propostes dels projectes es feien exclusivament en italià. A partir del 1998, però, als sol·licitants se'ls demanava que fessin servir l'italià i l'anglès per augmentar el nombre d'avaluadors internacionals. El 2015, els proponents podien triar si lliuraven les sol·licituds en italià o en anglès, i des del 2017 les sol·licituds per a finançament del PRIN només es poden lliurar en anglès, amb l'opció d'adjuntar-hi una versió italiana, cosa que depèn de la voluntat del sol·licitant. En poc més de dues dècades, hem canviat el monolingüisme italià pel monolingüisme anglès, amb una fase transitòria de multilingüisme, cosa que s'assembla molt al que passa actualment en l'ensenyament, sobretot en l'àmbit dels màsters.

Un segon factor estructural que contribueix a l'extensió de l'adopció de l'anglès com a principal llengua científica ha estat la sobredependència dels indicadors bibliomètrics, com l'impacte del factor de les publicacions especialitzades i de l'índex h, que es calculen segons les bases de dades d'un grup petit d'editorials científiques gegantines. Aquests indicadors igualen el valor d'una publicació al nombre de citacions que rep, sense distingir entre citacions positives i negatives i tenint en compte fins i tot les que critiquen o desacrediten les contribucions que contenen. Tot i que no tenim prou espai per explorar-lo en detall, es tracta d'un aspecte preocupant.[19] El nombre de citacions que rep una publicació depèn de la capacitat lingüística del lector i del ventall de publicacions especialitzades disponibles a la base de dades de l'editor. Els índexs bibliomètrics tendeixen a prioritzar publicacions en idiomes que tinguin molts parlants, amb l'anglès al capdavant. En conseqüència, els editors internacionals poden deixar de publicar i de prioritzar revistes en idiomes que no siguin l'anglès, ja que saben que segurament aquestes publicacions no seran gaire citades.

EFICÀCIA I EQUITAT EN L'ÀMBIT DE LA INTERNACIONALITZACIÓ

Com que ideològicament la internacionalització ha estat sovint considerada un procés intrínsecament positiu, no s'ha prestat prou atenció als desavantatges que comporta, com per exemple els aspectes relacionats amb l'eficàcia i l'equitat que sorgeixen arran de l'augment del monolingüisme en l'ensenyament i en la recerca. La primera qüestió té a veure amb l'eficàcia de l'ensenyament i de l'aprenentatge. Hi ha proves que suggereixen que

19. Per a una anàlisi detallada, vegeu Michele Gazzola, «The linguistic implications of academic performance indicators: general trends and case study», *International Journal of the Sociology of Language*, 216, 2012, p. 131-156.

els estudiants entenen més bé les lectures que fan en la seva llengua nativa, cosa que contribueix a una adquisició més efectiva del coneixement. Un estudi recent dirigit per Juliana Bernhofer i Mirco Tonin a la Universitat Lliure de Bozen/Bolzano –una universitat trilingüe del nord d'Itàlia– analitza de quina manera l'idioma d'instrucció afecta el rendiment de l'estudiant.[20] Més enllà de les llengües pròpies de cadascú, els estudiants d'aquesta universitat han d'aprendre i fer els exàmens en anglès, alemany i italià. L'estudi conclou que fer exàmens en una segona llengua pot tenir com a conseqüència un descens de la nota d'un 9,5 %. Tot i que dominar una llengua no nativa pot ajudar a reduir aquest impacte, no l'elimina. L'estudi també va observar un augment en el nombre d'exàmens de recuperació. Un treball dirigit per Olle Bälter i altres investigadors mostra els resultats d'un experiment interessant que es va dur a terme a Suècia.[21] Els autors van dividir a l'atzar uns 2.300 estudiants suecs en dues versions idèntiques –una en anglès, l'altra en suec– d'un curs introductori totalment autoguiat i digital, i van concloure que els qui estudiaven en suec responien correctament un 73 % més de preguntes. Karin Reithofer va analitzar cent trenta-nou estudiants universitaris austríacs que tenien un molt bon domini de l'anglès i va trobar que, quan escoltaven una classe en anglès impartida per un professor italià, que també tenia un gran domini de l'idioma, la seva comprensió era pitjor que quan un

20. Juliana Bernhofer i Mirco Tonin, «The effect of the language of instruction on academic performance», *Labour Economics*, 78, p. 102218, 2022.

21. Olle Bälter, Viggo Kann, Chantal Mutimukwe i Hans Malmström, «English-medium instruction and impact on academic performance: a randomized control study», *Applied Linguistics Review*, 2023.

traductor professional traduïa simultàniament la mateixa classe a l'alemany.[22]

Un segon tema important està relacionat amb l'equitat. En molts països europeus, els costos de matriculació acostumen a ser molt més baixos que a la Gran Bretanya o als Estats Units, i, en alguns casos, són assumits pels governs. Tot plegat es deu al fet que, en aquests països, bona part dels costos d'educació els assumeixen els governs nacionals o regionals a partir dels impostos que paguen tots els ciutadans. Es tracta d'una inversió pública que sobretot beneficia l'estudiant, tant si pertany al país en qüestió com a algun altre. Ara bé, per tal que una societat reculli els beneficis d'aquesta inversió, és fonamental que els graduats d'aquests programes es quedin al país acollidor i contribueixin a la seva població activa.[23] Per tant, el repte no és només atraure estudiants amb talent, sinó retenir-los en el si de l'economia local un cop han completat els estudis. Confiar només en l'anglès com a mitjà d'instrucció no sembla la manera més efectiva d'assolir aquests resultats. Samuel Nocito examina l'impacte dels cursos impartits en anglès en la possibilitat que els estudiants es quedin a viure al país on han estudiat un cop graduats. La investigació de Nocito revela que obtenir un màster en anglès a Itàlia fa que la possibilitat que aquest estudiant treballi a l'altra banda de l'oceà augmenti un 11,3 %, un percentatge que és gairebé cinc vegades més gran que el que mostra la mitjana un any després d'haver completat els

22. Karin Reithofer, «Comparing modes of communication: The effect of English as a lingua franca vs. Interpreting», *Interpreting* 15 (1), 2013, p. 48-73.

23. Irma Garam, Janne Jaalivaara, Isa Kuosmanen i Tuomo Suhonen (2014), *Esiselvitys ulkomaalaisten korkeakouluopiskelijoiden taloudellisista vaikutuksista*. Hèlsinki: Valtion taloudellinen tutkimuskeskus – VATT, 2014.

estudis.[24] Un estudi de Frauke Priegnitz amb tres-cents dos estudiants internacionals que només havien fet cursos en anglès a Alemanya va revelar que al 76 % dels enquestats els semblava que hauria de ser obligatori que els estudiants fessin cursos en alemany tot i estudiar en anglès.[25] A més, el 62 % estaven a favor de programes que oferissin cursos tant en anglès com en alemany per motivar els alumnes a adquirir l'idioma local. Un domini pobre de l'alemany pot implicar tenir problemes a l'hora de trobar feina en el mercat laboral alemany, cosa que, a més, no facilita que els alumnes internacionals s'estableixin en el teixit productiu local. Només el 34 % dels enquestats es van quedar a Alemanya un cop van haver completat el programa.[26]

La vitalitat de diverses llengües nacionals s'enfronta a una qüestió preocupant pel que fa al seu futur.[27] A mesura que l'anglès es converteix en la llengua dominant de l'educació superior, els qui parlen altres llengües pot ser que no puguin accedir a ensenyament avançat en la seva llengua materna al seu propi país. Tot i que oferir cursos de grau en anglès i en la llengua nacional pot ser una solució temporal, a llarg termini no és sostenible a causa de l'augment de costos i de la duplicació

24. Samuel Nocito, «The effect of a university degree in English on international labor mobility», *Labour Economics*, 68, p. 101943, 2021.

25. Frauke Priegnitz, *Zwischen englischsprachigem Studium und landessprachigem Umfeld. Internationale Absolventen deutscher und dänischer Hochschulen*. Frankfurt del Main: Peter Lang, 2015.

26. Frauke Priegnitz, «Language policies in English-Medium programmes in Germany and Denmark and their long-term effects on graduates' bonds with the host country», a Anne H. Fabricius i Bent Preisler (eds.), *Transcultural Interaction and Linguistic Diversity in Higher Education*, p. 300-325. Berlín/Nova York: Springer, 2015.

27. Michele Gazzola, «Internazionalizzazione dell'Università e nuove sfide per la lingua italiana», a *La Crusca per Voi*, 36, 2008, p. 3-8.

innecessària. Les universitats poden optar per prioritzar els cursos en llengua anglesa per sobre dels que s'imparteixen en la llengua nacional per captar el mercat d'estudiants estrangers i domèstics, i, alhora, *aprofitar* el professorat internacional perquè imparteixi classes als màsters i als graus. Ara bé, aquest fet podria tenir conseqüències significatives en la vitalitat cultural de les llengües. Els alumnes que només estudien en anglès, tant en el grau com en el màster, poden arribar a completar la seva educació superior sense trobar mai terminologia tècnica o científica en la seva llengua materna. És preocupant que sigui probable que aquests estudiants no tinguin mai l'oportunitat de relacionar-se amb material científic o tècnic en la seva llengua, cosa que representa una amenaça a la seva capacitat futura per treballar i ensenyar amb la terminologia adequada en el seu idioma. És important observar que metges, enginyers i economistes han de ser capaços de comunicar-se efectivament amb pacients, escriure informes i aconsellar alts càrrecs públics en els idiomes locals, no sols en anglès. Una universitat que únicament ensenya i fa recerca en anglès sembla que està deslligada de la vida cultural i cívica d'un país, en comptes de ser-ne una part integral.

Pel que fa a les activitats de recerca, les qüestions d'equitat han estat explorades, entre d'altres, en un estudi dirigit per Amano Tatsuya i diversos col·legues seus.[28] Aquests autors van descobrir que als investigadors de ciències del medi ambient

28. Tatsuya Amano, Valeria Ramírez-Castañeda, Violeta Berdejo-Espinola, Israel Borokini, Shawan Chowdhury, Marina Golivets, Juan David González-Trujillo, Flavia Montaño-Centellas, Kumar Paudel, Rachel Louise White i Diogo Veríssimo (2023), «The manifold costs of being a non-native English speaker in science», *PLOS Biology*, 21 (7), p. e3002184, 2023.

que no són parlants nadius d'anglès sovint els cal el doble de temps que als seus homòlegs per llegir, escriure o ressenyar publicacions en anglès. A més, és més probable que els treballs presentats pels parlants no nadius siguin rebutjats a causa d'errors lingüístics i, en aquest sentit, s'han de fer més revisions (la freqüència de les quals es multiplica per 12,5). Això pot tenir com a conseqüència menys oportunitats de promoció, tot i tenir una competència tècnica igual o superior als altres.

S'atribueix a l'assagista i novel·lista italià Umberto Eco la definició segons la qual una llengua és un dialecte amb una universitat.[29] Quan una llengua perd la capacitat per comunicar coneixement científic o per expressar idees complexes, de mica en mica perd rellevància social. Gian Luigi Beccaria afirma que «si no parlem de tecnologia i de ciència en la nostra llengua materna, serem testimonis del nostre declivi immediat com a societat cultivada.[30] La qüestió inclou factors polítics, socials i econòmics. Si les llengües modernes perdessin les seves funcions elevades, això crearia una «divisió sociolingüística» que contribuiria a augmentar la divisió social entre el poble i les elits. Aquesta divisió tindria com a resultat unes elits bilingües amb un anglès fluid que se sentirien còmodes en una gran ciutat global, mentre que la població local estaria exclosa de la comunicació tecnocientífica, o, si més no, li costaria entendre-la. Això recorda la situació de l'edat mitjana. Tal com observa Trabant,

29. Umberto Eco, «L'italiano di domani», La lingua italiana fattore portante dell'identità nazionale – 150° anniversario dell'unità d'Italia, Roma, 2021. Presidenza della Reppublica. https://I.quirinale.it/elementi/237152

30. Gian Luigi Beccaria i Andrea Graziosi, *Lingua madre. Italiano e inglese nel mondo globale*. Bolonya: Il Mulino, 2015, p. 116 (la traducció és meva).

correm el risc de dirigir-nos a una «diglòssia neomedieval»,[31] és a dir, a una situació en què una llengua amb un estatus elevat (el llatí a l'edat mitjana) es fa servir per als negocis i l'ensenyament, i, en canvi, les llengües vernacles s'empren en dominis més informals.

¿ELS RÀNQUINGS PODEN PROMOURE EL MULTILINGÜISME?

Aquest assaig s'ha centrat en la qüestió de la diversitat i la política lingüístiques en l'important camp de l'ensenyament universitari i la recerca científica. És un àmbit que, durant les últimes dècades, ha estat afectat i profundament influït per l'anomenat procés d'internacionalització. És clar que la mobilitat internacional d'estudiants i intel·lectuals no és res nou. A Europa (tot i que en una escala molt reduïda) ja era una realitat a l'edat mitjana,[32] però aquest fenomen s'ha accelerat d'una manera impressionant des dels anys noranta. El procés d'internacionalització ha provocat noves formes de contacte entre llengües, i això ha implicat la necessitat de gestionar aquests canvis mitjançant polítiques públiques, incloses les lingüístiques. Aquestes polítiques sobretot han promogut l'ús de l'anglès no només com a llengua d'investigació i publicació, sinó també com a llengua d'instrucció fora dels països de parla anglesa, sovint a costa de les llengües nacionals. Aquest procés ha estat alimentat per un seguit de factors ideològics i estructurals.

31. Jürgen Trabant, *Globalesisch oder was?* Múnic: C H Beck, 2014.

32. Jacques Verger, «La mobilité étudiante au Moyen Age», a *Histoire de l'éducation*, 50, p. 65-90, 1991.

En l'àmbit ideològic, encara hi ha qui defensa el monolingüisme o, si més no, l'hegemonia d'una única llengua. Segons aquesta manera de pensar, la diversitat lingüística és un obstacle per al moviment d'estudiants i investigadors, i, també, per al de les idees. És com si el model d'una llengua per Estat, propi del segle XIX, que en el passat va promoure la marginació de llengües minoritàries, s'apliqués a escala paneuropea o fins i tot global. Des d'un punt de vista estructural, els sistemes de finançament de la recerca i, sobretot, els rànquings universitaris internacionals incorporen considerables incentius econòmics i de reputació que empenyen al monolingüisme. Ara bé, hem vist que això genera molts problemes d'eficiència i d'equitat que hem de resoldre mitjançant la política lingüística. Mentre que els cursos impartits en una llengua (o llengües) diferent(s) de l'oficial poden implicar enriquiment, la seva excessiva proliferació a costa dels de l'idioma oficial és criticable des de múltiples perspectives, incloent-hi la transmissió efectiva de coneixement, la justícia social i la promoció i conservació de la diversitat lingüística.

No obstant això, la qüestió principal és que les polítiques lingüístiques es duen a terme en diferents nivells institucionals, i actualment persegueixen dos objectius oposats. El conjunt de la societat té com a objectiu conservar i promoure l'ús de la seva llengua nacional per transmetre el coneixement i retenir el talent. Per exemple, el 2024 es va sotmetre al parlament holandès una nova llei per reduir el nombre d'estudiants internacionals a les universitats holandeses i animar a aquells que s'hi inscrivien a aprendre neerlandès. A Dinamarca, el govern va mirar de limitar la matriculació en cursos només impartits en anglès per promoure l'ensenyament en danès a la universitat, però fa poc ha hagut de fer-se enrere. Tant Suècia, el 2009, com Noruega, el 2022, han establert lleis que obliguen a conservar les llengües respectives, i a assegurar-se que estan equipades amb el vocabulari necessari i l'estatus formal i simbòlic per prosperar en tots els aspectes de la societat. El 2022, el govern italià va proposar una llei per protegir la llengua italiana de l'abús de l'anglès en la comunicació pública i a les universitats. Les institucions d'ensenyament superior i les agències de recerca, en canvi, tenen uns altres objectius, que sobretot passen per distribuir de manera competitiva el finançament per a la recerca, publicar investigacions amb un impacte en l'àmbit de les citacions i atraure estudiants i professorat d'arreu del món per incrementar el seu prestigi i posició en els rànquings internacionals. Tot plegat crea una tensió entre objectius socials macro i els de les organitzacions individuals de nivell meso.

Per alleugerir aquesta tensió, una solució és implementar polítiques lingüístiques complexes.[33] És important observar que *complex* no vol dir *complicat*. Més aviat es refereix al repte de redreçar els incentius desajustats entre els nivells macro i meso. La complexitat sorgeix del fet que els actors d'aquests nivells s'enfronten a incentius i limitacions diferents, cosa que fa que divergeixin. Per promoure i protegir la diversitat lingüística, és fonamental alinear els objectius de la societat i els de les universitats. Assolir aquest objectiu vol dir alinear els incentius de les universitats per fer-los coincidir amb els objectius socials. Calen algunes mesures de política lingüística per promoure el

33. François Grin, «Principles of integrated language policy», a François Grin, László Marácz i Nike K. Pokorn (eds.), *Advances in Interdisciplinary Language Policy*, p. 23-42. Amsterdam: John Benjamins, 2022.

multilingüisme en l'ensenyament i la recerca. N'hi ha quatre d'especialment importants. Per començar, cal substituir els rànquings QS i THE per una classificació europea que inclogui indicadors que incentivin el multilingüisme. Per exemple, l'indicador *percentatge d'estudiants estrangers* es pot combinar amb d'altres com *percentatge d'estudiants estrangers que acabin els seus estudis amb un nivell C1 en la llengua local* i *percentatge d'alumnes domèstics que completen els estudis amb un nivell B2 en una altra llengua*, on C1 i B2 corresponen als nivells del marc europeu comú de referència per a les llengües (MECR). Això podria incentivar les universitats a fer servir més llengües en l'ensenyament d'alumnes locals i estrangers. En segon lloc, s'hi poden incloure els indicadors bibliomètrics calculats per llengües que no siguin l'anglès, ja que l'actual sistema europeu U-Multirank és inadequat i s'hauria de revisar. En tercer lloc, una proporció significativa del finançament europeu i nacional per a institucions acadèmiques s'hauria de fonamentar en els resultats dels nous indicadors i rànquing. Finalment, el criteri que premia els investigadors multilingües en les seves sol·licituds de finançament de projectes internacionals es podrien dissenyar –per exemple, en el programa de recerca de la Unió Europea Horitzó Europa– seguint l'exemple de polítiques per promoure la igualtat de gènere en el món acadèmic. El futur de moltes llengües nacionals europees com a llengües de desenvolupament i transmissió de coneixement també depèn de la voluntat dels governs d'implementar unes polítiques lingüístiques com aquestes.

Traducció de l'anglès de David Cuscó

SER HUMÀ: LA FERIDA DE L'INFINIT
Una trobada íntima entre la ciència i la cultura

Gemma De les Coves

OBERTURA

La ciència i la cultura són ficcions de la realitat i de la humanitat que doten d'estructura el paisatge continu: hi posen columnes, cobertes i marcs –i així basteixen el palau del coneixement–. Totes dues reposen sobre el mosaic del llenguatge, el qual ens permet identificar un nombre no fitat d'atributs en una mateixa rajola –un mot, una arrel lèxica, una unitat de significat– transportable en l'espai i el temps. Totes dues són analgèsics contra el dolor i el desordre del món: poden guarir de maleses d'un entorn aclaparador. Desbrossem els camins i ens esgarrinxem per construir noves ales al palau del coneixement, mentre n'examinem críticament els fonaments. Tant l'una com l'altra fugen de la ignorància i de la mediocritat –vull pensar que amb humilitat i honestedat, amb tenacitat i amor cap a tot allò desconegut–. En termes científics, diria que totes dues busquen reduir la incertesa en alguna de les seves dimensions, fugir d'estats d'alta entropia, que són els còmodes, els gratuïts, els mandrosos i relaxats –els estats no compromesos amb cap estat de les coses–. Així és com entenc la manera d'apropar-nos a les formes de coneixement. Si no, em costaria dir-ne «formes».

Però en el nostre temps la ciència i la cultura pertanyen a facultats i a seccions de llibreries diferenciades. És clar que hi ha tant coneixement que cal ordenar-lo d'alguna manera i col·locar-lo en caselles i prestatges. Però el tot és embarbussat, potser també entrellaçat (si és que hi ha un tot en lloc d'una pluralitat indomable), i qualsevol ordre és forçat i artificial, espuri i, per tant, perjudicial: les caselles són una trampa. Aquí vull rebel·lar-me contra aquesta classificació, i ho faré encenent un focus sobre la ciència i la cultura des d'un angle rar, des del qual il·luminaré la seva relació amb la transcendència i la clausura. Si bé l'angle és oblic, té un abast pregon, ja que la llum penetra fins a racons de les coves més íntimes del nostre ésser. Provaré d'explicar que la ciència s'enfronta a la transcendència i a la clausura tot rebutjant la contradicció que se'n deriva i que, per tant, nega l'existència dels objectes que la generen. En canvi, la cultura (i, en particular, l'art) es relaciona amb aquesta contradicció de maneres més interessants –de vegades l'esquiva abandonant les pretensions d'universalitat en favor de la singularitat, i d'altres l'abraça sense por, com qui es llança de cap sabent que s'estavellarà–. Finalment, parlaré d'una trobada molt íntima entre la ciència i la cultura en el si de la nostra condició humana. Penso i sento que en el cor del nostre ésser hi trobem la ferida de l'infinit.

Espero que, així, unes gotes de ciència penetrin dins les venes de la cultura, i que les idees valentes de l'art informin la ciència sobre camins heterodoxos. Per això iniciatives com ara aquest llibre, que integra veus procedents d'àmbits culturals i de disciplines del coneixement diverses, són tan importants –perquè el món és complex, meravellós i atziac, i perquè ens calen tot tipus de mapes, de llaguts i de timons per navegar-lo, i, sobretot, fantasia i transcendència per escapar de la clausura.

Arribar a la fi del món i estirar el braç

¿Podríem imaginar arribar a la fi de l'univers i estirar el braç cap enfora? ¿I viatjar enrere en el temps, fins al primer instant de l'univers, i llavors fer un passet més cap al moment anterior? ¿Podríem imaginar concebre l'inconcebible? ¿I pensar l'impensable?

Totes aquestes contradiccions tenen un esquelet comú: proven d'abastar més enllà d'un pretès últim límit des de dins del lloc que ocupen. D'una banda, es troben dins d'un lloc, físic o no físic –l'espai, el temps, el conjunt d'esdeveniments causats o de coses pensables–. D'altra banda, pretenen anar més enllà d'aquest lloc, sortir-ne, transcendir-lo –estirar el braç, ser abans de l'inici del temps, aprehendre l'inconcebible, pensar l'impensable–. Es donen, doncs, dues condicions: la primera s'anomena *clausura*, i la segona, *transcendència*.[1] Transcendir una condició mentre se n'és subjecte és una contradicció.

Molts problemes de la filosofia es poden mirar amb les ulleres de la tensió entre la transcendència i la clausura. Molts pensadors cauen en el parany d'afirmar que quelcom és inabastable, inconcebible, impensable, inefable –i el parany esdevé un remolí de sorramoll que els enretira el terra lògic on recolzar-se–.[2] Segons Parmènides, allò que no és ni tan sols pot ser pensat –tot i que ara mateix hi estem pensant–. Si l'escepticisme defensa que «Res es pot saber», el mateix fet expressat per aquesta frase tampoc no hauria de ser cognoscible. Si el relativisme clama que

1. Graham Priest, *Beyond the Limits of Thought*. Oxford: Claredon Press, 2001.

2. Dic pensadors perquè, malauradament, quasi només trobo homes pensadors als llibres de filosofia.

«Tot és relatiu», també ho hauria de ser el fet expressat per aquesta frase. Una afirmació com «Tal cosa és indescriptible» és problemàtica, perquè aquesta afirmació està donant un atribut a aquesta cosa («indescriptible») i, per tant, no és cert que no se la pugui descriure en absolut. Per exemple, segons Kant, el noümen no pot ser predicat, però l'acabem de predicar –afirmar que hi ha coses més enllà del nostre judici és fer-ne un judici–. Similarment, la matèria primera d'Aristòtil ho és tot en potència i res en concret, és pura possibilitat, conté totes les propietats mentre que ella mateixa no té cap propietat –però això és contradictori, perquè ara mateix li estem donant una propietat–. Quine argumenta i comunica que el significat és inescrutable, però aquesta afirmació hauria d'impossibilitar aquesta mateixa comunicació. El mateix adjectiu *inefable* és un contrasentit.

Aquest tast de contradiccions exemplifica la gran quantitat de manifestacions que tenen la transcendència i la clausura. Valgui dir que es troben als límits de la cognició, de la concepció, de l'expressió i de la iteració. Valgui dir també que no he pretès ser rigorosa amb les cites dels pensadors, sinó tan sols il·lustrar maneres de proposar-se arribar a la fi d'algun univers i d'estirar el braç. Aquesta absurditat, suggerida per Arquites, té moltes reencarnacions.

Transcendència, clausura i existència

L'esquelet de la tensió és el següent:

> Quelcom és contingut en un conjunt (clausura).
> Aquest quelcom transcendeix aquest conjunt (transcendència).
> Aquest quelcom existeix (existència).

Com a conjunt podem imaginar la col·lecció de coses amb una certa propietat. Aquest esquelet s'anomena Inclosure Schema o Schema T.[3]

Transcendència (T), clausura (C) i existència (E) impliquen una contradicció. En matemàtiques, o en qualsevol estudi que es basteixi sobre la lògica, solem no admetre les contradiccions. Això es deu al fet que, en les lògiques anomenades consistents, una contradicció genera el principi d'explosió, és a dir, que qualsevol frase és certa: si A i no A, llavors tot se segueix. Si trobem una contradicció, doncs, la rebutgem. Per fer-ho, concloem que almenys una de les tres (C, T o E) és falsa –habitualment descartem l'existència, ja que les altres solen ser certes per tal com hem construït el problema–. Hi ha qui apel·la a acceptar la contradicció, especialment Priest, que ens insta a usar una lògica anomenada paraconscient, on el principi d'explosió no s'accepta, però domina l'opció de rebutjar l'existència de l'objecte que fa possible la contradicció. Després veurem una de les conseqüències d'aquesta estratègia: el fet que hi ha infinits tipus d'infinits.

Tanmateix, en filosofia els mandats de la lògica poden no ser tan ferms o qüestionables, i la resolució de la contradicció no sempre és tan senzilla. La manera com travessem el terreny fangós sense desaparèixer ofegats en el sorramoll dependrà de la qüestió filosòfica, però en el seu cor hi haurà una qüestió important: ser concebut i ser fitat són essencialment la mateixa cosa.[4] Perquè si una cosa és fitada llavors pot ser concebuda –com tot allò que és en aquest costat de la fita–, i si una cosa és

3. Graham Priest, op. cit.; Thomas Bolander, "Self-Reference", Stanford Encyclopedia of Philosophy (enciclopèdia en línia). Stanford: 2017.

4. Graham Priest, op. cit.

concebuda llavors és fitada pels termes de la concepció. En un exemple ben ingenu: si la Terra fos plana, no podríem concebre el magnífic costat que fitarien els oceans sense concebre, encara que només fos de manera implícita, el més enllà d'aquest costat. Penso que l'art, en particular, s'enfronta a la contradicció abandonant la pretensió d'universalitat. Però cada cosa al seu temps; vegem ara com treure el braç per la fi de l'univers.

Soc una mentidera

Una manera sistemàtica d'escapar de la clausura, és a dir, de transcendir, és mitjançant l'autoreferència i la negació.

Si jo dic

Soc una mentidera

conclourem que menteixo si i només si no menteixo. De la mateixa manera, si considerem l'afirmació

Aquesta frase és falsa

conclourem que és certa si i només si és falsa. Si analitzem aquesta frase amb les mateixes eines que hem fet servir per formular-la, no podem assignar-li un valor consistent de veritat o falsedat. En aquest sentit, aquest frase transcendeix el conjunt de frases certes o falses.

Gödel demostrà el primer teorema de la incompletesa construint una frase en un sistema axiomàtic que diu

Jo no soc demostrable (♡)

Formalment, la frase el nombre de la qual correspon a aquesta mateixa frase no és demostrable. Per fer aquesta autoreferència és crucial assignar noms (coneguts com a nombres de Gödel) a les fórmules o frases, de manera que aquests nombres poden servir de variable dins de la frase, i aquesta pot parlar de si mateixa. De nou, doncs, ens trobem que no podem demostrar que (♡) és certa o falsa –transcendeix la demostrabilitat–. El primer teorema de Gödel és un dels resultats més profunds de les matemàtiques. Diu que els sistemes formals amb un mínim nivell d'expressivitat no poden ser consistents i complets alhora. «Consistent» vol dir que no podem demostrar una frase falsa com a vertadera, i «complet», que podem demostrar totes les frases vertaderes. Alguns han conclòs que la veritat és una noció més gran que la demostrabilitat.

La versatilitat i l'abast de l'autoreferència i la negació és remarcable, en part perquè la paradoxa no es pot «arreglar».[5] Jo ho resumeixo amb la màxima

Cap sistema no pot parlar de si mateix (◇)

Per «parlar» vull dir 'parlar de tot', descriure tots els atributs –els sistemes sí que poden parlar parcialment de si mateixos, descriure alguns dels seus atributs–. «Parlar» també significa 'parlar consistentment', és a dir, no afirmar un atribut i el seu contrari.

Vull explicar (◇) a través del cas més senzill, el d'un conjunt que, seguint el teorema de Cantor, no pot descriure tots els seus atributs. Per sistema prenem un conjunt S. Si identifiquem un atribut amb la seva extensió, això és el conjunt d'elements on és

5. Thomas Bolander, op. cit.

veritat, aleshores un atribut és un element del conjunt de subconjunts de S, que s'escriu 2^S. Per exemple, si S és el conjunt dels nombres naturals i f és l'atribut «parell» de manera que $f(n) = 1$ si n és parell i $f(n) = 0$ si no ho és, identifiquem f amb el conjunt de nombres parells, $\{2, 4, 6, 8, 10...\}$.

El teorema de Cantor diu que no hi ha cap manera d'aparellar els elements de S amb els de 2^S sense que quedi desaparellat algun element de 2^S. S no pot abastar 2^S. S no pot abastar el conjunt dels seus atributs, S no pot parlar de si mateix. Cap S no pot abastar 2^S –per més complicat i salvatge que sigui S, 2^S ho serà més–. Això implica que hi ha infinits tipus d'infinits! Si un infinit ens fa esclatar la ment com si toquéssim les estrelles, imaginar-se infinits tipus d'infinit és com volar fins a la fi de l'univers i tornar per explicar-ho.

El teorema de Cantor, doncs, transforma la vella paradoxa de la mentidera en una tècnica anomenada diagonalització, que, per a conjunts, permet estripar la membrana de tota clausura i transcendir-la. Implica que no hi ha tal cosa com l'infinit més gran, que no hi ha un últim infinit, que no hi ha una última clausura, que sempre es pot transcendir.[6] Per a altres objectes matemàtics, el teorema de Lawvere és,[7] al meu parer, la formulació més exacta i poderosa de l'abast de la transcendència i la

6. Graham Priest, op. cit; Adrian W. Moore, *The Infinite*. Londres: Routledge, [1990] 2019.

7. F. William Lawvere, «Diagonal arguments and cartesian closed categories», *Lecture Notes in Mathematics*, 92, p. 134-145, 1969; Noson S. Yanofsky, «A universal approach to self-referential paradoxes, incompleteness and fixed points», *The Bulletin of Symbolic Logic*, 9, p. 362-386, 2023; Tomáš Gonda, Tobias Reinhart, Sebastian Stengele i Gemma De les Coves, «A Framework for Universality in Physics, Computer Science and Beyond», *Compositionality*, *arXiv:2307.06851*, 2024.

clausura, ja que expressa les condicions que un sistema ha de satisfer per quedar atrapat en aquestes contradiccions. El teorema de Lawvere s'especialitza en el teorema de Cantor, en el teorema de Gödel, en el problema de la parada en la teoria de la computabilitat, en la paradoxa de Bertrand Russell i en d'altres que expressen fondes i irreparables limitacions en la demostrabilitat, la computabilitat, la noció de conjunt, la d'aprenentatge, etc. Tots tenen en el seu si una contradicció d'autoreferència i de negació que els força a concloure que certs objectes no poden existir. Les conseqüències són devastadores per a les matemàtiques, la informàtica i tota empresa que es nodreixi de la lògica.

Ara oblidem tot el que acabo de dir i considerem (◇) de nou. Em sembla que jo mateixa puc pensar sobre mi mateixa sense topar amb parets infranquejables. Malgrat que tots hi estarem d'acord, és un fet remarcable. O bé alguna cosa de (◇) és sospitosa, o bé la condició humana es relaciona amb aquesta limitació d'una manera molt sorprenent. És aquí on volem anar a parar. Però abans, enderroquem les jerarquies i entrellacem-les.

Les jerarquies entrellaçades

Gràficament, l'autoreferència i la negació es poden entendre com una *jerarquia entrellaçada*, que és una jerarquia que «es tanca en si mateixa», és a dir, en què el nivell més alt acaba sent influït pel nivell més baix. De fet, la demostració del teorema de Lawvere –que és molt curta– consisteix en un diagrama que captura la jerarquia entrellaçada que genera la contradicció. A *Gödel, Escher, Bach*, Hofstadter anomena jerarquia entrellaçada el que apareix a la demostració de Gödel, en diverses obres d'Escher i en algunes de Bach.[8] En Bach, podem trobar que la part més petita de l'estructura de l'obra, els «ornaments», esdevenen l'estructura més gran. En sistemes axiomàtics, esperaríem que la demostrabilitat de les frases depengués enterament dels axiomes i de les regles de transformació, però la frase de Gödel (♡) diu alguna cosa significant sobre els axiomes que donen lloc a aquesta frase mateixa (en particular, expressa una limitació d'aquests axiomes). En aquest sentit, ens trobem davant de l'emergència de la referència.

Sorprenentment, alguns aspectes del funcionament de l'ADN també tenen l'estructura d'una jerarquia entrellaçada.[9] L'ADN s'expressa amb proteïnes i, per tant, està a un nivell jeràrquic superior, ja que en determina la composició. Però algunes proteïnes determinen quins segments de l'ADN són expressats, de manera que sembla que elles estiguin a un nivell superior. Trobem una jerarquia entrellaçada en la lectura i en la traducció del nostre alfabet, que són les unitats de significat més petites del nostre embalatge.

En les matemàtiques, en la lògica, en la teoria de la informàtica entrellaçar una jerarquia és «dolent» perquè els sistemes formals constitueixen una jerarquia on tot es deriva de la (injustificada) veritat dels axiomes. (Imaginem un món que reposa damunt d'una tortuga gegant que no s'aguanta enlloc –l'axioma juga un paper similar a aquesta tortuga.) Si entrellacem la jerarquia i trobem una contradicció, concloem que alguna hipòtesi és falsa, com podria ser l'existència d'un objecte. Però, en altres àmbits, entrellaçar una jerarquia pot ser bo o màgic, perquè

8. Douglas Hofstadter, *Gödel, Escher, Bach*. Nova York: Basic Books, 1979.
9. Douglas Hofstadter, op. cit.

permet alçar-se de terra estirant-se els cordons de les pròpies sabates i revelar un mecanisme d'emergència. De fet, la jerarquia entrellaçada és la proposta de Hofstadter per explicar l'emergència del *jo* i la consciència, expressat molt més clarament a *I am a strange loop*.[10]

S'hauria de poder expressar la tensió entre la transcendència i la clausura com una jerarquia entrellaçada, en què la transcendència correspon a un nivell superior i la clausura a un d'inferior. Aquesta connexió subratllaria la idea que hem d'abraçar les contradiccions, ja que, si Hofstadter té raó, estan molt a prop del propi *jo* –tan a prop que el conformen lògicament–. Però la feina d'aquest enllaç encara està per fer.

L'infinit: la part abraça el tot

¿Què defineix un objecte? ¿Quines parts componen un tot? Aquestes qüestions tan importants (al meu parer) ocupen la metafísica.[11] Tanmateix, dues de les relacions més sorprenents que conec entre les parts i el tot es troben en l'infinit i en la quàntica. Voldria compartir-les i expressar la seva rara mereologia en termes de transcendència i clausura.

Considerem un tot i una part d'aquest tot, és a dir, una part que no és buida ni és el tot sencera. Per exemple, una part d'un núvol, una part d'un peix o una part d'una ungla. Per definició, una part és un subconjunt del tot, en el sentit que hi ha elements

10. Douglas Hofstadter, *I am a strange loop*. Nova York: Basic Books, 2007.

11. Michael J. Loux i Thomas M. Crisp, *Metaphysics: A Contemporary Introduction*. Londres: Routledge, [1998], 2017; John W. Carroll i Ned Markosian, *An Introduction to Metaphysics*. Cambridge: Cambridge University Press, 2010; Alyssa Ney, *Metaphysics: An Introduction*. Londres: Routledge, 2014.

del tot que no pertanyen a aquella part. Sembla evident que no es poden aparellar els elements de la part que hem triat amb els del tot, perquè la part és *menor* que el tot i, per tant, la part no pot abastar el tot.

En l'infinit, una part pot abastar el tot. Formalment, es pot aparellar cada element de la part amb un element del tot. Per exemple, en els nombres naturals, podem aparellar cada nombre parell $2n$ amb un nombre natural n i no deixar-ne cap de natural desparellat, perquè *no hi ha un últim element*. Però això és estranyíssim: una part d'un núvol és diferent de tot el núvol, i el mateix passa amb la part del peix, de l'ungla o de qualsevol objecte físic. En l'infinit, una part pròpia pot ser equivalent al tot (en un sentit formal). El tot transcendeix la part en el sentit que hi ha elements del tot que no són a la part (per exemple, els nombres senars), però alhora la part assoleix una clausura perquè abasta el tot (amb l'aparellament). De fet, aquesta és una manera de definir l'infinit.

D'altra banda, els estats quàntics poden descriure un *coneixement perfecte del tot* i un *desconeixement perfecte de les parts*. I aquesta és una manera de definir estats màximament entrellaçats. Això inverteix l'ordre habitual, on esperem que un coneixement més o menys bo de les parts es degradi en compondre-les, ja que la descripció esdevé massa difícil (hi ha massa paràmetres o graus de llibertat) i perdem el control sobre el tot. Però el món minúscul que ens sosté no consisteix en engranatges mecànics, i la seva mereologia és més estranya no tan sols del que imaginàvem, sinó del que podíem imaginar. És quixotesc que la quàntica no sigui una quimera. No sé expressar aquesta relació tan sorprenent en termes de transcendència i clausura.

L'asimetria del sí i el no

Penso que, en el fons, la tensió entre la transcendència i la clausura palesa la radical asimetria entre el sí i el no. En variables binàries, el sí i el no s'identifiquen amb els valors de veritat i falsedat, i són simètrics en el sentit que un és la negació de l'altre. Però aquesta simetria és un artifici de l'excessiva higiene de la lògica. Per a mi, el sí dona lloc a un predicat intrínsec, ja que per afirmar alguna cosa d'una entitat només cal referir-se a aquella entitat. En contrast, el no genera un predicat intrínsec *només si* la col·lecció d'entitats negades es concep com una unitat. Penso que aquesta condició és una expressió de la tensió entre la transcendència i la clausura.

La transcendència afirma l'existència d'una entitat amb una certa propietat (que transcendeix un conjunt) –en aquest sentit, es correspon a un sí–. La clausura, en canvi, involucra un quantificador universal, un «per tot» que abasta totes les entitats d'una col·lecció (del que pot ser pensat, concebut, expressat...) –en aquest sentit, es correspon a un no–. Però qualsevol afirmació de clausura posa, inadvertidament, una membrana entorn d'allò que s'està afirmant, i una membrana sols té sentit si ens imaginem el que hi ha a l'altre costat, com hem vist abans. En altres paraules, dir «per tot» és diferent que dir «no existeix», el no no és una mera negació del sí, no són simètrics –aquest és el nucli de la tensió–. Per resoldre-la ens caldria una bona negació de la negació, una sublimació d'aquest sí i d'aquest no, on ens podrien ajudar les idees de Hegel, que donen lloc a la seva noció d'«infinit vertader».[12]

12. Graham Priest, op. cit; Adrian W. Moore, op. cit.

Voldria il·lustrar l'asimetria del sí i el no amb un exemple menys transcendental, més pràctic, però no per això menys important. En la teoria de la computació, és fàcil proporcionar fites superiors a la complexitat dels problemes, perquè només cal proveir un algoritme que els resolgui amb aquella complexitat –això és el sí–. En canvi, per proporcionar fites inferiors de complexitat, cal demostrar que *tots* els algoritmes que resolen el problema tenen una certa complexitat –una tasca sovint monumental, molt més difícil–. Això és el no. De fet, la qüestió més important de la ciència avui en dia és demostrar que la classe de problemes NP és diferent que P, és a dir, que els problemes amb una solució que es pot comprovar fàcilment són diferents dels que es poden resoldre fàcilment.[13] Per demostrar la conjectura, cal agafar un problema amb solució fàcilment comprovable i demostrar que no hi ha *cap* manera de resoldre'l fàcilment. Aquesta conjectura resisteix tota mena d'embats des de fa dècades (no entenc per què). Si es demostrés falsa, les conseqüències serien brutals; per exemple, es podria automatitzar la creativitat. Sorprenentment, la paradoxa de la mentidera permet concloure (amb una sola línia) que els problemes amb solució comprovable són diferents dels resolubles (és a dir sense el requeriment de «fàcilment»). Tècnicament, RE és diferent de R, és a dir, que hi ha problemes incomputables. També serveix per demostrar com *no podem demostrar* que P és diferent de NP (és un cas particular del teorema de Lawvere),[14] però ningú no sap com demostrar que NP és més gran que P.

13. Cristopher Moore i Stephan Mertens, *The Nature of Computation*. Oxford: Oxford University Press, 2011; Avi Wigderson, *Mathematics and Computation: A Theory Revolutionizing Technology and Science*. Princeton: Princeton University Press, 2019.

14. Noson S. Yanofsky, op. cit.

La finestra des d'enlloc versus *la meva finestra*

La incomoditat que sento amb la ciència s'origina en el fet que aquesta s'instal·la en una transcendència que és aliena a la meva experiència. La meva experiència és de clausura. Ho il·lustraré amb la física, la biologia, la química i la història.

La física clama: tot és relatiu. No hi ha cap punt de referència privilegiat a l'univers. Les propietats es defineixen per comparació, com ara l'espai, el temps i l'energia. Tanmateix, jo habito una projecció única i intransferible de l'espai, del temps i de qualsevol relat. La física em dona una il·lusió de relativitat, de pretendre ser enlloc, com un fantasma entre els objectes, però la realitat se m'estreny: li faig d'angle, de punt de fuga. Jo soc subjecte, i això és inamovible. La física diu que l'últim teatre, l'espaitemps, té quatre dimensions toves com la mel. Però el meu teatre té una sola finestra bruta i singular. La física m'ensenya a calcular situacions en el passat, en el futur i en qualsevol punt de l'univers, però jo visc atrapada en l'ara i aquí.

Des del punt de vista de la biologia, la mort és una transició natural i inevitable, inventada per algun tipus d'algues per crear éssers amb morfologies més complexes.[15] La mort és una conseqüència quasi lògica del naixement, una mena de transició oposada, un transvasament de vida a d'altres formes. No té transcendència: hi ha certes formes de vida, anomenades éssers, que comencen i acaben. Des del meu punt de vista, la meva mort és absoluta i no me'n puc escapar. ¿He d'admetre que deixo d'existir?

15. Ricard Solé, *Todas las muertes*. Barcelona: Crítica, 2023; Richard Dawkins, *Climbing Mount Improbable*. Nova York: W. W. Norton, 1996. Disponible en castellà: *Escalando el monte improbable*. Barcelona: Tusquets, 1998.

Des del punt de vista de la química, soc una muntanya d'aigua i carboni amb esquitxos de nitrogen, fòsfor i calci. No tinc res propi ni únic. No tinc cap tipus d'intimitat. Des del meu punt de vista, el meu cos és la meva única desembocadura al cantó de l'existència, i la meva experiència no té res a veure amb telòmers, amb canals de potassi o amb neurotransmissors. Diria que no soc la suma de les meves sinapsis.

Des del punt de vista de la història, soc una baula irrellevant i prescindible en un brevíssim interval de temps i d'espai. Des del meu punt de vista, no existia res abans que jo que existís, ni existirà res quan jo deixi d'existir. La cruesa és radical.

La ironia de tot plegat és que la ciència (la física, la biologia, la química, la història) la fem els subjectes. El punt de vista de l'objecte és una interpolació inaccessible des de qualsevol finestra. Teòricament, de la perspectiva universal se'n pot derivar la singular. Però això només és veritat en un marc molt estret de la noció de «perspectiva» –la singular té valor, no és reductible a la universal.

Penso que les dues finestres són necessàries: la filosofia necessita la física perquè aquesta ens informa de les profunditats del nostre món, i la física necessita la filosofia perquè no hi ha coneixement sense marc conceptual, i perquè som persones i ens cal participar de la humanitat. Sabem calcular el passat, el futur i l'enlloc, però no tenim opinió sobre si el temps existeix; sabem que la força causa una acceleració, però no sabem què és una causa; sabem usar la quàntica, però no sabem si ens estem dividint en diversos universos; sabem que un agent causa una mesura, però no sabem què és un agent. Crec que la metafísica experimental és el present i el futur.

Finalment, penso que adonar-se d'aquesta disparitat de punts de vista té conseqüències ètiques. Des d'un punt de vista objectiu (una quimera), hi ha tant coneixement inabastable, tanta cultura que no tinc, tantíssima ciència que desconec, tanta història que no sé, tants punts de vista aliens, tanta complexitat, abundància i pluralitat, que l'única conseqüència lògica sembla ser una humilitat anihiladora: més val no alçar la veu. Però segons aquest argument, cap veu no hauria de fer-se sentir, ja que cap veu és objecte. Per això cal atrevir-se a parlar i reconèixer que, malgrat ser una mera projecció en l'espai i en el temps, malgrat tenir una visió extremament parcial, o potser precisament per això, aquesta unicitat té valor. Se m'ha donat un balcó per contemplar el món, i aquest balcó és singular i, en certa manera, irreductible. No puc baixar al carrer a visitar el punt de vista des d'enlloc; em cal trobar alguna dignitat en la meva minúscula perspectiva.

Els universals i els singulars

La disparitat de perspectives, de finestres fantasmagòriques, versus la meva finestra particular és una expressió del fet que la ciència cerca l'universal. L'art, en canvi, està compromès amb el singular, com vaig aprendre de Josep Ramoneda. Si la primera s'ocupa de les lleis de la gravitació, de la força entre els àtoms o de la replicació de l'ADN, un quadre de Sorolla pretén capturar la llum sobre un paisatge segons una mirada: l'enfocament i el sentiment són singulars. La paradoxa és que l'art (o potser només el bon art) assoleix una certa universalitat. ¿Com? No ho sé –suposo que apel·lant a aspectes de la condició humana que transcendeixen les nostres cultures i clausures particulars (el moment i lloc on hem nascut, l'educació que hem rebut, les experiències que hem tingut)–. És clar que estem esquivant la qüestió punxeguda de què és l'art.[16] La clau, però, és que l'art sembla no caure en el pou de les contradiccions de la transcendència i la clausura.

Hem vist que la ciència té un esquelet formal, i el que és formalitzable queda limitat per la transcendència i la clausura. En canvi, l'art esquiva les limitacions, perquè no es deu a la formalització com fa la ciència, ni té pretensions d'universalitat –o, si en té, són subtils i esmunyedisses–. (De fet, una generosa i vaporosa definició d'art consistiria precisament a identificar-lo amb tot allò que no es pot formalitzar.) L'art es relaciona amb l'autoreferència sense complexos. El meu exemple preferit és *8 1/2*, de Fellini, on el protagonista entra i surt de la pel·lícula, fa de director i de protagonista, fa càstings a actrius que apareixen a la mateixa pel·lícula i, fins i tot, el títol mateix és autoreferencial. Hi ha qui diu que les proporcions de les matemàtiques són segures i indiscutibles –i limitades, afegiria jo–. I recordaria els versos d'Antònia Font:

> Dins es món que m'he inventat
> tot se mou a total realitat.

Estic en desacord amb la visió d'Einstein que, segons Josep Batalla i Ramon Pollina, diu:

> Cal fugir del caos dels esdeveniments fragmentaris que es contradiuen i de passions inútils que no produeixen sinó desassossec. Només ens podem alliberar del caos que ens envolta creant amb la

16. Alguns pensaments en aquesta direcció van ser expressats en el debat «¿Què és l'art?», a l'Escola Europea d'Humanitats de Barcelona, 14-15 de juny de 2023 [https://escolaeuropeadhumanitats.com/trobades/que-es-lart/] i a *La maleta de Portbou*, núm. 61, 2023.

> raó sistemes racionals científics o ètics [...] Només amb la raó ens podem desempallegar de la caducitat i atansar-nos mitjançant l'objectivitat al que és etern.[17]

I d'acord amb Pessoa, o amb el seu heterònim Alberto Caeiro:

> Un dia excessivament nítid,
> un dia que feia venir ganes d'haver treballat molt
> per no haver de treballar gens aquell dia
> vaig entreveure, talment un camí entre els arbres,
> allò que podria molt ben ser el Gran Secret,
> el Gran Misteri del qual parlen els falsos poetes.
>
> Vaig veure que no hi havia Natura,
> que la Natura no existeix,
> que hi ha valls, muntanyes, planes,
> que hi ha arbres, flors, herbes,
> que hi ha rius i pedres,
> però que no hi ha un tot al qual pertanyi tot això,
> que el conjunt real i veritable
> és una mania de les nostres idees.
>
> La Natura és feta de parts sense un tot.
> Heus aquí tal volta el misteri del qual parlen.
>
> I fou això que, sense pensar ni rumiar,
> vaig advertir que devia ser la veritat
> que tothom intenta trobar i no troba,
> i que sols jo, pel fet de no haver-la cercada, he trobat.[18]

17. Albert Einstein, *Física i realitat, i altres escrits filosòfics*. Santa Coloma de Queralt: Obrador Edèndum, 2005. Traducció de Josep Batalla i Costa.

18. Fernando Pessoa, *Poemes d'Alberto Caeiro*. Barcelona: Quaderns

La clausura és ser a casa, la transcendència, sortir al carrer

M'agrada veure la transcendència com un carrer i la clausura com una casa. Els carrers abasteixen les cases; les cases, són. Els carrers, sense les cases, no durien enlloc. Les cases, sense els carrers, moririen. Tot carrer ha de portar a una casa i tota casa ha de ser portada per un carrer. Una casa sense carrer moriria asfixiada, saturada, esgotada, totalitzada. Un carrer sense casa seria un passadís sense portes, un riu sense capçalera, afluents ni desembocadura. La casa necessita el carrer per transcendir-se. El carrer necessita la casa per clausurar-se.

Veig carrers i cases arreu: venes (carrers) i òrgans (cases), tubs (carrers) i dipòsits (cases), cables (carrers) i processadors (cases), escales (carrers) i replans (cases), vies de comunicació (carrers) i centres d'informació (cases).

Parlar és caminar pels carrers de la llengua, pensar és ser a casa. Escriure és entrar i sortir de casa –un diàleg de carrers i de cases–. La cultura i la ciència proven de transformar el món en una ciutat plena de carrers i de cases, un teatre per a titelles i titellaires.

Però carrers i cases s'uneixen en fronteres esponjoses amarades de ciutats: cada casa és plena de passadissos (carrers) i de cambres (cases), cada òrgan és ple de capil·lars (carrers) i d'accions (cases), cada escala es compon de graons de parets verticals (carrers) i horitzontals (cases), cada ordinador és un niu de

---

Crema, 2022, poema XLVII. Traducció al català de Joaquim Sala-Sanahuja. Fa vint anys vaig llegir diversos llibres d'heterònims de Pessoa i només vaig seleccionar aquest poema, no sé per què. Ara l'he retrobat i ha adquirit un significat irònicament consistent dins la meva reflexió sobre la transcendència i la clausura, ressonant per l'interior del meu ésser.

cables (carrers) i de processadors (cases), cada pensament és ple de diàlegs i cada discurs és ple de pensaments.

La lliçó més profunda de la transcendència i la clausura és que no hi ha una última casa. O que, si existeix, no la podem concebre perquè n'hauríem d'imaginar les parets, que fregarien l'espai del que estem negant. El teorema de Lawvere proporciona una manera sistemàtica d'obrir una porta de la suposada última casa i sortir al carrer, trencant la cotilla més gran, descobrint graus de llibertat insospitats, encetant el cel fred com una gemma en una branca de primavera. No podem agrupar la col·lecció de carrers i de cases en una nova casa, no hi ha tal cosa com el conjunt de tots els conjunts. *Hi ha multiplicitats que no poden ser concebudes com una unitat* –no poden ser enteses com un tot i, per tant, no poden ser considerades «una cosa»–. Així és com entenc el poema de Pessoa (o Alberto Caeiro). Cantor va anomenar aquestes multiplicitats «totalitats inconsistents»; jo les anomeno «ciutats que no poden ser una casa».

Duem carrers i cases, transcendència i clausura a la sintaxi del nostre ésser, al fet de ser titella i titellaire.

UNA TROBADA ÍNTIMA ENTRE LA TRANSCENDÈNCIA I LA CLAUSURA

No hi ha asimetria més gran entre el no i el sí que la transició de la no existència a aquesta existència nostra, plena de dies i nits, sons i formes, fulles i balls, hiverns i estius, vernissos i màscares, cercles i estrelles. L'emergència des del no-ésser és un clivatge infinit de la nit sense principi, que es tancarà, irònicament, quan m'estavelli contra els esculls de la realitat.

Cadascuna de nosaltres és despertada titella i titellaire de la pròpia titella. La titellaire és la persona, la *prosopon*, la que hi ha rere la màscara. No vull comprometre'm si hi ha o no una divisió cartesiana entre subjecte i objecte, només provo d'expressar l'estranyesa de la meva existència. Si la titella és carn de ciència, la titellaire és carn de cultura, malgrat que les fronteres, com les de la carn, són tan poroses que es desfan. Com la ciència i la cultura, la titella i la titellaire comparteixen objectiu: fugir de la mort i de la mediocritat, escapar de l'entropia. Titella i titellaire formen la seva pròpia ciutat: el titella és el carrer i la titellaire, la casa. El titella abasteix la titellaire; la titellaire és. La titellaire és inaccessible sense el titella; el titella és una planta lletja i desordenada sense la titellaire.[19]

La titella és part

La titella està fabricada del mateix material que la fusta, l'aigua de mar i el petroli. No hi ha costa entre el cos i la cosa –s'acosten cos a cos–. Ingereix proteïnes, s'empassa aire, li creixen les ungles, l'entorn entra i esdevé cos, el cos es descompon i s'entrega a l'entorn, en un vaixell de Teseu mòbil i articulat. S'asseu sobre els mateixos coixins de realitat que el foc, els núvols, el cedre i el silici. És susceptible als aparells de mesura: la resistència a la tracció se li pren en pascals, l'energia que ingereix en quilojoules, la porositat de la seva maquinària amb rajos ics, la temperatura del front en graus Celsius, la cintura en centímetres, la radiació en sieverts i els sons en decibels. Hi sent entre els vint hertzs i els vint quilohertzs, s'afina la veu amb un diapasó i

19. D'això i d'altres qüestions, en parlo en el llibre que estic escrivint: *Les cremalleres de la realitat*.

respon a fluïdificants com l'àcid acetilsalicílic. Té aparells de detecció d'ones longitudinals i transversals que l'alerten del fred i la calor, del son i la vigília, del dolor i el plaer, del cansament i l'addicció. El titella és una ciutadana del món físic de ple dret. En forma part: depèn del món, però el món no depèn d'ella.

Els plànols del titella són compartits amb una infinitat d'habitants de mars i muntanyes. És un exemple, un cas particular. En detalls accidentals, té una corda dorsal, un tub neural, un endostil i una cua postnatal (com tot cordat). Té estaques derivades de les escames reptilianes, una dentició infantil i una de definitiva que clava l'arrel a les genives (com els lèmurs). Té retina i fòvea, bastons i cons amb opsines, i un musell reduït per fer prevaldre la vista estereoscòpica en detriment de l'olfacte (com els guepards). Té una cresta òssia sobre les òrbites oculars, i una fissura calcària rere la cresta que s'estén fins al solc parietooccipital. Té clavícula a la cintura escapular, articulacions glenohumerals, polzes oposables, un escut pla a l'hàl·lux, i coixinets tàctils i estampats als tous dels dits.

També és germana del no-ésser: porta tatuat al fals pinyol del seu ésser les vicissituds d'estrelles que han explotat amb violència, les condicions extremes de l'univers més hostil i les extincions d'éssers petitíssims sense titellaire. Per dins i per fora, a escala minúscula i majúscula, porta tatuada la història de gestes alienes, de la nit sense principi, de l'abans de l'existència –perquè tots els seus ingredients són prestats–. Això l'agermana amb la nit d'abans del seu trenc d'alba i la fa millor amiga de peixos, maduixes i flors. És òrfena d'anterioritat i, alhora, la seva gran hereva.

La relació entre les parts i el tot de la titella és quasi hologràfica: a partir d'uns quants milers de partícules, el tot participa de cada part. La titella és una vitrina de trenta-sis bilions de cremalleres, on cada cremallera empaqueta el tot en un alfabet raonable, però de gramàtica infernal. En concret, cada cremallera té un esquelet de fosfat desoxiribosa amb tres mil milions de dents d'adenina, timina, citosina i guanina. La trena de dents es cargola, es desordena, es reordena i s'empaqueta amb la cromatina, construint i destruint ponts d'hidrogen. (¿Què faria jo sense els ponts d'hidrogen? No tindria cos ni embalatge.) Algunes dents com minisatèl·lits identifiquen únicament la titella en un equilibri entre un nombre de bases úniques baix (que augmenta la precisió de la replicació) i un altre nombre alt (que augmenta l'eficàcia catalitzadora dels ribozims). Aquesta relació entre les parts i el tot no és particular del titella, sinó que és universal en el parterre de la Terra. I aquesta partició fa que la meva partença sigui parcial, ja que la meva partitura no partirà amb mi, sinó que romandrà arrugada pel cel, cantant el meu tot i les meves parts als estrangers, salpant l'existència i la seva absència.

La titellaire és part i tot

Si la titella és part, la titellaire és part i tot alhora: està enfundada en una titella (part), però té la il·lusió de moure'n els fils (tot). Existeix (tot) atrapada en un cos sense costa (part).

Concep l'infinit (tot) des del finit (part), pensa en el buit (tot) disparant neurones (part), escolta el silenci (tot) fent bategar el cor (part). Té experiències estètiques (tot) vessant pel llagrimer (part).

Atrapada en el present perpetu (part), estén trampolins cap al futur amb el llenguatge (tot). Des d'una sola finestra (part), calcula la perspectiva cap enlloc amb la física (tot). Essent germana del no-ésser (part), esdevé òrfena d'anterioritat amb la raó (tot). Essent una baula insignificant de la història (part), cerca la seva dignitat i identitat (tot).

Mentre cataloga l'inventari del possible (tot), cau en cràters d'esdeveniments passats (part). Té un peu en la possibilitat (tot) i un altre en la necessitat (part). Bascula entre la barbàrie (part) i la civilització (tot), el marasme (part) i la utopia (tot). Si s'obnubila de màximes (part), trenca el jou de l'autoritat (tot). Si descendeix als inferns de si mateixa (part), n'ascendeix de nou (tot). Si li rellisca la roca muntanya avall (part), la carrega muntanya amunt (tot). Si l'encadenen i li mengen el fetge (part), el regenera (tot). Si ha de morir (part), serà amb una moneda per al barquer Caront (tot).

Destil·la la complexitat en predicats (tot) que la inclouen a ella mateixa (part). Recolza en la mediocritat (part) per alçar-se'n i escapar-ne (tot). S'entrebanca en els paranys dels singulars (part) cercant l'universal (tot). I si els universals estan limitats (part), se'n torna als singulars (tot). S'erra (part) i es corregeix (tot). És lliure (tot) sense escollir-ho (part).

Si la titella és a casa al món físic, la titellaire sols hi és de visita: fa la turista per les seves sales, s'interessa pels seus principis, però té la maleta a punt per partir. L'univers és la casa de la titella des de molt abans de l'esdevenir de la titellaire, i seguirà essent-ho ben després del seu cessar de ser –la seva fase de titella és una metamorfosi passatgera, un remolí d'ingredients lluitant contra l'entropia, un castell de sorra amb cara i ulls–. La titellaire, en canvi, sap que el seu passatge és únic: té un bitllet d'existència irrepetible. Ha despertat dins d'una nit amb bilions de sols que s'apagaran de cop quan se segelli la seva parpella.

Aquí és on cal tenir unes paraules d'agraïment al titella. Si per sortir al carrer cal una casa, per transcendir cal clausura. Per alçar-me i sostenir aquest discurs em cal un fulcre. Per existir com a part em calen marges, una nau, una llera i una desembocadura; cal que el meu cos romangui a terra amb els braços estirats fent volar l'estel de la imaginació. Escapar del propi cos seria com trepanar les parets del crani i provar de fugir endavant mentre em vessen el cervell, el cerebel i el bulb raquidi. Trencar els miralls del meu cap seria com esborrar la meva costa i escampar les aigües descloent la substància grisa, negra i blanca. Per ser lliure em cal ser ostatge d'aquest castell folrat de miralls i fossats abismals.

Ser humana és ser nascuda carrer i casa de l'infinit, un concepte imaginat, un altre cel de Sisa. Intentem encabir-lo en la pròpia carn, reconciliar la part i el tot en les pròpies artèries, navegar aquesta existència contradictòria, totpoderosa i mancada de poder alhora. La condició humana sagna per la ferida de l'infinit: ens transcendim i ens clausurem, trobem un descans passatger que és interromput per una inquietud incòmoda, potser un vernís de llum o una rosella despentinada, que ens n'expulsa a la cerca d'altres recers, des d'on inventem nous carrers, que amb treball i humilitat desembocaran en un nou refugi, en una nova casa.

CODA

He cercat l'universal a través de la ciència, he provat de desvestir-me del meu bagatge accidental i de desancorar-me de les meves platges. Però he quedat atrapada en les xarxes de la transcendència i la clausura i he tornat als singulars, a la meva cultura, a la meva llengua, a la meva casa.

L'última clausura no existeix o, si existeix, no es pot aprehendre –no se'n filtra cap besllum cap al més ençà–. No hi ha un últim refugi, l'infinit no admet sostres o paraigües. Accepto la pluralitat i les cremalleres ocultes, costures febles de la realitat, finestres brutes en carrers insospitats. Vull abraçar les contradiccions com les onades abracen la sorra, tornant-hi amb amanyacs i limitacions. Temo l'última clausura com temo la inanició; m'encanta transcendir, descobrir nous marcs i eixamplar-los fins a destrossar-los, sense por de trobar-me amb un últim marc.

Fertilitzem l'univers amb el nostre profund enteniment, que alhora és infinitament lluny de qualsevol fita que es pugui concebre. Venim de la sabana i hem descobert la quàntica. El glossari que ens proporciona la raó és finit, però no fitat, i té una articulació interna que es va desplegant a mesura que ens transcendim i ens clausurem, que transformem l'univers amb els nostres invents. No podem posar jou a les nostres aspiracions perquè no podem subordinar l'infinit. La meravella i la feredat que sentim davant de la grandesa de la Natura i la petitesa de la pròpia condició és un exercici increïble d'abstracció i d'unificació, de cosir la desbordant pluralitat de la realitat en una unitat amb certes costures. Cal navegar entre intuïcions no articulades, plenes de paranys en un territori foradat de paradoxes, de tal força i persistència que fan que el terreny fangós no es pugui aplanar.

Desitjo que els mots precedents s'acumulin i que facin una fina capa de terra per damunt dels murs de les disciplines de la física, la filosofia i la poesia. I desitjo que sembrem aquesta terra i la reguem fins que hi creixin heures que s'enfilin i cobreixin els murs, transformant-los en runes velles i obsoletes, en vestigis d'altres enteniments. I que les heures cridin les abelles a pollinitzar les flors d'un jardí amb les idees d'altres. I que neixin una fauna i una flora quimèrica que fecundin el coneixement insospitat del segle XXI i més enllà.

INTEL·LIGÈNCIA ARTIFICIAL. INCERTA GLÒRIA

Arcadi Navarro

UNA REVOLUCIÓ A CÀMERA RÀPIDA

De tots els assajos que apareixen en aquest llibre, aquest és, sens dubte, el que envellirà més ràpid. Quan el llegiu, el més probable és que ja hagi quedat antiquat. Avui en dia ja hi estem avesats: quan comprem un telèfon intel·ligent de darrera generació, malgrat que sigui el model més avançat i més car, sabem que en poc temps quedarà enrere respecte als nous ginys que sorgeixen constantment amb més memòria, bateries més duradores i càmeres millors. I és que vivim temps de mudança, temps incerts. No per primer cop, és clar. A més dels grans conflictes armats, que sempre afegeixen incerteses i, a voltes, alteracions sobtades a la vida humana, també els grans avenços tecnològics poden ser una font de canvi.

Considerem, per un moment, les successives revolucions industrials. Han estat esdeveniments, afortunadament pacífics, de gran transformació, que han impactat amb una enorme profunditat en la vida de les persones fins a fer-la, en molts sentits, impossible de reconèixer des de la perspectiva d'una o dues generacions. Durant la Primera Revolució Industrial, al segle XVIII, els nostres avantpassats van contemplar –de fet, van viure– el canvi radical de la introducció de la maquinària accionada per vapor. Aquest canvi va provocar una migració massiva des del camp cap a les ciutats, transformant societats agràries en societats industrials i urbanes. El creixent nombre de fàbriques va crear noves oportunitats de treball, i també va donar lloc a condicions laborals visiblement dures que van il·luminar noves idees polítiques.

Amb la Segona Revolució Industrial, a finals del segle XIX i principis del segle XX, l'electricitat i el petroli van revolucionar encara més la vida quotidiana. La producció en massa, exemplificada o fins i tot simbolitzada per la línia de fabricació de Henry Ford, va fer més accessibles una multitud de productes que facilitaven la vida de tothom. El transport va experimentar un gran canvi amb l'aparició dels automòbils i els trens, fent que viatjar llargues distàncies fos més ràpid, còmode i, sobretot, accessible a les classes menestrals. A més, l'electricitat va transformar la vida diària de les famílies, amb l'aparició d'electrodomèstics que, a banda de facilitar les tasques domèstiques, generaven oportunitats d'emancipació a les dones, a qui la societat havia destinat o condemnat a executar aquestes tasques.

Finalment, la Tercera Revolució Industrial, a partir de la segona meitat del segle XX, va estar marcada per la tecnologia de la informació i la comunicació. L'ordinador personal i, més tard, internet van revolucionar la manera com les persones ens entretenim, treballem, aprenem i ens comuniquem. El món es va interconnectar més, va esdevenir a la vegada més petit i més gran, i es va produir un gran augment de la velocitat de comunicació i una capacitat de generar i accedir a la informació sense precedents.

Ara, en aquests inquietants anys vint, plens de contrastos i de similituds amb els feliços anys vint del segle passat, ens trobem en el punt de partida d'una Quarta Revolució Industrial. La impulsen, entre d'altres avenços, la intel·ligència artificial, la robòtica i la biotecnologia. Aquesta nova era promet transformacions encara més pregones en la nostra manera de viure, de treballar i de relacionar-nos, amb potencials impactes en la majoria d'aspectes de la nostra vida diària –des de la nostra salut individual i comunitària fins a l'orientació en carreteres, ciutats o estrets camins de muntanya, passant per la manera amb què obtenim i distribuïm l'energia renovable o el ritme amb què envellim.

De fet, aquesta Quarta Revolució Industrial pot ser encara més transformadora que les anteriors. O no. Però el que és segur és que està resultant molt més ràpida. El 30 de novembre de 2022, es llançava ChatGPT, el bot conversacional d'OpenAI. ChatGPT vol dir 'Chat Generative Pre-Trained Transformer' [Transformador Generatiu Pre-Ensinistrat per a Converses]. És a dir: un model de llenguatge generatiu, un sistema computacional que genera frases i que està entrenat per un conjunt massiu de dades de text i codi que produeix les paraules més probables després de cada instrucció.

No ens cal entrar en detalls sobre com funciona ChatGPT, ja que tots sabem consultar la Viquipèdia (un producte fulgurant, per cert, de la Tercera Revolució Industrial que ja té més de vint anys). És important, però, no deixar de reflexionar sobre la velocitat amb què s'han produït els canvis. No fa ni dos anys que ChatGPT és al nostre abast i tots ens hi estem adaptant bastant ràpid. En comparació, la Primera Revolució Industrial va trigar dècades a consolidar-se. A casa nostra encara la fèiem a finals del segle XIX, atapeint el curs del Llobregat de colònies industrials. La Segona i la Tercera Revolució també van requerir períodes de temps notables per assolir un impacte global. La Quarta Revolució Industrial, impulsada per avenços com ChatGPT, està fent-nos viure una acceleració exponencial en el desenvolupament i en l'adopció de noves tecnologies. Després de la pandèmia de la covid-19, tots tenim una consciència clara i terrible del que volem dir amb «exponencial». Doncs d'això es tracta.

Més enllà de la velocitat vertiginosa dels canvis, també és fascinant observar com aquestes eines d'IA estan redefinint la interacció humana amb la tecnologia, i, encara més, entretenir-se a imaginar quin impacte poden tenir sobre la nostra cultura. Aquesta rapidesa planteja nous reptes i oportunitats, des de qüestions ètiques fins a les implicacions en el treball, les relacions de parella i l'educació. Com digerim i gestionem aquests canvis, i com els integrem en la nostra societat, determinarà en bona mesura el futur del nostre món. La Quarta Revolució Industrial no serà només una qüestió de tecnologia, sinó també una qüestió social, econòmica i cultural, que requereix, que exigeix, reflexions i adaptacions profundes i constants.

EL LLANÇAMENT DE CHATGPT I ELS SEUS EFECTES IMMEDIATS

La sortida al mercat de ChatGPT va ser un moment important en la història de la intel·ligència artificial. El bot de converses va demostrar un grau de rendiment sense precedents en una varietat de tasques, incloent-hi la generació de text, la traducció de llengües, la resposta a preguntes i la capacitat de comprendre contextos complexos en la conversa. Aquesta versatilitat va ser clau per captar l'atenció del públic. La població mundial s'hi va abraonar i, a base d'acumular una combinació de curiosos que només volien saber a què eren deguts tants escarafalls, de juganers que volien passar l'estona i d'altres persones que l'usaven des d'un principi per facilitar-se la feina, només en un mes el bot va arribar a tenir més de cinquanta-set milions d'usuaris. Aquesta acceptació massiva va ser una demostració inqüestionable del potencial i de la facilitat d'ús d'aquests models en la vida diària de les persones.

L'èxit inesperat de ChatGPT va propiciar una allau de competidors en el mercat de la IA. Les empreses tradicionals («tradicionals», insisteixo, en el sentit que totes són filles de la darrera revolució industrial), com ara Google, Amazon i Microsoft, van haver de treure's la son de les orelles per no perdre la posició de lideratge i adaptar-se per mantenir la seva rellevància en un mercat en ràpida evolució. Google, per exemple, que al contrari que Microsoft i Amazon no és inversora ni col·laboradora d'OpenAI –i que temia la pèrdua de l'hegemonia en el món dels cercadors, amb la disminució consegüent dels ingressos per publicitat–, va accelerar el desenvolupament del seu model de llenguatge generatiu, tot llançant Google Bard el maig del 2023. Per reblar el clau, el 7 de desembre de 2023 va posar a disposició del públic un nou model de llenguatge anomenat Gemini, l'evolució de Bard, que en alguns aspectes clau supera ChatGPT-4. Tenint en compte que la interfície bàsica de Google fa més d'un quart de segle que no canvia, aquesta no és una qüestió sense importància. Bard i Gemini busquen competir amb ChatGPT tot aprofitant la fortalesa de Google en l'anàlisi de dades i la cerca d'informació, així com la integració amb els altres serveis de Google, com ara la cerca o l'assistència virtual, per oferir una experiència única als usuaris. Per la seva banda, el juliol del

2023 Microsoft va llançar Microsoft Copilot, una iniciativa que combina la potència de la IA amb les aplicacions i els serveis de Microsoft, tot oferint assistència en tasques com ara l'edició de documents, la programació, la preparació de presentacions i l'anàlisi de dades. En un moviment d'impacte profund que no deu haver passat desapercebut a gaires lectors, Copilot s'integra amb Microsoft 365 i amb tot el paquet d'aplicacions que Microsoft té al núvol. Aquí hi ha un petit canvi sobtat de pràctiques habituals: els usuaris de Microsoft Word que se n'hagin adonat, ja no obren el navegador per traduir textos amb Google Translate, sinó que utilitzen les funcions de traducció, molt bones, integrades en el Word mateix.

A més d'aquestes empreses, d'altres també van entrar al nou mercat o van accelerar-ne el creixement. Durant el 2023, la xinesa SenseTime, per exemple –fundada el 2015 i tristament famosa gràcies a la seva tecnologia de reconeixement facial–, no va fer sinó treure nous productes i créixer fins a la mort del seu fundador i president, Tang Xiao'ou, el proppassat 15 de desembre. Però, de fet, hi ha una munió de companyies, centenars o milers, que es dediquen a la IA o que han començat a dedicar-s'hi en els darrers temps. Entre aquestes empreses destaca DeepMind, filial d'Alphabet Inc (la mateixa empresa mare de Google), coneguda per les seves recerques punteres en aprenentatge profund i aprenentatge per reforç. La seva tecnologia ha obtingut titulars especialment amb el seu sistema AlphaGo, que va derrotar el campió del món de go, un joc antic d'estratègia extremament complex, i amb AlphaFold, que ha revolucionat el camp de la biologia estructural aportant solucions al repte de predir l'estructura tridimensional de les proteïnes amb una precisió sense precedents. L'octubre del 2023, DeepMind tenia un valor d'entre setze i vint mil milions de dòlars, xifra que reflecteix la seva influència i l'expectativa del seu futur impacte en camps com la salut, la ciència de dades i l'automatització. Això, però, és només un petit exemple. Amb dades d'octubre del 2023, les tres empreses privades més valuoses centrades en el sector de la IA eren la companyia de dades en el núvol d'IA, Databricks, valorada en quaranta-tres mil milions de dòlars; la start-up de conducció autònoma Cruise, valorada en trenta mil milions de dòlars; i, atenció, OpenAI, amb una valoració de vint-i-nou mil milions de dòlars. Ara bé, si considerem que en el moment d'escriure aquest assaig, només tres mesos després, el valor d'OpenAI s'estima en uns noranta mil milions de dòlars, sembla clar que tot canvia molt i molt ràpid.

A més de la diversificació i l'expansió de l'ecosistema amb nous competidors, hi ha hagut molts més canvis. Un d'important ha estat el desenvolupament explosiu de nous mètodes i noves tecnologies. El juliol del 2023, Microsoft va introduir les Retentive Networks (RetNet, o xarxes retentives), una alternativa tecnològica a l'arquitectura transformadora dominant en modelatge de llenguatge (és a dir, una alternativa a la tecnologia que usa ChatGPT), i BitNet, una arquitectura de «transformador» (un software similar a ChatGPT), però molt més lleugera. Tant Retentive Networks com BitNet permeten aconseguir models de llenguatge més eficients des del punt de vista del cost de la computació, és a dir, que poden funcionar amb menys potència de càlcul i, per tant, amb menys despesa energètica. A més, mètodes més refinats han permès anar molt més enllà de la generació de text. Avui totes les persones amb accés a internet podem, sense tenir gairebé cap mena de coneixement previ, generar música i imatges amb una precisió admirable gràcies a eines com DALL·E i Jukebox, que fan servir models d'IA avançats per a la creació artística i musical. Això ha democratitzat l'accés a la creació artística, permetent a usuaris sense formació prèvia en arts o en música de crear obres úniques i personalitzades.

Una infinitud de webs i d'apps basades en IA ens ajuden diàriament de moltes maneres diferents. Per exemple, hi ha aplicacions de cuina intel·ligents que ens proposen receptes basades en els ingredients que tenim a casa; planificadors de vacances que optimitzen itineraris segons les nostres preferències i pressupost; o aplicacions de salut i benestar personalitzades, que fan servir dades biomètriques i patrons d'activitat per oferir consells sobre exercici i dieta i que estan transformant el camp del benestar personal. A més, la robòtica domèstica, millorada amb IA, ja no només inclou aspiradores i altres robots de neteja, sinó que s'ha estès als robots de cuina, que poden aprendre receptes i optimitzar els processos, als drons de seguretat i vigilància, que aprenen patrons de comportament i alerten en cas d'anomalies, i als assistents de cura personal i salut, que assisteixen persones amb mobilitat reduïda. Hi ha un llarguíssim etcètera que pot desplegar tot el seu potencial gràcies als assistents virtuals que ja coneixem i que fa ben poc fèiem servir tot just per posar música, però que ara utilitzen plenament la IA Amazon Echo (amb Alexa), Google Home (amb l'assistent de Google) i Apple HomePod (amb Siri) per respondre preguntes, controlar dispositius connectats a la llar i molt més. Tot plegat ha fet la vida domèstica més còmoda i eficient.

En l'àmbit professional, els assistents d'IA han trobat una àmplia gamma d'aplicacions, tot millorant l'eficiència i la presa de decisions, automatitzant tasques i anant molt més enllà dels simplíssims, i força inútils, *chatbots*, que fa uns quants anys tots els bancs van posar a disposició dels seus clients. La llista és inacabable i impressionant. Per exemple, en l'atenció a l'usuari s'utilitzen per gestionar consultes bàsiques i proporcionar respostes ràpides a preguntes freqüents, així com en l'automatització de tasques d'oficina, com ara la gestió de correus electrònics, la planificació de reunions i la gestió de documents. A més, també són útils per a l'anàlisi de dades i documents, ajudant a generar informes, identificar tendències i proporcionar informació valuosa per a la presa de decisions, especialment en camps com el màrqueting, les finances i la investigació de mercats. També es fan servir en recursos humans, ajudant en el reclutament, filtrant currículums, programant entrevistes i, fins i tot, fent una primera avaluació dels candidats, a més de facilitar el suport en la formació i en el desenvolupament del personal. En el món legal, la IA pot ajudar a analitzar documents, sobretot sentències judicials, així com a realitzar investigacions de precedents. En vendes i màrqueting, poden personalitzar campanyes, gestionar relacions amb clients i analitzar comportaments de consumidors per optimitzar estratègies de vendes. En medicina, els assistents d'IA ajuden en el diagnòstic de malalties, suggerint tractaments i oferint suport a la recerca mèdica. En logística, poden optimitzar rutes de lliurament, gestionar inventaris i preveure necessitats de subministrament. En el camp financer, estan involucrats en l'anàlisi de mercats, en la gestió de riscos i en l'assessorament financer. En el desenvolupament de programari i d'IT, brillen en la depuració de codi, que al capdavall és una forma de llenguatge, i en l'optimització de processos de desenvolupament. En educació, ja existeixen eines d'IA com els assistents de tutoria personalitzada; a més, les plataformes d'aprenentatge adaptatiu estan revolucionant la manera d'ensenyar i d'aprendre. Finalment, i només perquè en algun moment m'haig d'aturar, pel que fa a la producció de continguts s'està utilitzant la IA per generar informes, notícies i, fins i tot, contingut creatiu com ara guions o música, demostrant així la versatilitat i el potencial d'aquesta tecnologia en el món professional.

Segons un informe recent del Fons Monetari Internacional (FMI), aproximadament sis de cada deu llocs de treball en les economies avançades podrien veure's afectats per la IA. Cal adonar-se que aquest impacte no serà uniforme a tot el món. En les economies emergents, l'impacte previst és aproximadament al voltant del 40 %, mentre que en els països amb menys recursos es redueix a un de cada quatre llocs de treball. És important destacar que mentre que en alguns casos la IA pot augmentar la productivitat i els salaris, en altres pot conduir a la reducció de la contractació i, fins i tot, a l'eliminació de certes professions, augmentant potencialment la desigualtat entre diferents grups de treballadors i regions econòmiques o països.

D'altra banda, més enllà del nostre dia a dia personal i professional, i del seu impacte econòmic potencial, la IA s'està aplicant a noves àrees científiques i tecnològiques, com ara la salut, l'enginyeria de materials o la bioquímica. Per exemple, la IA s'utilitza amb gran èxit per desenvolupar nous medicaments, un àmbit en què els avenços són cada cop més dificultosos. Una de les il·lustracions més destacades d'aquest èxit es va materialitzar el 21 de desembre de 2023, quan, a la prestigiosa revista *Science*, es van anunciar els primers antibiòtics nous en més de seixanta anys. Es tracta d'una fita històrica, un avenç monumental en la lluita contra les resistències als antibiòtics, un dels grans reptes de la salut pública moderna, sobretot davant del desafiament mundial creat pel consum excessiu i moltes vegades innecessari d'antibiòtics (tant en medicina com en veterinària), que ha provocat que molts tipus de bacteris hi desenvolupin resistència. Aquest descobriment va ser possible gràcies a l'aplicació de tècniques d'aprenentatge profund «explicable», una forma d'intel·ligència artificial que no només proporciona resultats, sinó que també permet als investigadors d'entendre el «raonament» que hi ha al darrere d'aquests resultats. Utilitzant aquestes tècniques, els científics van poder explorar eficientment l'espai químic, analitzant més de dotze milions de compostos. Això els va permetre identificar els que tenien propietats antibiòtiques prometedores i de baixa citotoxicitat, és a dir, compostos que poden eliminar bacteris patògens sense ser perjudicials per a les cèl·lules humanes. Aquest descobriment no sols aporta nous mitjans en la lluita contra les malalties infeccioses, sinó que també és un exemple paradigmàtic de com la IA pot accelerar la recerca científica i portar a descobriments que, fins ara, semblaven fora del nostre abast i que tenen un potencial immens per millorar la salut humana a escala global.

UNA NOVA SOCIETAT GLOBAL, UNA NOVA PERSPECTIVA LOCAL I UNA INFINITAT DE PREGUNTES

Aquestes aplicacions no poden sinó tenir un impacte colossal en la societat. Un impacte tan gran que va més enllà de la nostra imaginació o, com a mínim, de la meva. Però no és sobrer especular sobre la manera com la IA està redefinint la cultura global. En el món de l'art, la IA ja no és només una eina, sinó que està arribant a ser tota una nova forma d'art i, en realitat, una nova forma d'artista. Sembla lluny l'octubre del 2022, quan Jason M. Allen va guanyar el premi a la *Colorado State Fair's 2022 Fine Arts Competition* amb una obra d'art generada per IA. La seva obra, titulada «Théâtre d'Opéra Spatial», va ser creada amb el programari d'IA Midjourney. No ha estat un cas únic. Per exemple, l'abril del 2023 una imatge generada per IA, titulada «The Electrician», de Boris Eldagsen, va guanyar el primer premi en una de les categories del concurs de fotografia Sony World Photography Awards. Tot i ser inicialment acceptada com a fotografia, Eldagsen va revelar que l'obra havia estat generada per IA mitjançant el programa DALL·E. En poc més de dos anys, pràcticament tothom pot produir aquesta mena d'obres en gairebé qualsevol camp de les arts. Hem esdevingut uns Mèdici esbojarrats, capaços d'encomanar a un exèrcit de Miquel Àngels i Leonardos que treballen a un cost irrisori la creació d'obres visuals i musicals que desafien les nostres nocions de creativitat i originalitat. S'obren preguntes per a les quals no tenim resposta: des de les pràctiques –¿quin impacte tindrà la IA en el valor i la percepció de l'art tradicional?– fins a les filosòfiques –¿pot una obra creada amb IA ser considerada art en el mateix sentit que una obra feta totalment per humans?

I tot això sense mencionar el setè art, el cinema. Atesa la seva capacitat de creació de text i d'imatge, i com ja he mencionat, sembla clar que la IA pot transformar la producció de pel·lícules, des de la creació de guions fins a l'edició i els efectes visuals. Ara bé: a mitjans del 2023, diverses organitzacions sindicals de Hollywood van convocar vagues que posaven de manifest les preocupacions, no només dels guionistes, sinó també dels actors, sobre l'impacte de la intel·ligència artificial en la indústria del cinema i la televisió. Una de les principals preocupacions dels actors era la possibilitat que les companyies fessin servir escanejos d'IA dels seus rostres i cossos per a futures produccions sense el seu consentiment ni compensació addicional. I és que, ¿quina és la compensació adequada per als que han generat el contingut amb drets d'autor sobre els quals s'entrenen els models d'IA? De fet, ¿es poden establir límits clars entre la creativitat humana i la generada per IA? És el mateix tipus de pregunta que hauran de respondre els jutges davant de la causa presentada el desembre del 2023 pel *New York Times* contra OpenAI i Microsoft per l'ús d'IA per l'ús d'obres amb drets d'autor.

I més enllà de l'art, la IA pot ser un catalitzador de relacions socials que faciliti connexions profundes. Ja és més ràpid demanar a Gemini un esborrany de resposta amable a un correu electrònic o a un whatsapp que no pas escriure'l un mateix. A través de les xarxes socials, la IA pot ajudar a formar comunitats basades en interessos comuns, tot ampliant el nostre món social més enllà dels límits geogràfics; o bé pot enquistar encara més els actuals nivells de polarització política (si no és que alguns no són ja el resultat de l'ús malèvol d'alguna IA especialitzada a crear *fake news*). Fa ben poc, la ciència-ficció era qui es cuidava de qüestions com ara si la IA pot conduir a una disminució de la interacció humana directa, o si serem tots més feliços amb els nostres amics artificials fets a la mida de cadascú. En un sentit esfereïdor, seran amics imaginaris i reals a la vegada.

Allà on sí que cal atenció feta a mida, personalitzada, és en el món de l'educació, aquest component fonamental de la societat

–tant dels que ho volen veure com dels que no–. Fa molt de temps que sabem que les velocitats i les capacitats d'aprenentatge varien d'una persona a una altra, especialment ara que la formació no queda circumscrita als primers anys de vida. Fa molt de temps que sabem que l'ensenyament de «talla única» no és el més eficaç. I també fa generacions que ens preguntem d'on treure els recursos per aplicar aquestes idees. Val la pena entretenir-se en les plataformes d'aprenentatge assistides per IA que hem mencionat breument més amunt –plataformes que poden utilitzar algoritmes per analitzar les respostes dels estudiants, els seus patrons d'aprenentatge i el seu progrés–. A partir d'aquesta informació, la IA pot arribar a ajustar el material d'ensenyament, el ritme i, fins i tot, el tipus de tasques o de preguntes que es presenten a cada estudiant. Això pot incloure adaptacions com ara activitats més interactives per a estudiants que aprenen millor de manera pràctica; o explicacions més detallades i repetitives per a aquells que necessiten més temps per assimilar conceptes; o la capacitat de detectar ràpidament àrees on determinats estudiants poden tenir problemes concrets, permetent una intervenció més ràpida i eficaç.

Tot i això, aquesta personalització també presenta desafiaments. És legítim preocupar-se sobre la privadesa i la seguretat de les dades dels estudiants recollides per aquests sistemes. A més, aquesta personalització depèn de la qualitat de l'algoritme de la IA i de la riquesa de les dades disponibles, cosa que pot plantejar qüestions sobre equitat i accés a recursos educatius de qualitat per a tots els estudiants. Així doncs, ¿quins són els límits i els riscos de l'educació personalitzada mitjançant IA? ¿Podrà substituir o complementar els mètodes d'ensenyament tradicionals? Singularment, ¿la IA podrà substituir els mestres de tota la vida? En cas que pugui, ¿els humans voldrem que ho faci?

Totes aquestes qüestions d'abast global no ens han de fer perdre de vista ni els riscos ni les oportunitats d'àmbit local que genera la IA. Em centraré en les oportunitats i n'esmentaré només una. No és forassenyat pensar que gràcies a la IA ni el català ni cap altra de les llengües actualment amenaçades o en perill d'extinció s'arribi a perdre. Amb un corpus lingüístic prou potent i amb les eines adequades, potser podrem expressar-nos en la nostra llengua amb qualsevol persona i sobre qualsevol tema, tot acostant-nos al somni d'un traductor universal i instantani com el de la sèrie *Star Trek*.

Disposar d'un corpus lingüístic d'un volum respectable no és tan car. El projecte AINA, un projecte de la Generalitat de Catalunya en col·laboració amb el Barcelona Supercomputing Center (BSC), té com a objectiu principal garantir la supervivència i la competitivitat del català en l'era digital mitjançant l'ús de la IA. AINA està enfocat a generar recursos digitals i lingüístics necessaris per facilitar el desenvolupament d'assistents de veu, traductors automàtics i agents conversacionals en català. Té com a objectiu últim que els ciutadans puguin participar en el món digital en català amb les mateixes oportunitats que els parlants d'una llengua global com l'anglès, evitant així l'extinció digital de la llengua. El projecte aspira a desenvolupar models lingüístics que cobreixin les diferents variants i registres. Uns objectius tan ambiciosos són assolibles amb un pressupost de poc més de tretze milions d'euros per al període 2020-2024. El BSC ja disposa d'un primer corpus textual de català, format per milers de milions de paraules recopilades en desenes de milions de frases. A més, el projecte AINA també inclou una campanya per capturar veus per generar el primer corpus o «diccionari» de veu en català. Tot admirant aquesta oportunitat, també sorgeixen preguntes. ¿Quin impacte tindrà aquesta digitalització en la preservació i l'evolució de la llengua catalana? ¿La IA podrà ajudar a mantenir la riquesa cultural i lingüística de la llengua?

L'IMPACTE ECONÒMIC GLOBAL DE LA IA

Una bona manera de mesurar si, més enllà de totes aquestes possibilitats impressionants, la revolució de la IA està tenint algun efecte real en l'economia és considerar els seus efectes sobre el producte interior brut (PIB) mundial. L'impacte de la IA en el PIB sembla prou significatiu i variat depenent de la regió. Segons un estudi del McKinsey Global Institute, es preveu que la IA pugui generar una activitat econòmica addicional d'uns tretze bilions de dòlars fins al 2030, cosa que equival a un augment acumulat del 16 % en comparació amb el PIB actual. Això representaria un creixement anual d'aproximadament l'1,2 %. Aquest impacte estimat, naturalment, és molt incert i variarà segons factors com la velocitat d'adopció de la IA, la connectivitat global i l'estructura del mercat laboral de cada país. D'altra banda, un informe de PriceWaterhouseCoopers (PwC) destaca que, en regions com Europa i l'Àsia desenvolupada, el PIB podria augmentar fins a un 11,5 % gràcies a la IA. Per contra, els països en desenvolupament, inclosa l'Amèrica Llatina, experimentarien increments més modestos, amb un impacte estimat del 5,4 % en el PIB.

Els potencials beneficis econòmics de la IA provenen de l'augment de la productivitat, de la millora en la presa de decisions i de l'augment de la demanda del consumidor de productes i serveis personalitzats i de més qualitat. Ara bé: en relació amb la propera caducitat d'aquest assaig, és important no perdre de vista que aquestes xifres representen estimacions molt incertes sobre el potencial de creixement econòmic associat a la IA, i que no són en cap cas prediccions directes i fiables. Una munió de factors podrien amplificar o mitigar aquests efectes, incloent-hi la ràpida resposta empresarial i la preparació per a una força laboral híbrida d'humans i sistemes d'IA. La manera com es distribueixin aquests beneficis econòmics emergents també serà un tema clau en els futurs debats sobre la IA i la seva integració en les economies globals i locals.

I tenint en compte totes aquestes precaucions, ¿podem demanar-nos si hi haurà algun creixement disruptiu? La història humana està marcada per un excel·lent registre d'innovació tecnològica. Més enllà de les revolucions industrials amb què he començat aquest escrit, n'hi ha hagut d'altres, de revolucions, començant pel foc o la invenció de l'agricultura. La humanitat ha demostrat una capacitat notable per al progrés, però malgrat aquests canvis extraordinaris, el ritme de creixement de la taxa del PIB per càpita en l'economia global mai no ha superat el 3 % anual. El fet que les tecnologies transformadores del passat encara no hagin superat aquest llindar del 3 % ens proporciona una base de referència. Només evidències molt i molt sòlides haurien de fer-nos esperar un canvi radicalment diferent en aquesta tendència.

Ara bé, ¿i si la IA realment dispara la productivitat? ¿Què passarà aleshores? El ritme de desenvolupament en les tecnologies d'automatització per a IA, com ara la conducció autònoma i moltes d'altres, pot conduir a un augment significatiu de la productivitat que acabi fent redundants moltes feines que ara ens semblen essencials. L'any 2023, en un viatge als Estats Units, vaig veure taxistes a Nova York i cotxes automàtics a Califòrnia. Cada taxista novaiorquès és un aturat potencial si arribem a tenir IA prou bones per navegar la que encara és la *Caput Mundi* de l'actualitat. En altres termes, si la IA provoca un gran increment de la productivitat, pot passar que l'eficiència creixent redueixi els costos de la producció i dels serveis, tot generant un gran xoc desinflacionari mai vist.

Un cop més, aquesta és una possibilitat i no pas una certesa. Ara bé, val la pena pensar-hi. En un món on la productivitat es dispara, una qüestió clau és com s'han de distribuir els beneficis d'aquesta productivitat. Si els guanys es concentren només en una petita part de la població, es poden crear desigualtats econòmiques significatives i desestabilitzadores. D'altra banda, un augment enorme de la productivitat pot permetre l'adopció de mesures com una renda bàsica universal. A més, una substitució sistemàtica dels humans en determinades feines convida a plantejar el canvi cap a un sistema fiscal diferent (que seria necessari per fer viable aquesta renda bàsica universal). ¿Com s'han de recollir i distribuir els impostos en una economia cada vegada més digitalitzada i automatitzada?

NOVES LLEIS PER A UNA NOVA SOCIETAT

Tot i que la dimensió social de qualsevol creació humana és fonamental, encara són més decisives les seves repercussions, especialment si poden tenir algun aspecte negatiu de rellevància. En les societats democràtiques, els ciutadans preferim que ens deixin fer sense censures si estem escrivint un llibre, creant una nova aplicació per als nostres telèfons o exposant una escultura. Aquestes activitats són l'expressió de la llibertat creativa i personal, i la seva regulació és, tret d'algunes excepcions, una limitació detestable a la innovació i a l'expressió artística, per molta influència social que acabin tenint les obres en qüestió. En canvi, hi ha sectors en què la supervisió i la regulació són imprescindibles per garantir la seguretat i el benestar col·lectiu. Els mateixos ciutadans també preferim que determinats àmbits amb efectes negatius potencials no avancin sense un marc de regulació clar i sense disposar del permís de la societat, és a dir, de les autoritats. Exigim als nostres líders, democràtics o no, que ens salvaguardin dels contaminants en els aliments, de nous fàrmacs amb efectes secundaris massa nocius o de models d'avió innovadors amb riscos d'accident desconeguts. Aquestes àrees impliquen perills significatius per a la salut pública o la seguretat i, per tant, requereixen una supervisió rigorosa per assegurar que els beneficis superin els riscos potencials.

Quan, tot just fa dos anys, començàvem a jugar amb ChatGPT, podia semblar que era més aviat una web o una nova aplicació, no gaire diferent d'una evolució del cercador de Google. Però uns mesos després, vistes les seves enormes possibilitats, i fins i tot el potencial de risc existent, vam trobar que era evident que calia regular-lo. La IA, especialment quan es tracta de sistemes avançats com ChatGPT, presenta un nou conjunt de desafiaments que van més enllà de la pura innovació tecnològica. Aquests sistemes poden tenir implicacions profundes en la privadesa, en la seguretat de les dades, en la veracitat de la informació i en el mercat de treball. Els drets i els deures dels ciutadans, i fins i tot de la societat, poden veure's afectats. Per tant, es fa necessària una regulació equilibrada que garanteixi la seguretat i l'ètica sense ofegar la innovació. Aquest equilibri, extremament difícil de trobar en un entorn tan canviant com el de la tecnologia i la ciència fronterera, és clau per assegurar que les tecnologies emergents com la IA es desenvolupin de manera responsable i beneficiosa per a tota la societat. Atesa no només la magnitud, sinó també la velocitat del canvi, insisteixo, cal afanyar-se a regular. Ja fem tard.

I, de fet, així ho demanen algunes personalitats notables del món de la IA. El 22 de març de 2023, destacats experts en IA com ara Yoshua Bengio, Stuart J. Russell, Elon Musk, Steve Wozniak i Yuval Noah Harari van publicar una carta demanant una moratòria de sis mesos en el desenvolupament de sistemes d'IA més potents que el GPT-4. Aquesta carta, adreçada a la comunitat internacional, incloent-hi governs, organitzacions no governamentals i ciutadans, destacava la IA com una força transformadora amb potencial per resoldre problemes globals, però també expressava preocupacions sobre riscos potencials, com ara l'obsolescència de la humanitat. La carta sol·licitava específicament una pausa de sis mesos en la formació de sistemes d'IA més potents que el GPT-4. Durant aquest temps, es proposava el desenvolupament de protocols de seguretat millorats i supervisats per experts independents. A més, se suggeria una reorientació de la recerca en IA amb l'objectiu de fer els sistemes actuals més segurs, precisos i transparents. L'objectiu era garantir que l'avenç de la IA es faci de manera responsable i segura.

Com és natural, la carta no va tenir cap efecte a l'hora d'aconseguir una moratòria (de fet, m'imagino que va causar una acceleració preventiva per part dels desenvolupadors d'IA, en una prudent previsió d'una moratòria que potser els faria perdre molts diners). Ara bé, sí que va tenir un impacte significatiu en la consciència pública i política. La seva publicació va provocar debats intensos sobre l'ètica i la regulació de la IA, posant en relleu la necessitat d'una supervisió més rigorosa en aquest camp.

Fins a aquell moment potser el govern més avançat, tot i que tímidament, en aspectes reguladors havia estat el del Regne Unit, que fa temps que inclou la IA en el seu *National Risk Register* [Registre Nacional de Riscos] anual, i que havia publicat una estratègia nacional sobre IA el 2021 i un llibre blanc sobre aspectes legislatius el 29 de març de 2023. El Regne unit es va afanyar a organitzar la primera Cimera Mundial de Seguretat en IA, els dies 1 i 2 de novembre de 2023, a Bletchley Park, el mateix lloc en què, durant la Segona Guerra Mundial, es van desxifrar els codis de la màquina Enigma. Aquesta proesa va ser liderada per Alan Turing, el genial matemàtic britànic, juntament amb un equip d'experts en codis. El seu treball va ser crucial per als aliats, ja que va permetre entendre i anticipar els moviments i els plans de l'exèrcit nazi. La feina de Turing i del seu equip va marcar un abans i un després, no només en la guerra, sinó també en el desenvolupament de les tecnologies de computació i en la criptoanàlisi modernes.

En aquest escenari històric, en què s'havia combinat intel·ligència natural amb tecnologia per canviar el destí de la humanitat, es van reunir representants dels països més rellevants en l'àmbit de la IA, així com empreses tecnològiques, investigadors i grups de la societat civil per accelerar l'acció en el desenvolupament segur i responsable de la IA arreu del món. Els participants van acordar la necessitat d'un marc internacional per a la seguretat de la IA i van identificar una sèrie de principisètics per al seu desenvolupament i ús –incloent que la IA ha de ser desenvolupada i utilitzada de manera segura, ètica i responsable, i que ha de ser transparent, explicable, inclusiva i no discriminatòria–. A dia d'avui, és impossible determinar si la declaració emesa com a resultat de la Cimera Mundial de Seguretat en IA tindrà un impacte substancial en l'orientació del desenvolupament i en l'aplicació d'aquesta tecnologia els anys vinents.

En paral·lel a la cimera, ja hi havia diverses iniciatives legislatives en marxa arreu del món. Com passa amb la tecnologia, en què tothom s'afanya a innovar, també sembla haver-hi una cursa per adaptar-se a les lleis. Als Estats Units, el país que ha liderat la revolució tecnològica en IA, el Congrés ha aprovat una sèrie de normes que regulen l'ús de la IA en àrees específiques, com ara la defensa i la salut. També hi comença a haver jurisprudència. Per exemple, l'agost del 2023, la jutgessa Beryl A. Howell va dictaminar que la IA no pot tenir drets d'autor sobre les obres que crea, tot basant-se en el fet que la llei de drets d'autor dels Estats Units requereix l'«autoria humana» com a requisit fonamental. Tot i que aquestes decisions comencen a configurar l'escenari de joc, encara no hi ha una llei federal general que reguli l'ús de la IA en totes les àrees. El 30 l'octubre del mateix any, el dia abans de la cimera al Regne Unit, el president Joe Biden va publicar una ordre executiva (més o menys equivalent a un decret en la nostra jurisdicció) sobre IA, centrada a promoure el desenvolupament i l'ús d'una IA responsable, segura i fiable. Aquesta ordre estableix nous estàndards per a la seguretat de la IA. Aquesta ordre busca protegir la privadesa dels americans, avançar en l'equitat i en els drets civils i promoure la innovació i la competència. Es prenen mesures per assegurar que els sistemes d'IA siguin segurs i fiables abans de la seva obertura al públic, i es protegeix contra els riscos d'utilitzar la IA en diversos dominis –com el frau o la síntesi biològica perillosa–. També es procura promoure la ciberseguretat avançada i la protecció de la privadesa dels ciutadans nord-americans. És d'esperar que l'activitat legislativa dels Estats Units segueixi avançant els propers mesos.

Ara bé, qui ha estat més ràpid en la carrera legislativa, però, no ha estat estrictament un país. Ha estat Europa. El 8 desembre de 2023, la Comissió Europea va publicar una proposta de llei sobre IA que pretén crear un marc legal i regulador comú per a la IA en tots els sectors, llevat del militar. A més d'incloure principis ètics, com ara que la IA sigui segura, ètica i responsable, la proposta estableix un nou marc de qualificació per a les tecnologies d'IA que les classifica en funció del seu risc potencial, amb «pràctiques prohibides», «sistemes d'alt risc» i «altres sistemes d'IA». Les pràctiques prohibides inclouen IA manipulativa o aquelles que puguin causar dany físic o psicològic. Els sistemes d'alt risc, com els dispositius mèdics, requereixen avaluacions de conformitat. L'acta també proposa un Consell Europeu d'Intel·ligència Artificial per al compliment i la cooperació nacional.

Com ha passat amb la General Data Protection Regulation (GDPR) [Reglament General de Protecció de Dades], podria ser que la legislació europea esdevingués un referent global i que altres països i regions s'hi inspiressin per desenvolupar les seves pròpies regulacions. Ara bé, com a europeus, hauríem de meditar sobre què implica que puguem guanyar la carrera de la regulació sense ni tan sols haver estat capaços d'ocupar les primeres posicions en la innovació. D'una banda, es pot veure com un pas positiu i proactiu per assegurar que el desenvolupament de la IA es realitzi d'una manera ètica i segura, prioritzant els drets humans i les preocupacions sobre la privacitat –tots ells valors democràtics de llarga tradició europea–. D'altra banda, hi ha qui veu aquesta legislació com un tret al peu que pot acabar limitant la innovació i la competitivitat de la UE en el camp de la IA a escala global. Com en el cas de la tecnologia, el paisatge legislatiu tampoc no és estable. Caldrà estar a l'aguait.

Independentment de si Europa lidera o actua com a figurant en el gran teatre tecnològic del progrés humà, i de quina sigui la sort de la cultura catalana en aquest context, ni l'enormitat ni la velocitat del canvi que estem experimentant no es veuen afectades; un canvi que, com en poques ocasions en la història de la humanitat, no ha estat empès per la guerra, sinó per la recerca incansable de la prosperitat i del bé de la humanitat. OpenAI va ser fundada, el desembre del 2015, com una organització filantròpica i sense ànim de lucre centrada en la recerca en IA. El seu objectiu era col·laborar i compartir lliurement els descobriments en IA (d'aquí la paraula *open* [obert]) i tenia el focus posat en el benefici global i en la seguretat. Malgrat que més endavant OpenAI va introduir un model de negoci més comercial amb la creació d'una societat limitada, en el moment d'escriure aquest assaig, i no sense polèmiques,[1] encara

1. El dijous 29 de febrer de 2024, Elon Musk va presentar una demanda contra OpenAI i el seu director general, Sam Altman, amb l'argument que han abandonat la missió original de l'empresa de desenvolupar intel·ligència articicial en benefici de la humanitat, i no amb ànim de lucre. En una frase demolidora que ha fet pública la xarxa X, de la qual és propietari, Musk fa una analogia amb «una fundació creada per salvar l'Amazònia que es transformés en una empresa de tala d'arbres per a la seva venda».

manté algunes de les seves característiques filantròpiques originals, especialment en la missió i en l'enfocament sobre la seguretat i l'ètica en IA.

UNA ANÀLISI FORENSE. ¿ES POT ATURAR, AQUESTA REVOLUCIÓ?

En els anys a venir, els lectors persistents que hagin tingut la paciència d'arribar fins aquí ja sabran si la revolució accelerada que s'albira s'haurà esdevingut o no. Ara bé, qui llegeixi aquest text al cap de poc temps de la seva publicació farà bé de demanar-se si totes aquests possibilitats són reals o si només es tracta de l'exageració sorollosa que sol acompanyar les novetats. La realitat és que el futur fa de mal predir i que hem de reconèixer que hi ha probabilitats no nul·les, però impossibles de quantificar, que la revolució de la IA arribi a estancar-se o a revertir-se. Si aquest és el cas, ¿a què ho podem atribuir? És a dir, si cap al 2030, posem per cas, tota aquesta agitació que ens aclapara ha resultat foc d'encenalls o purament fum, ¿què haurà passat? Anem una mica enrere i, com si fóssim els forenses d'una sèrie de detectius que examinen un cadàver, fem-ne una petita anàlisi.

Hi ha dos grans grups de motius que poden aturar la revolució. El primer grup està constituït per les barreres tecnològiques potencials, ja que per a l'evolució de la IA calen condicions que no és gens clar que es donin. El segon grup de motius té a veure amb la voluntat humana. Al capdavall, totes les IA que ara mateix existeixen tenen un tret en comú: hi ha l'equivalent a un interruptor que les pot apagar. I només els humans poden accionar-lo.

Des de l'òptica tecnològica, la revolució pot encallar-se per mor de diversos obstacles. Més enllà de la capacitat de millorar els algoritmes o de trobar-ne de nous –un problema científic que no té una solució garantida–, un obstacle evident són els límits potencials en la capacitat de computació i en la despesa energètica. Aquestes qüestions són crucials. A mesura que els models d'IA es fan més grans i complexos, el requeriment de potència computacional i energia creix exponencialment. Això és un repte molt significatiu, en especial si considerem les crisis climàtica i energètica en què estem immersos.

Històricament, la potència computacional necessària per entrenar sistemes d'IA es duplicava cada dos anys. No sorprendrà ningú saber que aquesta tendència s'ha accelerat dramàticament des del 2012, duplicant-se ara cada tres o quatre mesos. Tot va accelerat, tot, i l'augment de la potència de computació no és una excepció. La potència de càlcul necessària creix a un ritme més de set vegades més gran que fins fa ben poc, gairebé un ordre de magnitud més. Per acabar-ho d'adobar, els grans models d'IA, que fan ús del *cloud computing* [computació en el núvol] per a l'entrenament, requereixen grans quantitats d'energia –sovint procedent de fonts que no són renovables–. S'ha calculat, per exemple, que entrenar ChatGPT-3 va requerir només 1.287 GW/h, cosa que equival al consum d'unes 120 llars mitjanes nord-americanes durant un any. I és poca cosa, perquè per a ChatGPT-4 el consum va ser força més gran, tot i que no hi ha dades fiables. A més, aquestes xifres de consum energètic només fan referència a l'entrenament inicial. No inclouen l'energia necessària per mantenir el model actualitzat i en funcionament. De fet, un estudi elaborat per un equip conjunt de l'empresa d'IA Hugging Face i per investigadors de la Carnegie

Mellon University ha estimat que, a principis del 2023, generar mil imatges en els models d'IA d'ús més comú tenia un consum mitjà de 2.907 kW/h, cosa que equival aproximadament a carregar la bateria d'un *smartphone* al 24 % per a cada imatge. Mil imatges eren equivalents a 250 càrregues de telèfon mòbil. ¿Quantes imatges es generen cada dia?

La petjada de carboni associada a l'ús d'eines d'IA està esdevenint, doncs, un veritable problema. Un problema en creixement, és clar, si considerem les descomunals inversions en computació i en maquinària de les empreses d'IA. Pensem només en els milers de milions de dòlars esmerçats per les grans corporacions, com ara Google, Microsoft i Amazon, en superordinadors per impulsar els seus serveis d'IA. Això inclou la inversió en xips i servidors específics, fets a mida, per potenciar aquests serveis. Només en el segon trimestre del 2023, Microsoft va informar que les seves despeses en infraestructura computacional havien estat de 10,7 mil milions de dòlars, un augment considerable respecte als 7,8 mil milions del primer trimestre del mateix any. Recomano no mirar les xifres que uns i altres han gastat des d'aleshores. Són vertiginoses. I aquestes inversions, amb la despesa energètica consegüent, són imparables, perquè són un element clau en la cursa per dominar el mercat de la IA empresarial.

Evidentment, les mateixes corporacions gegantines estan immerses en grans projectes per utilitzar només energia renovable (no només per voluntat filantròpica, sinó per mirar de protegir-se d'eventuals canvis sobtats de preus en els mercats energètics), però, fins i tot així, l'impacte ambiental de la computació intensiva necessària per a la IA és un problema molt significatiu que pot arribar a ser un obstacle per al futur desenvolupament de la IA, especialment en termes de sostenibilitat. És obvi, sí, que, mentre la IA segueixi avançant, serà necessària molta més despesa. Ara bé, ¿hi haurà un límit? També és obvi que no tenim solucions ni respostes màgiques. Tenim preguntes: ¿què costarà continuar millorant la IA amb els mètodes actuals? ¿Un ordre de magnitud més en capacitat computacional? ¿Dos ordres de magnitud? ¿Encara més? No ho sé. ¿Hi haurà nous mètodes que siguin menys exigents des d'aquesta perspectiva? Només puc dir que, com és lògic, hi ha qui hi treballa intensament, i si tenen èxit, seguirem vivint canvis accelerats.

Quant a la voluntat humana com a barrera per al desenvolupament de la IA, la incertesa encara és més gran. Alguns dels problemes que presenta la IA, en cas de no resoldre's per la via legislativa que hem explorat anteriorment, poden ser força dissuasius. Els models d'IA, per exemple, treballen amb enormes quantitats de dades, sovint incloent informació personal. Això planteja preocupacions molt serioses sobre la privacitat i el consentiment, especialment si les dades són utilitzades sense el coneixement o l'aprovació de les persones afectades. Sense anar més lluny, els sistemes de reconeixement facial poden ser usats per a la vigilància sense el consentiment de les persones i, de fet, així es fan servir en alguns països, cosa que genera un problema enorme de drets humans. Els desenvolupadors de la IA, i també els seus usuaris, ja siguin individus, empreses o institucions, han de considerar la manera de protegir la privacitat i d'assegurar-se que els sistemes siguin transparents i responsables si no volen exposar-se a la resistència o, fins i tot, a l'hostilitat de la població mundial.

Altrament, és difícil –tot i que no sembla impossible– concebre una màquina que sigui gaire més perfecta que els seus creadors. En el cas de la IA, la qualitat de les dades amb què s'entrenen els algoritmes és crucial: dades inexactes o incompletes poden portar a resultats enganyosos. I la qualitat de les dades ens costa de jutjar, a les persones. De fet, els algoritmes d'IA poden reproduir els biaixos i les imperfeccions humanes, perquè s'entrenen majoritàriament amb dades generades per nosaltres, les persones, amb tots els nostres defectes, limitacions i manies. Aquest problema és particularment rellevant en models d'IA que prenen decisions importants, com els que s'usen en la contractació de personal, en el sistema judicial o en la publicitat en línia. Un exemple clar és quan un algoritme de selecció de personal descarta candidats basant-se en característiques com la raça o el gènere, reflectint biaixos històrics en les dades de contractació. La lluita contra aquests biaixos exigeix, és clar, tenir una cura especial en la selecció i en el tractament de les dades d'entrenament dels models d'IA, i també en el desenvolupament de mètodes per detectar i corregir biaixos en els algoritmes, però sobretot exigeix la voluntat de corregir-los. I no és gens evident que determinats règims polítics vulguin usar la IA de manera neutra, sinó ben al contrari, poden voler utilitzar-la com una eina ideal, més poderosa que la repressió habitual, per tal de reforçar les seves ideologies o religions.

Finalment, amb l'augment dels usos de la IA en àrees crítiques com la defensa o les infraestructures vitals per a una societat, el risc de ciberatacs esdevé més gran. A més, la possibilitat real d'usos malintencionats de la IA, com ara la creació de notícies falses, que ja hem patit, planteja seriosos reptes ètics i de seguretat. Garantir la ciberseguretat i establir normes ètiques clares per a l'ús de la IA és fonamental, i si els legisladors no se'n surten, ¿com reaccionaran les nostres societats?

Podem reflexionar sobre una reacció humana negativa a la IA amb l'ajuda d'una llarga i magnífica tradició d'obres de ciència-ficció. La meva preferida té més de mig segle. Es tracta de la novel·la *Dune*, de Frank Herbert, publicada l'any 1965 i duta al cinema diverses vegades (el 1984 per David Lynch i, més recentment, el 2021 per Denis Villeneuve). En l'univers de *Dune* hi ha un moment històric clau que té lloc molt abans dels esdeveniments de la novel·la. És una guerra santa anomenada «Gihad Butleriana», una rebel·lió contra les «màquines pensants», contra la IA, que condueix a la prohibició i a la destrucció de totes les formes d'IA com a reacció a l'opressió que, en la potser no tan fantasiosa ment de Frank Herbert, aquestes màquines havien exercit sobre la humanitat. Aquesta revolta té un impacte profund en la societat i en la cultura de l'univers de *Dune*, que dona lloc a un gran tabú contra les màquines que imiten el procés del pensament humà, influeixen en el desenvolupament de tecnologies alternatives i, sobretot, generen una gran dependència de tota l'estructura social envers una elit d'humans amb capacitats augmentades gràcies a una gran diversitat de tractaments farmacològics.

¿PER QUÈ AQUESTA REVOLUCIÓ I NO UNA ALTRA?

L'anterior possibilitat d'un món sense IA però amb tecnologies alternatives, si bé s'origina en el reialme de la ficció, no mereix cap mena de menysteniment. Si per qualsevol dels motius exposats –o per qualsevol dels altres que existeixen i que em deixo al tinter– la revolució que promet la IA no arriba a esdevenir-se, ¿podem relaxar-nos? La resposta és «no» –perquè hi ha una pila de tecnologies en desenvolupament que, malgrat que ara mateix passen un xic desapercebudes, tenen un gran potencial–. De fet, la idea d'una revolució socioeconòmica alternativa o paral·lela a la de la IA obre un ventall de possibilitats captivadores. No ens podem entretenir en totes: van des de la nanotecnologia a les noves energies o a la colonització de l'espai (i a fascinants combinacions de tot plegat). Ara bé, una d'aquestes possibilitats, que és rellevant en el context d'aquest assaig, és la millora de la intel·ligència natural (IN). Aquest és un dels punts forts del transhumanisme, que, més que no pas una única tecnologia, és un moviment, gairebé una filosofia que explora l'augment de la intel·ligència humana i les nostres capacitats físiques i mentals a través d'una diversitat de tecnologies.

El transhumanisme busca superar les limitacions humanes en general, incloent-hi l'augment de la intel·ligència, però no limitant-s'hi. Hipotèticament, això podria fer-se a través d'implants cerebrals, amb teràpies genètiques o fent servir la nanotecnologia. Quant a la IN en concret, avenços significatius en aquestes tecnologies podrien ajudar a millorar la memòria, la capacitat de processament de dades i l'aprenentatge.

Deixant de banda les possibilitats que ofereixen la biologia sintètica i la manipulació genètica, un aspecte important del transhumanisme és la fusió potencial humà-màquina i les interfícies cervell-ordinador. A més dels implants cerebrals, les interfícies cervell-ordinador podrien permetre als humans controlar tecnologies externes simplement amb el pensament, millorant la comunicació o el control de dispositius assistencials per a persones amb discapacitats, i potencialment creant noves formes d'interacció social. En aquest context, cal mencionar una de les persones que ja hem trobat abans signant peticions de moratòria i ajudant a fundar OpenAI: Elon Musk, i una de les seves empreses, Neuralink.

Neuralink va ser fundada el 2016 per Elon Musk i un equip d'experts en neurociència, bioquímica i robòtica. Ara mateix és una de les empreses líder en la fusió humà-màquina i les interfícies cervell-ordinador (Brain-Computer Interfaces). Des del seu inici, Neuralink ha treballat en el desenvolupament de dispositius destinats a tractar malalties cerebrals greus a curt termini, amb l'objectiu de millorar l'ésser humà a llarg termini. Neuralink, per tant, té objectius transhumanistes explícits. La tecnologia de Neuralink es basa en la inserció de cables ultrafins al cervell mitjançant un robot quirúrgic. Aquests cables contenen elèctrodes que poden localitzar senyals elèctrics al cervell. Cadascun d'aquests cables pot contenir milers d'elèctrodes, que han estat dissenyats per convertir la informació obtinguda de les neurones en un codi binari comprensible i per enviar-hi impulsos, amb l'objectiu no només de comprendre millor el funcionament del cervell, sinó també d'estimular la capacitat d'aquestes neurones.

Neuralink ha fet demostracions impressionants, com per exemple la d'un primat jugant al Pong, utilitzant un implant de l'empresa i mostrant el progrés tècnic en la miniaturització i en el disseny dels implants. No ho podem saber del cert, és clar, però aquesta tecnologia pot arribar a proporcionar una interacció directa entre el cervell humà i els ordinadors, oferint noves possibilitats per a tractaments mèdics o per a una millora cognitiva. I encara hi ha un pas més de rosca: l'objectiu declarat i a llarg termini de l'empresa és aconseguir una «simbiosi del cervell humà amb la IA». Espectacular.

No cal dir que, fins i tot sense IA, el potencial impacte social i econòmic d'aquesta mena de tecnologies podria ser substancial i canviar no solament la manera com treballem, aprenem i interactuem, sinó també la nostra concepció de la vida humana i de les nostres capacitats.

ESPEREU-VOS, QUE ENCARA NO HEM VIST RES

Potser, doncs, la revolució s'aturarà tota sola per motius tecnològics; o potser serem nosaltres els que l'aturarem prement la tecla «off»; i fins i tot potser tindrem revolucions alternatives. Però mentre ens aclarim, el món canvia més ràpid que mai. I el canvi sembla que encara pot accelerar-se més. ¿Per què? Doncs, en el fons, perquè el que hem vist fins ara no és gran cosa. Vivim una revolució tecnològica impulsada per unes IA que són merament especialistes. Una mena d'*idiots savants* capaços de fer tasques específiques amb una eficiència i una precisió extraordinàries, però al capdavall especialitzada i tancada dins de les seves caixes. Per canviar el món mai no ens ha calgut una IA com la de les pel·lícules de ciència-ficció. No tenim un C3PO daurat com el de *Star Wars* –ni, afortunadament, un apocalíptic *Terminator*–, intel·ligent, empàtic i amb capacitat de moviment i d'interacció amb la realitat física per si mateix. El món no només canvia per efecte d'unes quantes IA força simples i especialistes en llenguatge. En un article recent, l'eloqüent pensador Yuval Noah Harari diu que «la IA ha piratejat el sistema operatiu humà», i no li falta raó. Però, sobretot, fa basarda pensar que uns quants sistemes sense capacitat per interactuar físicament amb l'entorn i que tan sols encadenen paraules sense entendre res, simplement basant-se amb les probabilitats amb què ho fem els humans, estan transformant el món.

A aquestes IA se les qualifica d'«especialistes» perquè cap de les que hi ha al mercat no és una Artificial Generalist Intelligence [Intel·ligència Artificial Generalista] (AGI), també anomenades «IA General», «IA Forta» o «IA de Propòsit General» (General Purpose AI) (GPAI). La IA generalista és un tipus d'intel·ligència artificial que, en teoria, podria superar els humans en una àmplia gamma de tasques, en comptes de només en tasques específiques. A diferència de les IA especialitzades que veiem avui dia, una IA generalista tindria la capacitat de comprendre, aprendre i aplicar el seu coneixement a una gran varietat de problemes i de situacions, molt semblant a com ho fem els humans. Aquest tipus d'IA encara no existeix i és objecte de considerable investigació i debat.

De fet, encara no se sap si una IA generalista d'aquest tipus, capaç de superar els humans en una multitud de tasques diferents, és assolible amb els mètodes existents. Hi ha diversos motius per dubtar-ne. Potser el més important de tots és que els models actuals d'IA es basen principalment en l'aprenentatge profund, que requereix grans quantitats de dades específiques i una alta capacitat de còmput, i que només és adequat per a tasques molt especialitzades. Com és lògic, el dubte genera curiositat i esperança, de manera que hi ha diversos projectes de recerca que busquen superar aquests reptes, explorant noves metodologies i enfocaments per aconseguir aquest tipus d'IA més avançada. No ens sorprendrà saber que els lideren, entre d'altres, Google (la seva filial DeepMind, per ser precisos) i OpenAI.

Un altre dels motius pels quals no sabem si la meta d'una AGI és assolible es deu al fet que ignorem què és la intel·ligència humana i com funciona el cervell. És a dir, el desenvolupament d'una IA amb una comprensió i una adaptabilitat semblants a les humanes necessitaria avenços significatius en la comprensió de la cognició humana i en la seva modelització. Aquest ha estat durant segles un problema esmunyedís. Tant, que ha generat projectes faraònics d'èxit relatiu –paga la pena veure el documental *In Silico*, de Noah Hutton, sobre el projecte de simulació cerebral Blue Brain–, així com anècdotes divertides. Per exemple, el juny del 2023 s'acabava el termini de l'aposta que havien fet fa un quart de segle el neurocientífic Christof Koch i el filòsof David Chalmers, segons la qual en aquell mes i en aquell any ja hauríem descobert la manera com el cervell assoleix la consciència. Koch va jugar-se i va perdre una caixa de bon vi.

Podríem dir que el famós test de Turing (el mateix i fenomenal Alan Turing, l'heroi de la màquina Enigma que dèiem abans), que, en essència, diu que una màquina pot ser considerada intel·ligent si no es pot distingir d'un humà en una conversa, és, a la vegada i paradoxalment, el reconeixement d'un fracàs i l'anunci d'un èxit. El fracàs de no conèixer-nos prou a nosaltres mateixos i de no saber què és la intel·ligència. L'èxit d'haver inventat tecnologies que en alguns aspectes ja ens superen, tot fent servir camins diferents dels que ha seguit l'evolució per arribar fins al present.

Tot i que la nostra ignorància encara és enciclopèdica, hi ha idees apassionants sobre la naturalesa de la intel·ligència humana. En els magnífics llibres de Douglas R. Hofstadter, *Gödel, Escher, Bach* i *I am a strange loop* [Soc un bucle estrany], s'hi explora la idea que la intel·ligència humana i el concepte del *jo* estan profundament enllaçats amb bucles autoreferencials i repetitius. Hofstadter argumenta que la nostra ment crea patrons complexos de pensament i d'autoconsciència a través de processos recursius en què les experiències i les reflexions s'observen i es reavaluen contínuament a si mateixes. Aquest enfocament ofereix una visió interessant sobre com la nostra consciència i la nostra identitat poden ser vistes com a productes d'un sistema complex de bucles de retroalimentació dins del cervell.

Aquestes recursivitats esdevenen especialment apassionants si considerem el que, des d'abril del 2023, poden fer AutoGPT i altres versions «recurrents» o «en bucle» de ChatGPT, com ara BabyAGI. Es tracta d'agents autònoms d'IA que podrien representar un avenç significatiu en el camp de la IA. Quan se'ls assigna un objectiu específic, aquests agents són capaços de generar un codi per demanar i gestionar tasques a altres instàncies de ChatGPT. Aquesta capacitat d'ordre i de priorització de tasques, així com la seva execució, permet a AutoGPT i a BabyAGI actuar com a sistemes de gestió de tasques altament eficients. Els resultats obtinguts s'emmagatzemen, creant, així, un espai de memòria virtual que pot ser utilitzat per a tasques posteriors que permetin als agents aprendre i adaptar-se basant-se en les experiències anteriors, tot millorant la seva eficàcia i precisió amb el temps.

El concepte clau que hi ha darrere d'AutoGPT i BabyAGI és el d'aprofitar la recursivitat, la capacitat de dur a terme múltiples tasques simultàniament, accedint a una àmplia gamma de fonts de dades. Aquesta recursivitat, en què les dades es consulten a si mateixes, obre noves possibilitats per a l'automatització i l'eficiència en diversos camps. A mesura que aquests sistemes es desenvolupin i madurin, tindran el potencial de revolucionar no només el món de la programació (on poden accelerar el desenvolupament del codi) o el de l'anàlisi de mercats i decisions d'inversió (on poden processar ràpidament grans quantitats de dades per proporcionar anàlisis profundes i informades), sinó que podran impel·lir tots els avenços que hem mencionat fins ara. I tot plegat amb un mínim d'intervenció humana.

I encara més, fins i tot en el cas que una IA fos generalista, seria molt difícil –o impossible– que existís sense un substrat biològic, tal com s'argumenta algunes vegades. Els mètodes actuals ens podrien dur encara molt més lluny si obtinguéssim millors algoritmes o si fóssim capaços de generar prou energia i/o capacitat de càlcul. Tenint en compte que l'actual onada d'IA es basa a fer molts –moltíssims– càlculs en paral·lel, un canvi disruptiu pot venir de la mà de la IA quàntica, que combina IA amb computació quàntica i que pot representar un salt enorme en la capacitat de processament i eficiència. La computació quàntica, a diferència de la computació clàssica, es basa en bits quàntics (Qbit), que poden existir simultàniament en múltiples estats (a diferència dels bits estàndard, que estan limitats a estats de 0 o 1). Aquesta propietat, coneguda com a superposició, juntament amb l'entrellaçament quàntic, permet que les computadores quàntiques executin molts càlculs en paral·lel.

Aquesta capacitat de realitzar càlculs exponencialment més ràpids pot tenir un impacte profund en la IA. Els ordinadors quàntics podrien explorar alhora una multitud d'opcions, tot facilitant la resolució de problemes complexos que actualment són desafiaments inabordables. En la pràctica, això podria comportar avenços significatius en àrees com la salut, on la IA quàntica podria millorar el diagnòstic de malalties, el desenvolupament de tractaments personalitzats i la recerca de medicaments. En el camp de materials i d'energies renovables, es podria accelerar la descoberta de nous materials o optimitzar sistemes d'energia. Pel que fa al reconeixement automàtic d'imatges, la IA quàntica podria millorar significativament la precisió i la velocitat, obrint camí a noves aplicacions en àrees com la seguretat i la medicina diagnòstica. Tot i això, la computació quàntica encara es troba en una fase relativament inicial de desenvolupament, i encara hi ha reptes significatius, incloent-hi qüestions de coherència quàntica i d'estabilitat dels Qbit.

En altres paraules, potser canviant radicalment d'aproximació o de tecnologia s'encendrà la guspira d'una nova revolució, però encara no hem completat l'actual, ni de bon tros. No sabem, doncs, si mai arribarem a abastar els somnis d'alguns visionaris. Sam Altman, executiu en cap (CEO) d'OpenAI, va sorprendre els inversors quan va dir que OpenAI esdevindria rendible inventant primer la IA General i després preguntant-li com fer diners. Demis Hassabis, el CEO de DeepMind, en un discurs pronunciat l'any 2017 davant l'Acadèmia Reial Britànica, va descriure la seva missió en dos passos: «1. Resoldre la intel·ligència. 2. Usar-la per resoldre tota la resta». Encara haurem d'esperar una bona estona abans que la IA no estigui en condicions de permetre'ns resoldre «tota la resta».

REFLEXIONS FINALS

En síntesi: l'era actual en el desenvolupament de la IA ha fet un tomb radical i revolucionari que està reconfigurant les nostres societats i economies d'una manera fonamental. La IA ha obert un ventall colossal d'oportunitats: des del desxiframent de misteris científics abans inaccessibles fins a l'alteració de la quotidianitat més íntima, oferint una visió de futur radiant amb promeses, algunes prou realistes, de llibertat, diversitat cultural, progrés i benestar. No obstant això, i com sol passar en èpoques de canvi, aquest mateix poder de transformació presenta una ombra inquietant: el potencial d'una pertorbació existencial per a la nostra espècie. Vivim en una balança entre la utopia d'un futur esplendorós per a la humanitat i l'ansietat d'un cataclisme imminent –un metrònom intern que oscil·la entre la brillantor del progrés i l'obscuritat del desastre.

Estem immersos en una era d'innovació accelerada, on el futur sembla formar-se i reformar-se davant els nostres ulls a una velocitat vertiginosa. Mesos o setmanes poden marcar la diferència entre l'actualitat i una nova realitat. Aquest moment històric, sense paral·lel en el passat, desafia la nostra capacitat de fer servir la història com a guia. El passat ja no serveix com a far fiable per navegar en aquesta mar d'incertesa. Estem, doncs, davant l'oportunitat, i alhora la necessitat, de reunir-nos activament per modelar el futur que desitgem enfront d'un tsunami d'incertesa que amenaça de capgirar la nostra realitat. És un moment que exigeix visió, coratge i determinació per tal de poder decidir el curs del nostre destí col·lectiu.

ROGER BERNAT (Barcelona, 1968) és dramaturg. S'ha centrat en propostes de teatre participatiu que involucren d'alguna manera el cos dels espectadors. El 2017 va participar en la Documenta 14 amb la peça *The Place of the Thing*.

CHIARA BOTTICI (Carrara, 1975) és filòsofa i professora a la New School for Social Research de Nova York. Els seus temes principals de reflexió són la imaginació política i el feminisme. És autora d'*Anarchafeminism* (2021).

CAROLINA CIUTI (Pistoia, 1990) és comissària d'art contemporani i investigadora en el camp de les arts visuals. Ha estat directora artística del festival de videocreació LOOP Barcelona i ha comissariat exposicions en institucions com ara la Fundació Antoni Tàpies i Fabra i Coats-Centre d'art contemporani de Barcelona. Des del 2021 dirigeix la revista *exibart.es*.

GEMMA DE LES COVES (Barcelona, 1984) és doctora en Física teòrica, professora a la Universitat d'Innsbruck i visitant a la Universitat Pompeu Fabra. Fa recerca en el camp de la física matemàtica, la universalitat en física, la computació i les xarxes neuronals, temes que intenta estendre a aspectes de la biologia i la lingüística.

Antònia Folguera (Lleida, 1973), Carles Novellas (Mataró, 1975) i Enric Palau (Manlleu, 1964) són membres de l'equip del festival Sónar, un esdeveniment de referència en els àmbits de la música, la creativitat i la tecnologia. Fundat a Barcelona el 1994, ha celebrat més de cinquanta edicions en quatre continents.

Eva Franch i Gilabert (Deltebre, 1978) és arquitecta. Ha estat directora executiva i curadora en cap de l'Storefront for Art and Architecture de Nova York. Els seus treballs han estat exposats, entre altres llocs, al FAD de Barcelona, a la Biennal d'Arquitectura de Venècia i a la de Shenzhen.

Raül Garrigasait (Solsona, 1979) és escriptor i hel·lenista. En els seus llibres aprofita elements d'una llarga tradició literària i filosòfica per interrogar-se sobre els ídols i els malestars de la modernitat. És autor d'*Els estranys* (2017) i *País barroc* (2020), entre d'altres.

Michele Gazzola (Udine, 1978) és professor de Polítiques públiques i administració a la Universitat d'Ulster, i director del Màster d'Administració pública. El seu perfil de recerca és interdisciplinari i centrat en l'anàlisi i avaluació de les polítiques lingüístiques, i en l'estudi dels aspectes econòmics i socials del multilingüisme. És codirector de la revista acadèmica *Language Problems & Language Planning*.

Boris Groys (Berlín Oriental, 1947) és crític d'art, teòric dels mitjans de comunicació i filòsof. Ha ensenyat en diverses universitats d'Europa i dels Estats Units. En català ha publicat *La lògica de la col·lecció i altres assaigs* (2020) i *Filosofia de la cura* (2023).

JOAN MAGRANÉ (Reus, 1988) és compositor. Ha escrit música per a tot tipus de conjunts instrumentals i vocals. El 2019 va estrenar al Festival de Peralada l'òpera *Diàlegs de Tirant e Carmesina* i el 2021, al Théatre du Châtelet de París, el monodrama *Intérieur*.

KATIE MITCHELL (Reading, 1964) és directora de teatre i òpera. Ha dirigit més de cent espectacles per a institucions com el National Theatre, la Royal Opera House de Londres, i la Schaubühne de Berlín i el Deutsches Schauspielhaus d'Hamburg.

ARCADI NAVARRO (Sabadell, 1969) és doctor en Biologia per la Universitat Autònoma de Barcelona i professor i investigador ICREA al departament de Ciències Experimentals i de la Salut de la Universitat Pompeu Fabra. Dirigeix la Fundació Pasqual Maragall.

OLIVIER PÈRE (Marsella, 1971) és crític de cinema. Ha escrit per al setmanari *Les Inrockuptibles*, ha estat director del festival internacional de cinema de Locarno i actualment dirigeix Arte France Cinéma.

PEREJAUME (Sant Pol de Mar, 1957) és artista i poeta. La seva obra gira al voltant de la relació entre el llenguatge, els llocs, la reelaboració del passat i la multiplicació contemporània de les imatges. Ha publicat *Pagèsiques* (2011), *Mareperlers i ovaladors* (2014) i *Obreda* (2018), entre altres llibres.

JOSEP RAMONEDA (Cervera, 1949) és periodista, filòsof i escriptor. Ha estat director del Centre de Cultura Contemporània de

Barcelona durant més de vint anys i actualment dirigeix l'Escola Europea d'Humanitats i la revista *La Maleta de Portbou*. És autor de nombrosos llibres que actualitzen el llegat de la Il·lustració.

Albert Serra (Banyoles, 1975) és director de cinema. Entre altres pel·lícules ha dirigit *Honor de cavalleria* (2006), *El cant dels ocells* (2008), *La mort de Lluís XIV* (2016), *Liberté* (2019) i *Pacifiction* (2022). El 2012 va participar en la Documenta 13 amb el film *Els tres porquets*, sobre Goethe, Hitler i Fassbinder.

Simona Škrabec (Ljubljana, 1968) és escriptora i traductora. Estudiosa de les literatures europees, s'ha dedicat sobretot a les que s'expressen en eslovè, serbi, croat, alemany i català. El seus darrers llibres són *Torno del bosc amb les mans tenyides* (2019) i *El desig d'ordre* (2023).

ÍNDEX